Mathematisch für Anfänger

Martin Wohlgemuth (Hrsg.)

Mathematisch für Anfänger

Beiträge zum Studienbeginn
von Matroids Matheplanet

2. Auflage

Mit Beiträgen von Norbert Engbers, Ueli Hafner, Johannes Hahn,
Artur Koehler, Georg Lauenstein, Fabian Lenhardt, Florian Modler,
Thorsten Neuschel, Sebastian Stöckl, Martin Wohlgemuth

Herausgeber
Martin Wohlgemuth
E-Mail: mail@matroid.de
www.matheplanet.de

Weitere Informationen zum Buch finden Sie unter www.spektrum-verlag.de/978-3-8274-2852-3

Wichtiger Hinweis für den Benutzer
Der Verlag, der Herausgeber und die Autoren haben alle Sorgfalt walten lassen, um vollständige und akkurate Informationen in diesem Buch zu publizieren. Der Verlag übernimmt weder Garantie noch die juristische Verantwortung oder irgendeine Haftung für die Nutzung dieser Informationen, für deren Wirtschaftlichkeit oder fehlerfreie Funktion für einen bestimmten Zweck. Ferner kann der Verlag für Schäden, die auf einer Fehlfunktion von Programmen oder ähnliches zurückzuführen sind, nicht haftbar gemacht werden. Auch nicht für die Verletzung von Patent- und anderen Rechten Dritter, die daraus resultieren. Eine telefonische oder schriftliche Beratung durch den Verlag über den Einsatz der Programme ist nicht möglich. Der Verlag übernimmt keine Gewähr dafür, dass die beschriebenen Verfahren, Programme usw. frei von Schutzrechten Dritter sind. Die Wiedergabe von Gebrauchsnamen, Handelsnamen, Warenbezeichnungen usw. in diesem Buch berechtigt auch ohne besondere Kennzeichnung nicht zu der Annahme, dass solche Namen im Sinne der Warenzeichen- und Markenschutz-Gesetzgebung als frei zu betrachten wären und daher von jedermann benutzt werden dürften. Der Verlag hat sich bemüht, sämtliche Rechteinhaber von Abbildungen zu ermitteln. Sollte dem Verlag gegenüber dennoch der Nachweis der Rechtsinhaberschaft geführt werden, wird das branchenübliche Honorar gezahlt.

Bibliografische Information der Deutschen Nationalbibliothek
Die Deutsche Nationalbibliothek verzeichnet diese Publikation in der Deutschen Nationalbibliografie; detaillierte bibliografische Daten sind im Internet über http://dnb.d-nb.de abrufbar.

Springer ist ein Unternehmen von Springer Science+Business Media
springer.de

2. Auflage 2011
© Spektrum Akademischer Verlag Heidelberg 2011
Spektrum Akademischer Verlag ist ein Imprint von Springer

11   12   13   14   15   5   4   3   2   1

Planung und Lektorat: Dr. Andreas Rüdinger, Barbara Lühker
Herstellung: Crest Premedia Solutions (P) Ltd, Pune, Maharashtra, India
Satz: Martin Wohlgemuth und die Autoren
Umschlaggestaltung: SpieszDesign, Neu-Ulm
Titelbild: © Jos Ley

ISBN 978-3-8274-2852-3

Vorwort

Das vorliegende Buch hat drei Teile.

Thema des ersten Teils, der unter der Überschrift „Beweise und Beweistechnik"
steht, sind die Grundlagen, das mathematische Denken und die Beweistechnik. Auf
die Betrachtung „Was ist Mathematik?" folgt der Sprachkurs „Mathematisch für
Anfänger", in dem – durchaus zutreffend und nicht ohne Humor und Selbstironie –
die Mathematiker und deren Eigenarten wie eine fremde Welt beschrieben werden:
Eine Welt, zu der auch eine andere Sprache gehört, nämlich Mathematisch; und
wer Mathematiker werden will, muss diese Sprache lernen.

Beweise sind das A und O der Mathematik. Was ein Beweis ist und wie man richtig beweist, ist Thema weiterer Beiträge im ersten Teil. Nach „Beweise, immer nur
Beweise", dem Stoßseufzer des geplagten Mathematik-Studierenden, der aber stolz
ist auf sich und sein Fach, wird es konkret und praktisch mit einer „Einführung in
die Beweistechniken" und einer ausführlichen Darstellung über das „Prinzip der
vollständigen Induktion". Anschließend wird das Beweisverfahren „Der unendliche
Abstieg" von allen Seiten unter die Lupe genommen. Das Wesen der Mathematik
ist ja nicht eigentlich nur das Beweisen, sondern viel wichtiger ist vorher das genaue
und genaueste Untersuchen. Biologen untersuchen Zellen, Physiker untersuchen
subatomare Teilchen. Das ist aufwändig, setzt sichere Grundlagen und intensive
methodische Schulung voraus, erfordert große Ausdauer und höchste Aufmerk-
samkeit. Forschen heißt, zu beschreiben, zu unterscheiden, zu klassifizieren, zu
erkennen, was das Gemeinsame, das Unterscheidende, das Besondere ist, schließlich das erworbene Wissen für andere darzustellen, zu vermitteln und nutzbar zu
machen. Forschen heißt: Den Dingen auf den Grund gehen, intensiv hinschauen,
bis man etwas sieht, etwas versteht, versteht, wie es funktioniert und warum es
so funktioniert und wie man es folglich beeinflussen kann, so dass man es schließlich zu etwas Neuem nutzen kann. Mathematiker erforschen die mathematischen
Eigenschaften und Eigenheiten der Welt und der abstrakten Strukturen in ihr.

Es folgt ein Beitrag „Über das Auswahlaxiom". Die dort vorgeführten Beweise mit
ihrem schon recht langen und etappenreichen Aufstieg zum *quod erat demonstrandum* sind schön, aber bereits anspruchsvoll. Ziel und Gipfel der Tour im ersten
Teil ist „Das Kugelwunder". Es geht um den berühmten Satz von Banach-Tarski,
dessen paradox erscheinende Aussage man mit dem Auswahlaxiom trickreich beweist.

Man kann und soll den ersten Teil lesen wie einen ehrgeizigen Schnellkurs zur
Beweistechnik - vom Anfänger zum Fortgeschrittenen in nur 8 Kapiteln. Wer er-
müdet auf diesem Gipfel ankommt, der ist in guter Gesellschaft. Die Gipfel der
Mathematik sind hoch, die Aufstiege steil, und nicht jeder Gipfel kann ohne vorbe-
reitendes Training erstiegen werden. Im Studium werden viele es ähnlich erfahren:

Ein paar Wochen lang ist alles leicht und einfach, kleine Hügel, kurze Wanderungen, es gefällt einem gut. Aber schon bald findet man sich vor den hohen Bergen wieder. Jetzt heißt es sich zu entscheiden: Will ich da hoch? Oder ist es mir das nicht wert und ich gebe hier auf? Aber der Ausblick von da oben, der entschädigt, und das Vertrauen in die eigene Leistungsfähigkeit, die Gewissheit der eigenen Kraft, das Klicken im Kopf, wenn man es verstanden hat, das ist ein tolles Gefühl. Wer das sucht, der muss Mathematik studieren.

Der zweite Teil gehört der Linearen Algebra; am Studienbeginn hört man dazu eine zweisemestrige Vorlesung. Entstanden sind die Beiträge in dem Bemühen, die bei vielen Anfängern auftretenden Schwierigkeiten mit dem Stoff und der Vorgehensweise der Linearen Algebra einmal ausführlich und geduldig anzugehen und auszuräumen. Die Schwierigkeiten haben vielfach damit zu tun, dass es an Anschaulichkeit mangelt, wenn in der Vorlesung Ergebnisse und Lösungsverfahren vorgetragen werden, der Studierende aber keine Gelegenheit gefunden hat, das Problem, das da untersucht und gelöst wird, vorher zu verstehen.

Der dritte Teil behandelt Themen der Analysis. Gezeigt wird, wie man Polynomgleichungen lösen kann, welche besonders nützlichen Methoden es zur Lösung von Differentialgleichungen gibt, wie man Formeln für trigonometrische Funktionen beweist, was Mehrfachintegrale sind und wie man sie lösen kann. Ein klassisches und sehenswertes Thema der (fortgeschrittenen) Analysis ist die Riemannsche Vermutung, eine Vermutung über die berühmte Zetafunktion. Der Leser erfährt viel über den historischen Weg dieser beiden Themen und auch dazu, warum sich die Mathematiker an dieser Vermutung so intensiv abarbeiten. Es hat auch etwas damit zu tun, dass man auf diesem Weg hinter Geheimnisse der Primzahlen kommen will.

Mit dem folgenden Beitrag, einer eingehenden Untersuchung der Bedingungen, unter denen die Begriffe „kompakt" und „beschränkt und abgeschlossen" *nicht* gleichzusetzen sind, kehren wir wieder zu den Fragestellungen zurück, die man im Grundstudium beantworten lernt, wenn man Mathematik studiert. Unser Buch schließt versöhnlich mit einer wunderschönen Miniatur zu einer algebraischen Kurve 6. Grades, die in Teetassen zu finden ist. Wer als Studierender so weit gekommen ist, dass er dafür den Tee kalt werden lässt, der ist bei den Mathematikern angekommen.

Für die zweite Auflage wurden alle Beiträge geprüft, bekannte und erkannte Fehler wurden korrigiert, einige Mängel durch bessere Formulierungen, erforderliche oder hilfreiche Ergänzungen oder anders vorgetragenen Gedankenaufbau verbessert. Es wurde ein Index ergänzt. Vor bald zwei Jahren erschien uns, den Autoren, ein Index noch als unmöglich, weil doch unsere Sammlung von Beiträgen zum Studienbeginn kein Lehrbuch ist und folglich die Themen der Anfängervorlesungen in Mathematik nicht systematisch abdeckt. Beim Wiederlesen jetzt, bald zwei Jahre nach dem Erscheinen, wuchs bei uns aber die Überzeugung, dass unser Buch auf andere Weise vollständig ist: Es ist eine wohlgelungene und in sich runde Einführung in das mathematische Denken, die typischen Arbeitsweisen und die vielfach verwendeten Konzepte. Es verdient einen Index, und wenn man diesen kurz durchblättert, erkennt man, wie reichhaltig und abwechslungsreich die Themenauswahl, wie folgerichtig und konzeptionell ergiebig der Aufbau ist — immer bezogen auf das, was ein Studierender der Mathematik in den ersten beiden Semestern brauchen kann.

Im Rahmen dieser Überlegungen ergaben sich auch Änderungen bei der Anordnung der Themen im Buch. Vergleicht man mit der ersten Auflage, so wird man sehen, dass einige Umordnungen erfolgt sind. Wir wollen damit, wie man so schön sagt, das Profil schärfen. So gehört beispielsweise der Beitrag über den Satz von Banach-Tarski besser direkt hinter den zum Auswahlaxiom; die beiden Beiträge zur Zetafunktion gehören in den Analysis-Teil. Für den neuen Leser ist die Genese sicherlich nur von geringem Interesse. Ich belasse es also bei dem Hinweis, dass man alle Beiträge der ersten Auflage auch in der zweiten Auflage findet, manche aber an einem anderen Platz.

Es ist mir eine Freude, dass nun die zweite Auflage dieses Buchs erscheinen kann. Es hat mir Spaß gemacht, unser Buch wiederzulesen und es zu verbessern. Dem künftigen Leser wünsche ich viel Spaß und guten Erfolg für sein Studium.

Martin Wohlgemuth

Mai 2011

Aus dem Vorwort zur 1. Auflage

Ich möchte erklären, was der Matheplanet ist, was er für seine Mitglieder bedeutet, warum es jetzt ein Buch davon gibt, was darin zu finden ist und wer alles daran mitgearbeitet hat.

Es war vor 8 Jahren, Anfang 2001, als ich den Plan zu einem deutschsprachigen Internet-Portal für Mathematik fasste. Ein Sammel- und Anlaufpunkt für alle an Mathematik Interessierten und mit Mathematik Befassten, ob freiwillig oder gezwungenermaßen, sollte es werden. Die Internet-Adresse www.matheplanet.de war geboren.

Mit viel Arbeit und dem Glück der Stunde wurde der Matheplanet groß und größer. Anfangs sorgte ich allein für Aktivität und Inhalte, aber bald kamen die ersten Mitglieder und machten mit, schrieben, fragten und antworteten. Die Inhalte wurden mehr, und das zog weitere Mitglieder an: Es ging aufwärts.

Was ist der Matheplanet heute? Tausende Mitglieder, zehntausende Besucher täglich, hunderttausend Themen im Forum und neben dem Tagesgeschäft im Forum auch eine große Zahl gut ausgearbeiteter Artikel zu nahezu allen mathematischen Gebieten. Die Autoren schreiben diese Beiträge als Hilfestellung für Anfänger oder zur Anregung und Unterhaltung für andere Mathematik-Begeisterte.

Der Matheplanet ist zur größten und aktivsten Mathematik-Community im deutschsprachigen Internet geworden. In dieser Community ist es üblich, dass Mitglieder unter einem selbst gewählten Mitgliedsnamen firmieren, dem Nicknamen.

Weil ich den Matheplaneten gegründet habe, bin ich das erste Mitglied, und ich habe den Nicknamen *Matroid* gewählt, denn meine Diplomarbeit hatte das Thema „Flüsse in Matroiden". So war mir das Wort geläufig, und es schien mir von Vorteil, dass man es außerhalb der Mathematik nicht kennt. Ich nannte meine Gründung „Matroids Matheplanet", denn ich wollte nicht für mich in Anspruch nehmen, den einzig möglichen Matheplaneten zu schaffen.

In unserer Internet-Community sind die Hierarchien der realen Welt nicht gültig. Wer sich hinter einem Nicknamen verbirgt, weiß man i. d. R. nicht. Jeder ist das und steht für das, was er in die Community einbringt. Schüler, Studenten, Zivis, Hochschulangehörige, Lehrer, Mathematiker, Physiker, Ingenieure im Beruf und Liebhaber des Faches sind verbunden durch das gemeinsame Interesse an Mathematik und am mathematischen Denken. Die Mitglieder bezeichnen sich untereinander als Planetarier, darin drücken sich Identifikation und Wir-Gefühl aus. Planetarier im Alter zwischen 12 und 80 arbeiten gleichberechtigt miteinander, freuen sich, wenn sie anderen bei Fragen helfen können und dass sie verwandte Geister zum angeregten Gespräch finden können.

Nach 7 erfolgreichen Jahren, im Sommer 2008, fragte der Spektrum Akademischer Verlag bei mir an, ob ich Interesse an einer Zusammenarbeit mit dem Ziel einer Buchveröffentlichung habe. Ja, aber sicher, ich war Feuer und Flamme!

Das Konzept für die Buchveröffentlichung wurde zügig abgestimmt, es sah vor, „die beliebtesten Beiträge von Matroids Matheplanet" erstmals im Druck herauszugeben. Dieses Konzept ist nun umgesetzt, und es gibt dem vorliegenden Buch den Untertitel.

Um das Ergebnis der Auswahl nach Beliebtheit zu erklären, muss ich auf die Mitgliederstruktur und die Zielgruppe des Matheplaneten eingehen.

Die meisten Besucher kommen auf den Matheplaneten, weil sie Hilfestellung oder Förderung suchen. Der typische Besucher des Matheplaneten ist im ersten bis dritten Semester und studiert Mathematik (oder ein nahe liegendes Fach). Daneben kommen auch viele Schüler, die Mathematik mögen und überlegen, ob sie das Fach studieren wollen.

Für Schüler hat der Matheplanet einen großen Vorteil: Es gibt hier keine Barrieren und Schubladen. Jeder hat Zugang und kann fragen, lernen und mitreden, findet Antworten, Hilfestellung und Anleitung und erlangt tiefe Einblicke in die Welt der Mathematik, Einblicke, die weit über das hinausgehen, was die Schule gewöhnlich zu bieten hat. Die ganze Herangehensweise an der Hochschule ist anders als im Unterricht. Auf dem Matheplaneten kann man das erfahren, von jedem Ort aus.

Aus Schülern werden Studierende, aus Anfängern werden im Studium Fortgeschrittene, und viele bleiben dem Matheplaneten nach dem Abschluss treu. Sie geben als Experten zurück, was sie erhalten haben. Nach diesem „Gesellschaftsvertrag" funktioniert es prima.

Aus dem Gesagten ergibt sich: Der Matheplanet kann besonders gut bei Grundlagen und Anfängerthemen im Studium helfen. Themen, die diese Zielgruppe betreffen, werden zahlenmäßig am häufigsten nachgefragt.

Abgesehen davon, dass sie die Hitliste anführen, haben die veröffentlichten Beiträge etwas Wichtiges gemeinsam, und das ist es, was die Veröffentlichung und Verbreitung in Buchform auf jeden Fall rechtfertigt: Mathematik betreiben bedeutet, den Dingen auf den Grund zu gehen, Ursachen und Folgerungen zu erkennen. Es bedeutet, ein Prinzip erkennen, formulieren und anwenden zu können. Es bedeutet: Man muss Dinge nicht einfach glauben, sondern es gibt Beweise; man kann nach einem Beweis fragen und sogar selbst lernen, Beweise zu führen. Davon wollen alle Beiträge überzeugen. Das ist der Geist, in dem alle Beiträge geschrieben sind.

Als weitere Gemeinsamkeit aller Beiträge sei herausgestellt, dass bei aller gebotenen mathematischen Korrektheit stets die verständliche Darstellung von Ideen und Denkweisen sehr wichtig genommen wird und manchmal das eine gegen das andere ein wenig abgewogen werden muss. Auch wird man feststellen, dass die Ansprache des Lesers in den Kapiteln ziemlich direkt und nicht mit der Distanz erfolgt, wie sie sonst Autoren ihren unbekannten Lesern gegenüber wahren. Das hat damit zu tun, dass diese Beiträge von Planetariern für Planetarier geschrieben worden sind. Wir haben es für das Buch bewusst nicht ganz verändert. Schließlich ergeben die ausgewählten Beiträge selbstverständlich kein Lehrbuch. Die Auswahl und Sortierung wurden aber derart vorgenommen, dass ein aufsteigendes Lesen möglich ist.

Meinen herzlichen Dank an die Autoren für die ausgezeichnete Arbeit, die sie in die Erstellung dieses Buchs gesteckt haben. Wir haben als Team gearbeitet, auch über die eigenen Beiträge hinaus Verantwortung für das ganze Werk empfunden und im gegenseitigen Wechsel die Überprüfung, Korrektur und Verbesserung aller Beiträge von der Rohfassung bis zur Fertigstellung geleistet.

Die Nicknamen der Autoren sind: *da_bounce*, *Diffform*, *Fabi*, *FlorianM*, *Gockel*, *matroid*, *pendragon302*, *shadowking*, *Siah* und *Ueli*. Sie wohnen weit verteilt: In

Berlin, Bonn, Hannover, München, Osnabrück, Rostock, Trier, Winterthur und Witten. Das macht aber nichts, denn der gemeinsame Ort für alle ist der Matheplanet.[1]

Mein großer Dank an *buh*, der die Korrektur der Orthografie und Sprache von der ersten bis zur letzten Seite übernommen hat. Großer Dank an *fru* für die wichtigen und stets präzisen inhaltlichen Korrekturvorschläge zu ausgewählten Kapiteln. Herzlichen Dank an *Ueli*, der bei der kollektiven Erstellung der Abbildungen große Teile übernommen hat. Großer Dank an *Siah*, der bei der Mehrzahl der Beiträge die fachliche Endkontrolle übernommen und vielfach selbst die Verbesserungen erarbeitet und vorgeschlagen hat.

Herzlichen Dank an alle Probeleser, die mal diesen, mal jenen Beitrag durchgesehen haben und die uns mit ihrer Beurteilung und Kritik viele wichtige und notwendige Hinweise zur Verbesserung geben konnten. Die Probeleser waren (in alphabetischer Reihenfolge): *hugoles*, *marvinius*, *mire2*, *rlk*, *SchuBi*, *Spock*, *trek*, *viertel*, *Wauzi* und noch mindestens einer, der ungenannt bleiben will. Mein Dank an *Stefan_K* und *Marco_D* für Ratschläge zum LATEX-Satz. Besonderer Dank an *viertel*, der als Grafik-Berater in unserem Team war.

Bedanken möchte ich mich für die Idee und die Möglichkeit zu diesem Buch bei Herrn Dr. Rüdinger vom Spektrum Akademischer Verlag. Mein Dank auch für das Lektorat an Fr. Lühker. Es war eine stets angenehme Zusammenarbeit.

Abschließend mein Dank an alle, für die ich in den letzten Monaten weniger Zeit hatte und die mir dennoch in dieser oder jener positiven Weise ihre geistig-moralische Unterstützung gegeben haben.

Nicht jeder studiert Mathematik, aber es wäre schön, wenn der Matheplanet dazu beitrüge, dass die Anzahl der Menschen mit positiven Assoziationen zur Mathematik größer wird. Mancher soll später einmal sagen können: „Ich habe damals lange überlegt, aber dann wollte ich doch lieber das werden, was ich heute bin."

Matheplanet, im Juli 2009
Martin Wohlgemuth (also known as *Matroid*)

---

[1]Alle Angaben auf dem Stand von Juli 2009. Dies gilt auch für die Angabe zum Status (Student, Doktorand, ...), die mit dem Namen des jeweiligen Autors unter jedem Beitrag zu finden ist. Einige von uns sind heute weiter als damals, studieren nicht mehr, sondern sind im Beruf oder promovieren oder haben selbst das schon abgeschlossen.

Inhaltsverzeichnis

Teil I

Beweise und Beweistechnik

1 Was ist Mathematik?

Übersicht

„Von allen, die bis jetzt nach Wahrheit forschten, haben die Mathematiker allein eine Anzahl Beweise finden können, woraus folgt, dass ihr Gegenstand der allerleichteste gewesen sein müsse."

René Descartes, 1596–1650

„Was ist Mathematik?" Wer stellt diese Frage? Laien? Abiturienten bei der Studienwahl? Wissenschaftstheoretiker? Welche Art von Antwort wird erwartet? Die Frage ist schwierig zu beantworten, und der Schwierigkeitsgrad steigt sowohl mit zunehmender Sachkenntnis des Lesers als auch mit größerer Sachkenntnis des Gefragten.

Mathematik ist die Wissenschaft von ...

Ja, wovon eigentlich? Biologie, Physik, Chemie haben ihren Gegenstand in der Natur und entwickeln aus der Beobachtung dieses Gegenstands wissenschaftliche Beschreibungen und Theorien zur Erklärung oder Vorhersage.

Die Mathematik erzeugt ihrerseits wissenschaftliche Beschreibungen — aber wovon? Von den Zahlen? Ja, aber nicht nur das! Es gibt die natürlichen Zahlen in der Mathematik, aber z. B. gibt es auch Eigenwerte und Mannigfaltigkeiten.

Es folgt eine Auswahl und Besprechung möglicher Antworten, sinngemäß zusammengetragen aus verschiedensten Quellen.

1.1 Ausgewählte Antworten

Mathematik ist die Wissenschaft von den Größen, der Größenlehre.

Aus einem Brockhaus von 1921 [15].

Mathematik ist die Wissenschaft von den Zahlen und Figuren, vertieft durch Mengenlehre und mathemat. Logik.

Aus einem Brockhaus von 1974 [15].

Mathematik ist die Lehre von den Zahlen und Formen.

Wahrig, Deutsches Wörterbuch, 1970.

Mathematik ist Algebra, Analysis, Numerik und so weiter.

Ein Außerirdischer findet in einem Gebäude, das über dem Eingang die Aufschrift ‚Mathematik' trägt, einige Wesen und fasst zusammen, womit sich diese beschäftigen.

Diese Erklärung ist auf der gleichen Stufe wie die vorige. Kritisieren muss man daran, dass Mathematik als das definiert wird, was unter dieser Überbezeichnung an Universitätsinstituten stattfindet. Eine Antwort in diesem Sinne findet sich in Courant, Robbins, 1962 [2].

Was tun Mathematiker, die nicht in Forschung und Lehre anzutreffen sind?

Mathematik ist die Gesamtheit aller Formeln, die sich im Kalkül $\mathcal{K}$ aus den Axiomen der Zermelo-Fraenkelschen Mengenlehre ableiten lassen.

Hervorragende mathematische Antwort: so minimal wie umfassend, sehr nützlich für Insider. Siehe Uni Bonn [12].

Mathematik ist, was Mathematiker tun.

Das ist die ganz hilflose Erklärung. Sie sollte am Ende der Liste stehen, wenn erwiesen ist, dass es keine bessere Erklärung gibt. Soweit sind wir bisher noch nicht. Was ist übrigens ein *Mathematiker*?

Mathematik versucht logische Abhängigkeiten und Beziehungen zwischen Aussagen zu entdecken.

Klingt irgendwie langweilig, die Botschaft ist minimal und erzeugt bei Laien bestenfalls negative Assoziationen. Gibt es ‚unlogische Abhängigkeiten' zwischen Aussagen?

Mathematik ist eine Hilfswissenschaft.

Das ist wahr, aber es war ja nicht die Frage nach der Rechtfertigung mathematischen Tuns gestellt. Zudem wäre diese Rechtfertigung auch nur dann erforderlich, wenn die Mathematik ansonsten keinen Zweck oder Nutzen hätte, und wir dieses schon eingeräumt hätten.

Soll die ursprüngliche Frage nun geändert werden in: „Welchen Sinn hat Mathematik?" oder „Wozu ist Mathematik gut?" Schon oft hat man gelesen: Ohne Mathematik keine CD-Player, keine Verschlüsselung, keine Quantentheorie, ...

Mathematik ist eine exakte Wissenschaft.

Eine Antwort, die man einem derben Kritiker zur Verteidigung geben muss. Wir stellen uns einen positiv interessierten Frager vor.

Mathematik ist Logik.

Falsch. Mathematik benutzt Logik. Da in keiner anderen Wissenschaft die eingesetzte Logik so prägend und permanent sichtbar ist, kann es zu dieser Verwechslung kommen.

Mathematik ist die Lehre von den formal synthetischen Strukturen.

Gegen diese Ballung von Fremdwörtern als Erklärung lässt sich einwenden:

- Was sind *formal synthetische Strukturen*?
- Ist damit irgendetwas klarer als vorher?

Über Strukturen in der Mathematik siehe Basieux, 2000 [4].

Vielleicht ist folgender Versuch geeigneter:

Mathematik ist die Wissenschaft von den verallgemeinerten Eigenschaften der Wirklichkeit.

Interessant. Was ist eine ‚verallgemeinerte Eigenschaft' eines Apfels? So macht das für mich keinen Sinn. Diskussionswürdig ist für mich „von den idealisierten Eigenschaften der Wirklichkeit" zu sprechen und fortzufahren mit der a priori unerwarteten Anwendbarkeit solcher Idealisierungen bei der Erklärung wirklicher Phänomene.

Mathematik ist eine Herausforderung des Geistes.

Zeidler, 2000 [13]

Wenngleich ich mich dem anschließe, so ist es doch eine Antwort auf eine andere Frage, nämlich: „Was macht den Reiz der Mathematik aus?"

Mathematik ist schwer.

Das erklärt nichts. Um das zu sagen oder dem zuzustimmen, muss man bereits sein Bild von Mathematik erworben haben. Haben alle das gleiche Bild? Was zeigt dieses Bild? Es gibt sicher auch andere Ansichten.

Mathematik ist Lösen von Aufgaben.

Ja, so kennen wir sie von der Schulbank. Muss man aber nicht unterscheiden zwischen der Schulmathematik und der Mathematik als Wissenschaft oder Beruf? Wie war denn die Ausgangsfrage gemeint? Vielleicht als „Was ist Mathematik als Wissenschaft?"

Was ist unter einer ‚Aufgabe' zu verstehen? Besteht nicht das ganze Leben des Menschen daraus, irgendwelche Aufgaben, die ihm gestellt werden oder die er sich stellt, zu lösen? ‚Aufgabe' nicht im Sinne von Schulaufgabe, sondern als ‚Problemstellung', deren Lösung Einkünfte, Sicherheit, Gesundheit, Anerkennung oder Vergnügen verspricht?

Richtig ist: Mathematik befähigt zur Problemlösung, und Mathematiker sind als universelle Problemlöser an vielen Stellen in der Wirtschaft tätig.

Mathematik ist eine Sprache.

Die Frage „Was ist Mathematik?" weckt bei vielen Menschen Erinnerungen an die für die Mathematik charakteristische Fachsprache, die an einem besonderen Wortschatz und an fachlichen Symbolen erkennbar ist: $a^2 + b^2 = c^2$, x und y, Sinus und Cosinus, Integral von a bis b und anderes mehr.

Die Sprache ist tatsächlich typisch. Aber auf die Frage: „Was ist Italien?" bedeutet die Antwort: „Da spricht man italienisch" nur eine Teilinformation.

Mathematik ist ein Spiel.

Die Antwort erscheint mir nebensächlich. Ein Spiel ist, womit man spielen kann. Da man sogar mit dem Leben spielen kann, sagt das nichts Exklusives über die Mathematik. Evtl. kann man mit Mathematik besser spielen als mit Waffen, aber die meisten Menschen werden einen Würfelbecher bevorzugen.

Mathematik ist die Lehre vom Unendlichen.

Ja, auch! Mathematik beschäftigt sich als einzige Wissenschaft mit dem Unendlichen als Seiendem. Alle anderen Disziplinen befassen sich mit sehr großen Zahlen, die dann, weil außerhalb des Möglichen, als faktisch Unendlich angesehen werden.

Für Mathematiker ist alles möglich, da ähneln sie den Künstlern.

Zu diesen Gemeinsamkeiten von Mathematik und Kunst gehört, dass beiden im Prinzip kein Gegenstand fremd und unerreichbar ist. (Bei den Informatikern beginnt das Unendliche schon jenseits von 64 bit.)

Mathematik ist, was die Welt zusammenhält.

Wenn es die Mathematik nicht gäbe, gäbe es dann die Welt nicht? Wer gehorcht wem? Gab es bereits Mathematik im Tertiär? Ist Gott Mathematiker?

Ich möchte mich an dieser Frage nicht verirren, darum zitiere ich den Mathematiker Leopold Kronecker (1823–1891): *„Die ganzen Zahlen hat der liebe Gott geschaffen, alles andere ist Menschenwerk.“*

Und der Theologieprofessor Dieter Hattrup formuliert sehr schön: *„Die Mathematik ist wie jede Wissenschaft die Spur eines Lichtes, nicht das Licht selbst.“* und *„Gott mag ein Mathematiker sein, aber nur für sich, nicht für uns; er mag den Überblick haben, bei ihm auch mag absolute Gewissheit sein, aber nicht bei uns.“* [9].

1.2 Zusammenfassung

Auf die Frage „Was ist Mathematik?" gibt es viele und darunter viele sehr professionelle und kaum anfechtbare Antworten. Die meisten Autoren kommen zu dem Schluss, dass Mathematik nicht befriedigend definiert werden kann.

So beginnt Albrecht Beutelspachers Buch *In Mathe war ich immer schlecht* [5] mit dem Kapitel *„Was ist Mathematik? oder Versuch der Beschreibung eines Unbeschreiblichen“*. Dieser Titel räumt bereits ein, dass es auf die Frage „Was ist Mathematik?" viele, aber nicht die *eine* Antwort gibt.

Die Diskussion der Frage „Was ist Mathematik?" führt zu weiteren Fragen:

„Was ist Mathematik für den Laien, und was denken der reine und der angewandte Mathematiker darüber? Ist Mathematik noch die Wissenschaft von den Zahlen? Warum ist Mathematik schwierig? Ist der Mathematiker Monomane? Warum lehnen Mathematiker oft Ansichten der Philosophen über Mathematik ab? Die Klage von Physikern und Ingenieuren über die unnötig große Strenge der Mathematik führt [. . .] schließlich zu der Mathematik des Mathematikers und der Mathematik des Logikers. Trotz aller Anstrengungen bleibt jedoch die Ausgangsfrage zum Teil ungelöst und nicht eindeutig beantwortbar.“ (Marsal, 1991 [8])

„Neben der ‚professionellen‘ Mathematik, die sich häufig optisch auf wenig verlockende Weise darbietet, gibt es schon immer eine ‚unbewusste‘ Mathematik, die sich im intuitiven Wissen und Können von Künstlern und Handwerkern, in den

Tricks der Artisten und Zauberkünstler, in der Gestaltung von Textilien und anderen Gegenständen des täglichen Gebrauchs, in Kulten, Mystik und Okkultismus manifestiert." (Schreiber, 2002 [10])

Diese omnipräsente und teilweise ominöse Mathematik war aber mit der Frage nicht gemeint, oder?

Wer mehr über die Mathematik wissen möchte, dem sei empfohlen, das eine oder andere der im folgenden Abschnitt genannten Bücher in die Hand zu nehmen.

1.3   Empfehlenswerte Bücher

Hinweis: Alle zitierten Meinungen ohne nähere Quellenangabe zu den folgenden Buchtiteln stammen aus Buchbesprechungen auf Matroids Matheplanet (`http://matheplanet.de`).

Davis, P. J. / Hersh, R.: Erfahrung Mathematik
Birkhäuser Verlag, 2. Auflage 1996 (amer.: „The mathematical experience")

„Als Schulfach ungeliebt, als Wissenschaft bewundert, doch für die meisten ein Buch mit sieben Siegeln: Die Mathematik. Was ist Mathematik, wie funktioniert sie, was sind die mathematischen Gegenstände, was mathematische Strukturen, wie wird ein Beweis geführt, wie zuverlässig sind mathematische Aussagen? Was tun Mathematiker den lieben langen Tag, warum macht es ihnen Spaß, über größtenteils absolut nutzlose Dinge nachzudenken? — Dieses Buch ist kein eigentliches Mathematikbuch (sein Inhalt wird auch kaum für Matheprüfungen nützlich sein), sondern ein Buch über Mathematik. Die beiden Autoren, selbst Mathematiker, befassen sich mit viel Witz, aber auch solider Sachkenntnis mit spannenden Fragen, die jeden Mathematiker früher oder später irgendwie berühren werden, und bieten gleichzeitig gelungene Aspekte aus der Geschichte und Philosophie der Mathematik. Unbedingt mal reinschauen (besonders in Zeiten existentieller Krisen)." (Hebisch, 1996 [11])

„Wirklich empfehlenswert. Obwohl das Buch recht dick ist, wird man nicht erschlagen, sondern es reizt auf kompetente und klare Weise, sich näher mit der Mathematik zu beschäftigen."

Courant, R. / Robbins, H.: Was ist Mathematik?
Springer Verlag, Berlin, 1962

„Wer sich mit dieser Frage auseinandersetzen möchte und nicht mit einer Antwort in drei Sätzen zufrieden ist, sondern einen Einblick in die ‚Substanz der neueren Mathematik' haben möchte, der findet hier einen Überblick über die zentralen Themen der Mathematik." (Didaktik, 2000 [17])

„Ab Klasse 12 für jeden verständlich. Eine wunderbare Einführung in viele mathematische Themen."

Aigner, Martin / Ziegler, Günter M., Das BUCH der Beweise
Springer Verlag, Berlin, 2002

„Sehr schöne Beweise, die fast keine Vorkenntnisse erfordern. Es ist einfach schön zu lesen. Es gibt viele Tricks zu entdecken. Man staunt immer wieder, auf welch hinterhältige Art ein Mathematiker sich an seine Beute heranpirscht und sie dann kurz und schmerzlos erlegt."

Basieux, P.: Die Architektur der Mathematik
Verlag Rowohlt Tb., 3. Auflage 2000

„Obwohl die Mathematik aus mehr als dreitausend Einzeldisziplinen besteht, ruht ihr Hauptgebäude auf nur drei Säulen: der Ordnungsstruktur, der algebraischen Struktur und der topologischen Struktur. Dieser übersichtliche Essay beschreibt den gemeinsamen Nenner aller mathematischen Objekte und Inhalte." (Verlagstext)

„Als Übersicht für EinsteigerInnen mit ernsthaftem Interesse an Mathematik ist es jedoch so ziemlich perfekt. All das, was sich Matheneulinge an Begriffswerk aneignen müssen, findet sich hier."

„Tolles Buch für den Einsteiger! Ich erinnere mich noch, wie ich mich in der (Nebenfach-)Algebra-Vorlesung verzweifelt fragte: ‚Wovon, um alles in der Welt, redet der Mann denn¿ Hätte es dieses Buch schon damals gegeben, hätte sich die Frage schnell beantwortet. Ein guter Abiturient kann sich damit schön vorbereiten."

Beutelspacher, A.: In Mathe war ich immer schlecht
Verlag Vieweg+Teubner, 4. Auflage 2007

„Mathematiker können auch anders. Das beweist Beutelspacher mit diesem Büchlein, das unterhaltsam und leicht zu lesen ist." (Verlagstext)

„Ein sehr gutes Buch. Gut geschrieben, und man kann herrlich schmunzeln. Wirklich zu empfehlen."

Beutelspacher, A.: Das ist o. B. d. A. trivial
Verlag Vieweg+Teubner, 8. Auflage 2006

„Dieses Buch eignet sich besonders für Schüler und Studenten, die häufig mathematische Beweise führen müssen und immer davor sitzen und sich denken: ‚Eigentlich ist ja klar, wie ich das mache, bloß wie formuliere ich das gut und richtig¿ Mir hat dieses Buch schon oft weitergeholfen, da es sehr übersichtlich gestaltet ist und man alles sofort findet. Auch die Beispiele sind gut."

Meschkowski, H.: Denkweisen großer Mathematiker
Vieweg Verlagsgesellschaft, 1990

„In diesem Buch wird längsschnittartig ein schöner Einblick in die verschiedenen Epochen der Mathematik gegeben. Es werden viele große Mathematiker vorgestellt, wobei historische Erläuterungen und konkrete mathematische Beispiele in einer

ausgewogenen Mischung auftreten; und zwar von den alten Griechen bis Hilbert, Noether und Co. Sehr empfehlenswert!"

Martin Wohlgemuth aka *Matroid.*

2 Mathematisch für Anfänger

Übersicht

Einführung

Die mathematische Sprache bedient sich deutscher Wörter und Grammatik (wenigstens in Deutschland und einigen Nachbarländern, zumindest teilweise). Dieser Umstand führt dazu, dass vielfach Mathematisch mit Deutsch verwechselt wird, was zu immensen Missverständnissen führen kann.

Allenthalben wird von Mathematikern eingeräumt, dass die Aneignung der mathematischen Sprache eine bedeutende Schwierigkeit für den Anfänger darstellt.

Es wird Zeit für einen Sprachkurs. Zielgruppe sind erstens die Laien, die einen kleinen Eindruck von der Andersartigkeit der mathematischen Sprache haben möchten, und zweitens die Schüler und Studenten, die diese Sprache bisher nur wie kleine Kinder, durch jahrelanges Zuhören, Nachsprechen und ständig verbessert von Älteren allmählich haben lernen können, und die endlich Anspruch auf eine systematische Ausbildung haben, auf dass sie nicht andauernd des Anfängertums überführt werden.

Vorausschicken möchten wir Folgendes als Motto:

> *„Der Wissenschaftler ist bestrebt, jeweils nur eins zu sagen und es unzweideutig und mit der größtmöglichen Klarheit zu sagen. Um das zu erreichen, vereinfacht und jargonisiert er. Mit anderen Worten, er gebraucht den Wortschatz und die Grammatik gemeinsamer Sprache auf eine solche Weise, dass jeder Ausdruck und jeder Satz nur auf eine einzige Weise auslegbar ist; und wenn der Wortschatz und die*

> *Grammatik gemeinsamer Sprache zu ungenau für seine Zwecke sind,*
> *erfindet er eine neue, eine Fachsprache oder einen solchen Jargon*
> *eigens dazu, um die eingeschränkten Bedeutungen auszudrücken, mit*
> *welchen er berufsmäßig befasst ist. In vollkommener Reinheit hört die*
> *wissenschaftliche Sprache auf, eine Sache der Wörter zu sein, und*
> *verwandelt sich in Mathematik.*" Aldous Huxley (1894–1963) (Kreuzer,
> 1987 [18])

Es folgt nun der Versuch einer Anleitung zum Sprechen und Schreiben auf mathematisch.

2.1   Lektion 1: Vom Wort zum Satz

Die Definition

Ein Wort hat auf mathematisch keine Bedeutung per se. Es erhält eine Bedeutung durch eine Definition. Mittels einer Definition ordnet ein Autor einem neuen Begriff eine gewünschte, konkrete Bedeutung zu. Diese Bedeutung ist zunächst nur für diesen Autor verbindlich. Eine Definition kann von anderen Autoren übernommen werden; dann hat sie sich verbreitet und schließlich durchgesetzt.

Beispiele für Definitionen:

- Eine *Pfmmh* ist eine ganze Zahl, die beim Teilen durch 3 den Rest 1 lässt.
- Die Zahlen, die keine Pfmmh sind, bezeichnet man aus Gründen der Zweckmäßigkeit als *Antipfmmh*.
- Eine *Primzahl* ist eine natürliche Zahl größer 1, die nur durch sich selbst und 1 teilbar ist.
- Eine Zahl heißt *nichtnegativ*, wenn sie nicht kleiner 0 ist.
  Man beachte die Zusammenschreibung bei *nichtnegativ*! Das ist besonders subtil und geht nicht gegen die Rechtschreibreform, sondern hier ist ein neuer Terminus eingeführt worden. Der Terminus lautet *nichtnegativ* und bedeutet „nicht negativ".

Die Begriffe in einer Definition, die zur Festlegung der Bedeutung benutzt werden, müssen zuvor ebenfalls definiert worden sein.

Irgendwo landet man aber im Nichts. Was ist eine Zahl? Die Frage ist ebenso schwer zu beantworten wie: „Was ist ein Tisch?"

Ein Tisch ist ein Tisch. Man kann daran sitzen, Dinge darauf legen. Man erkennt einen Tisch an seiner Funktion, nicht an seinen Eigenschaften. Unter den Tischen gibt es solche aus Holz oder Metall oder Stein oder noch anderen Materialien. Man kann Tische unterscheiden nach der Anzahl der Beine und auch nach der

Größe. So verhält es sich auch mit einer Zahl. Eine Zahl ist, womit man rechnen, zählen oder messen kann. Zahlen haben Eigenschaften, sie können ganz sein oder rational oder positiv oder infinitesimal klein.

Eine vernünftige Definition gründet in der Anschauung oder Erfahrung — man kann sagen im mathematischen Nichts. Damit hat sich schon Euklid abgemüht, als er postulierte: „Ein Punkt ist, was kein Teil hat."

Für die Grundsteinlegung mathematischer Theorien kommen neben Definitionen darum auch die sogenannten *Axiome* in Betracht. Auf ihnen aufbauend werden Gedanken in mathematischer Sprache ausgesprochen und ausgedrückt.

Das Axiom

Was ist der Unterschied zwischen einem Axiom und einer Definition?

Ein Axiom beschreibt eine Funktionalität („man kann daran sitzen"). Dagegen vergibt eine Definition einen Namen für eine Eigenschaft („Ein Tisch aus Holz ist ein Holztisch").

Beispiele für Axiome:

- Eine Zahl ist, womit man rechnen, zählen und messen kann.
- Zu jeder Zahl kann man eine andere Zahl finden, die größer ist.
- Aus $a < b$ und $b < c$ folgt $a < c$ (Transitivität).

Im Unterschied zu einer Definition wird durch ein Axiom keine reine Namensgebung betrieben. Im Vordergrund steht nicht ein neuer Begriff, sondern die Beschreibung einer Eigenschaft, die man an bestimmten Objekten beobachten bzw. wiedererkennen kann, eine wiedererkennbar formulierte Eigenschaft von Objekten. Dieser Sachverhalt wird i. d. R. dann auch mit einem Namen versehen. Das zuletzt als Beispiel gegebene Axiom beschreibt eine Eigenschaft, die z. B. die reellen Zahlen aufweisen. Diese Eigenschaft heißt „Transitivität". Wenn andere Objekte die Transitivität ebenfalls aufweisen, dann bedeutet das eine strukturelle Übereinstimmung. Es gibt bei den reellen Zahlen weitere Eigenschaften, die man als Axiom beschreiben kann, z. B. die Kommutativität oder die Dreiecksungleichung.

Der Betrachtungsgegenstand eines Axioms liegt in keiner Weise fest. Es ist vielmehr so, dass in der Mathematik nach Betrachtungsgegenständen gesucht wird, die bestimmte Axiome erfüllen. Forschen in der Mathematik heißt vielfach, dass man nach (noch unerkannten) Eigenschaften eines mathematischen Betrachtungsgegenstands sucht, diese Eigenschaften beschreibt und nach weiteren Objekten sucht, die diese Eigenschaften auch aufweisen. Bei ausreichender struktureller Übereinstimmung von (zunächst) verschieden erscheinenden Objekten, sucht man die Chance, bekannte Aussagen von der einen Objektart auf eine andere übertragen zu können,

somit vom Wissen der einen Seite bei der Untersuchung der Objekte der anderen
Art profitieren zu können. Man lernt im Studium mit der Zeit, wie arbeitssparend
und ergebnisproduktiv diese *axiomatische Methode* ist.

Der Satz

Den Betrachtungsgegenständen, die bestimmte Axiome erfüllen, oder die eigenen
oder üblichen Definitionen entsprechen, gewinnt der Mathematiker durch tiefsin-
niges Denken dann neue Erkenntnisse ab. Er formuliert diese Erkenntnisse als
sogenannte *Sätze*.

Ein Satz hat eine Voraussetzung und eine Folgerung. Ein Satz in der Mathematik
ist darum etwas völlig anderes als ein Satz in einer Sprache.

Ein Satz erhält vielfach einen Namen. Sätze mit geringer Bedeutung werden
schlicht nummeriert, etwa „Satz 3"; eine solche Bezeichnung ist kein Name und
nicht verbindlich. Andere Sätze heißen z. B. „Vier-Farben-Satz" oder „Cauchy-
Bernstein-Lemma".

Der Name nennt z. B. den oder die Entdecker des Satzes oder weist auf die haupt-
sächliche Aussage des Satzes hin.

So heißt der Vier-Farben-Satz möglicherweise so, weil er von den Schweizer Mathematikern Johann Vier und Urs Farben bewiesen wurde. Dagegen könnte das
Cauchy-Bernstein-Lemma etwas über die Verteilung von Bernstein in Cauchy-
Räumen aussagen. Die Geschichte eines Satzes kann lang sein und möglicherweise
gibt es noch andere Deutungen für die Namen.

Unter den Sätzen gibt es eine Hierarchie nach Nützlichkeit und Stellenwert in der
Theorie. Diese aufsteigende Hierarchie wird durch die Bezeichnungen

- Hilfslemma
- Lemma
- Korollar
- Proposition
- Satz
- Theorem
- Hauptsatz
- Fundamentalsatz

wiedergegeben.

Beispiele für Sätze:

- Die Summe von zwei Pfmmh ist kein Pfmmh.
- Das Produkt zweier nichtnegativer Zahlen ist nichtnegativ.
- Die Seitenmitten eines Vierecks bilden ein Parallelogramm.

Nicht als Sätze, sondern als Beispiele zur Verdeutlichung muss man folgende Aussagen ansehen:

- Die Summe zweier Antipfmmh ist im Allgemeinen kein Antipfmmh.
  Denn z. B. ist $2 + 3$ auch ein Antipfmmh. Aber $2 + 5$ ist ein Pfmmh. Beides ist möglich. Es gilt weder das eine immer noch das andere immer. Eine solche Aussage gilt also nicht im Allgemeinen.
- Insbesondere ist 0 nichtnegativ.
  Denn es gibt viele nichtnegative Zahlen. Die 0 ist ein Beispiel, aber sie ist ein wichtiges Beispiel und wird ‚insbesondere' erwähnt, um eine mögliche Unsicherheit auszuräumen.
- Der Satz über die Seitenmitten bei Vierecken gilt auch für räumliche Vierecke. Diese nicht selbstverständliche Erweiterung der ebenen Aussage wird als Ausblick gegeben, durch den die Bedeutung des ebenen Satzes noch unterstrichen werden soll.

Obwohl die Lemmata am Anfang der Hierarchie stehen, sind sie oft ganz entscheidende, äußerst praktische Werkzeuge bei den Beweisen der weiteren Sätze einer Theorie. Sie sind wie kleine, geniale Werkzeuge, die – richtig angewendet – die eigentliche Arbeit sehr erleichtern. So wie ein Dosenöffner oder ein Engländer.

Wir möchten — weil wir wissen, dass es notwendig ist — den Anfänger darauf hinweisen, dass ein Mathematiker erst glaubt in den Himmel kommen zu können, wenn ein Lemma nach ihm benannt ist. (In den Himmel der Mathematiker!) Darum sind die Lemmata auch häufig Streitpunkte unter Mathematikern. Sie werden geraubt oder falsch zugeordnet, und es entbrennt teilweise ein jahrelanger Streit in der Fachwelt über die korrekte Benennung (auch und gerade nach dem Ableben der direkt Beteiligten).

Konventionen

Nicht zu verwechseln mit Definitionen und Axiomen sind Konventionen. Dazu ein wirklich gelungenes Beispiel:

> Nach einer üblichen Konvention soll die Multiplikation stärker als die Addition binden.

Der Laie sagt dafür: „Punktrechnung geht vor Strichrechnung", aber was ist denn bitteschön „Punktrechnung"? Ein weiteres Beispiel:

> So nennt man eine kreisförmige Bewegung „positiv orientiert", wenn sie gegen den Uhrzeigersinn erfolgt.

Und der Laie dachte, das bedeute „dem Leben freundlich zugewandt". Nun ja, der Laie ...

Nun hängen an Axiomen ganze mathematische Theorien, und auf sinnvollen Definitionen erheben sich bedeutende Wissenschaftszweige. Aber an einer Konvention hängt nichts. Die Welt der Mathematiker sähe nicht anders aus, wenn als „positiv orientiert" eine Bewegung *im* Uhrzeigersinn bezeichnet würde.

So weit, so gut — das war Lektion 1. Bevor wir mit Lektion 2 fortfahren, möchten wir einen kleinen Exkurs machen, er betrifft:

„Das Bild des Mathematikers in der Öffentlichkeit"

Man erkennt ihn zweifelsohne.

Auf die Frage „Hast Du deine Hausaufgaben noch nicht gemacht?" antwortet er „Ja!"

Auf die Frage: „Können Vögel fliegen?" antwortet er: „Im Allgemeinen nicht", und auf die Frage „Was ist das Gegenteil von *reich*?" sagt er: „Nicht reich".

Schlimmer noch, wenn ihm jemand erzählt: „Steffi Graf heiratet", dann stellt er eine Gegenfrage: „Wer ist Steffi Graf?"

Richtiges Formulieren und richtiges Denken gehören für den Mathematiker zusammen.

Die mittelalterliche Kirchenlogik geht so: „*Wenn* Gott den Geringsten unter euch liebt, um wieviel mehr muss er dann den König lieben!"

Doch die mathematische Logik sagt: „Wenn Gott den Geringsten unter euch liebt, dann sagt das nicht, dass er den König liebt, denn der König ist ja nicht der Geringste". Außerdem, da wird gesagt: „Wenn Gott den Geringsten liebt", was vom mathematischen Standpunkt schon die Frage, *ob* Gott den Geringsten liebt, völlig unbeantwortet lässt.

Mathematiker erkennt man m. E. auch daran, dass sie auf Fragestellungen des realen Lebens stets nur unsichere (um nicht zu sagen: ausweichende) Antworten geben — oder sie stellen Gegenfragen (*Steffi Graf?*). (Ist auch das ein Axiom?)

Das hört sich aus dem Munde eines Mathematikers dann so an: „In der wirklichen Praxis sind die Probleme natürlich nicht ganz so einfach."

2.2 Lektion 2: Universelles Vokabular

> *„Die Mathematiker sind eine Art Franzosen; redet man zu ihnen, so übersetzen sie es in ihre Sprache, und dann ist es alsbald etwas ganz anderes."* J. W. von Goethe

Wir setzen nun den Sprachkurs fort und geben für häufig verwendete Ausdrücke des Mathematischen eine Übersetzung ins Deutsche.

Tab. 2.1: Mathematische Ausdrucksweise, Teil 1

Mathematisch	Deutsch
nicht schwarz	rot oder blau oder irgendetwas, möglicherweise dunkelgrau, nur eben nicht schwarz
nichtleer	mit Inhalt
nichtnegativ	positiv oder null
notwendig	unverzichtbar, aber nicht immer ausreichend
hinreichend	ausreichender Grund, aber meist mehr als nötig
und	beides (sowohl . . . als auch . . .)
oder	eines oder beides
entweder . . . oder . . .	eines, aber nicht beides
genau dann . . .	dann, nur dann und sonst nicht
im Allgemeinen	immer, abgekürzt: i. A. [nicht: *meistens* oder *im Großen und Ganzen*],
im Allgemeinen nicht im Allgemeinen kein	nicht immer; manchmal ja, manchmal aber nicht. Beispiel: Ein Viereck ist im Allgemeinen nicht quadratisch (kein Quadrat), d. h., manche Vierecke sind ein Quadrat, aber es gibt Vierecke, die sind kein Quadrat.

Die mathematische Sprache mag als kurz und knapp empfunden werden. Allerdings ist das ein Trugschluss. Es erfordert am Anfang deutlich mehr Worte, um überhaupt das Einfachste sagen zu dürfen. Später — auf der Grundlage von Axiomen und Definitionen und unter Verwendung bereits bewiesener Tatsachen (Sätze) wird dann jede weitere Aussage kurz und präzise — also unmissverständlich — sein. Und falls nicht, würde das bemerkt werden: Über die Mailbox käme eine Flut von ausführlich begründeten Einwänden der Fachkollegen. Es ist so leicht, ein Detail, eine Voraussetzung, einen Wertebereich zu vergessen. Man darf die Einwände nicht abtun, darf nicht erwidern, dass sich der Leser doch das Richtige denken könne. Es kommt darauf an, selbst richtig und vollständig gedacht zu haben und auch das Richtige geschrieben zu haben! Der einfache Mathematiker enthält sich darum möglichst lange jeder nachweisbaren Äußerung. Er muss erst ganz, ganz, ganz sicher sein, bevor er eine Zeile veröffentlicht. Das Wenige, was dann gesagt wird, das stimmt aber. Es gibt darum in der Mathematik keine lang anhaltende falsche Überlieferung — fast sicher!

Tab. 2.2: Mathematische Ausdrucksweise, Teil 2

Mathematisch	Deutsch
o. B. d. A.	„ohne Beschränkung der Allgemeinheit". Diese Formulierung verwenden Mathematiker, wenn irgendwelche Symmetrieeigenschaften ausgenutzt werden können, um die Anzahl der zu betrachtenden Fälle zu reduzieren. Beispiel: *Seien a und b reelle Zahlen. Sei o. B. d. A. $a \leq b$.* Ansonsten wird der erprobte Mathematiker eben alle a in b und alle b in a umbenennen. Dann stimmt es wieder.
bezeichnet man ...	nennt man ...
Die Darstellung ist eindeutig.	Es gibt nur eine und nicht zwei (oder mehr) Darstellungen. [nicht etwa: Es gibt eine Darstellung]
Nach Axiom (3) folgt ...	Durch Verwendung der Aussage des Axioms mit der Nummer 3 ergibt sich ... [nicht etwa: Hinter Axiom (3) steht ...!]
trivial	ein sehr einfacher Sachverhalt oder Beispiel, eigentlich nicht der Betrachtung wert, weil zu nahe liegend und nicht weiterführend. Beispiel: *Die Gleichung $x^3 + y^3 = z^3$ hat die triviale Lösung $x = y = z = 0$*
nicht trivial	Unter Ausschluss von trivialen Beispielen. Beispiel: *Gesucht sind nicht triviale Lösungen der Gleichung $x^3 + y^3 = z^3$.*
in kanonischer Weise	auf eine von der Sache her natürlich erscheinende Weise. Beispiel: *Der Raum $\mathbb{R}^4$ lässt sich in kanonischer Weise mit der Menge aller reellen 2×2 Matrizen identifizieren.*
Vermöge ...	Mittels. Beispiel: *Vermöge der natürlichen Inklusionsabbildung wird das Diagramm kommutativ.*

2.3 Lektion 3: Prädikate

> *„Unsere Gedichte sind in einer recht speziellen Sprache geschrieben, der mathematischen Sprache, ... und leider sind diese Gedichte nur in der originalen Sprache zu verstehen."* Armand Borel

Auf mathematisch gibt es für das Prädikat im Satz vorherrschend nur einen Tempus: das Präsens. Man sagt „3 teilt 9". Es gibt keinen Grund zu sagen: „3 hatte 9 geteilt", denn es provozierte doch unmittelbar die Frage, seit wann denn die 3 die 9 nicht mehr teile.

Modernere Autoren mit dem Anspruch, Texte zu schreiben, die auch eine didaktische Qualität haben, verwenden in Überleitungen zwischen rein mathematischen Aussagen auch schon das Futur I. Beispiel: „Wie wir gleich sehen werden, ... "

Aber solches Entgegenkommen an die Erwartungshaltung eines Lesers liegt schon stark im Übergangsbereich von Mathematisch zu Deutsch und kann m. E. ohne Informationsverlust zu erleiden auch ausgelassen werden. Eine ebenfalls anzutreffende Formulierung ist (beispielhaft): „Es ist zu zeigen, dass alle durch 6 teilbaren Zahlen auch durch 2 teilbar sind." Das ist erlaubt, handelt es sich doch um eine klassische Gerundiv-Konstruktion, durch die eine Möglichkeit oder Notwendigkeit ausgedrückt wird.

Neben dem Indikativ findet der Konjunktiv häufige Verwendung, nämlich in Widerspruchsbeweisen der Konjunktiv II (vom Präteritum abgeleitet), wenn von Unmöglichem die Rede ist („ ... dann wären aber p und q nicht teilerfremd."), und der Konjunktiv I bei der Formulierung von Voraussetzungen, um Wünsche oder Annahmen auszudrücken („Sei x eine natürliche Zahl.")

Die Verwendung des Aktivs als Handlungsrichtung überwiegt, aber passive Formen sind nicht generell verboten, dabei muss man aber behutsam sein. Wenn „9 wird von 3 geteilt" noch eine akzeptable sprachliche Variation von „3 teilt 9" ist, dann wird „Die Funktion wird abgeleitet." schon verdächtig. Von wem wird die Funktion abgeleitet? Man sollte besser sagen: „Wir leiten die Funktion ab" oder unpersönlich: „Man leite die Funktion ab".

Das bringt uns zur vorletzten Regel. Verwende nur 3. Person Singular oder Plural oder 1. Person Plural. Sage: „Wir bilden die symmetrische Differenz" oder „Man bildet die symmetrische Differenz", anstatt: „Ich bilde ... "

Gibt es den Imperativ auf mathematisch? Es scheint so, denn man kann solches finden: „Betrachte die Ableitung der Funktion". Doch das ist vermutlich nur eine Verkürzung von „Man betrachte die Ableitung der Funktion", also im Grunde eine konjunktivische Konstruktion. Diese Deutung passt zur Mathematik, in der man nicht befehlen kann, denn die Zahlen, Mengen und Funktionen gehorchen nicht aufs Wort.

Die letzte Regel lautet: Vermeide Vollverben! Durch Vermeidung von Vollverben erhält die mathematische Sprache ihre typische, trockene Diktion. Wie hört sich das denn an: „Wenn man zwei Zahlen addiert, dann ergibt sich wieder eine Zahl." Zum Vergleich: „Die Summe zweier Zahlen ist eine Zahl."

Ein weiteres Beispiel aus der Geometrie: „Der Schnittpunkt zweier nicht identischer Geraden ist eindeutig bestimmt", ist doch bei weitem griffiger, als: „Zwei verschiedene Geraden, die sich schneiden, haben genau einen Schnittpunkt".

Die Verben der mathematischen Sprache, absteigend sortiert nach Präferenz:

1. sein, werden, haben (Hilfsverben)
2. dürfen, können, mögen, müssen, sollen, wollen (Modalverben)
3. machen, kommen, lassen, gelten (universelle, abstrakte Vollverben)
4. definieren, beweisen, folgern, rechnen, behaupten, formulieren, lösen, herleiten (mathematische Fachverben)

5. gehen, geben, sehen, vermitteln, dienen, sprechen, bedeuten, meinen, überlegen, notieren, vermerken, verschaffen, heißen, zeigen, schreiben, stellen, benötigen, verwenden, einführen, wählen, liefern, betrachten, festlegen, raten

Die Liste ist sicher nicht vollständig. In den Kategorien 4 und 5 dürften noch
weitere Worte erlaubt sein. Die hier aufgezählten Worte sollten aber genügen, mit
sicherem Geschmack zu wählen.

2.4   Lektion 4. Konjunktionen (Überleitungen)

Wenn schon der Gebrauch von Verben stark einzuschränken ist und fast alle Worte
vor Gebrauch definiert werden müssen, dann bleibt dem Mathematiker noch die
Konjunktion (die Überleitung) als Ausdrucks- und Stilmittel. Durch die Wahl
der Konjunktionen baut er Spannung auf, leitet von Schritt zu Schritt bis zum
dramatischen Höhepunkt.

Es folgen einige erprobte und darum empfehlenswerte Beispiele:

Einleitungen

* Sei A eine nichtleere Menge.
* Sei $n > 0$ beliebig aber fest.
* Sei die Behauptung für kleinere n wahr.
* Wähle n so, dass 3 kein Teiler von n ist.

Überleitungen

* Sei a eine solche Zahl.
* Eine solche Zahl denken wir uns fest gewählt.
* Zweckmäßig ist weiter ...
* Es genügt zu zeigen ...
* Für $n \in \mathbb{N}$ gilt ...
* Nach Voraussetzung gilt ...
* Es gilt ...
* Es ist aber ...
* Dann gibt es ...
* Daher ist auch ...
* Dann gibt es insbesondere ...
* Da aber ....
* Dagegen ist ...
* Jedoch ...
* Aus dem Zwischenwertsatz folgt ...
* es folgt also ...

* also folgt ...
* also ...
* Speziell erhalten wir ...
* im Allgemeinen gilt nicht ...
* wegen der Voraussetzung ...
* gilt nach Definition ... (z. B.: des Homomorphismus)
* Dabei setzen wir voraus ...
* genau dann, wenn
* wenn
* falls
* es gibt mindestens eine ...
* ... gibt es stets eine natürliche Zahl ...
* gilt einerseits ... und andererseits ..., woraus folgt ...
* nicht zugleich ...
* somit gilt ...
* ... aber n ist nicht durch 2 teilbar.
* ... doch ist a nicht positiv.

Durch sprachliche Mittel kann man so erreichen, einen lesbaren Text zu schreiben, dem der Leser ohne Ermüdung und Überforderung folgen kann. Lesbar muss es sein, aber — das sei extra erwähnt — die definierten Fachbegriffe werden immer getreulich geschrieben. Im deutschen Schulaufsatz wird verlangt, dass man Wiederholungen vermeidet. Auch auf mathematisch soll nicht jeder Satz mit *dann* beginnen und nicht jede Überleitung mit *also*. Aber die Fachbegriffe werden stets, und wenn es sein muss 100 Mal auf einer Seite, genau so verwendet, wie sie definiert sind. Es ist falsch, zuerst den Begriff *Würfel* zu definieren, und dann von *Kubus* zu sprechen, wenn *Würfel* gemeint ist.

Beliebte Konstruktionen *best practice* Bei *best practice* handelt es sich um beliebte Formulierungen, ohne die so gut wie kein mathematischer Autor auskommen kann. Es hat sich allenthalben bewährt, einige oder gleich mehrere der folgenden Formulierungen an kritischen Stellen von Beweisen oder Lehrbuchtexten einzusetzen. Die Arbeit wird dadurch ein professionelles Niveau behaupten.

* Der einfache Nachweis ... (z. B.: der Körperaxiome) sei dem Leser überlassen.
* ... wie man leicht nachrechnet.
* ... wie man in der Analysis lernt.
* ... folgt unmittelbar ...
* Aus ... leitet man ohne Mühe Folgendes ab ...
* ... und der Beweis verläuft analog.
* Wir führen den Fall $a = 0$ aus und überlassen $a > 0$ dem Leser zur Übung.
* ... derartige Probleme können auf ... zurückgeführt werden.
* Die Richtigkeit folgender Gleichung rechnet man einfach nach.
* Es genügt dabei die Rechenregeln anzuwenden.

* Einen nicht ganz trivialen Zusammenhang erhält man durch ...
* Dies folgt sofort aus der Definition.
* Es sei dem Leser zur Übung empfohlen.
* Falls klar ist, welche Verknüpfung gemeint ist, schreibt man auch kurz ...
* zeigt man entsprechend ...

Nicht alle vorgenannten Vorschläge eignen sich für Anfänger, aber schon als Anfänger begegnet man diesen Formulierungen immer wieder, und gerade Anfänger sind oft wenig erfreut, solches zu lesen, denn so einfach wie gesagt erscheint es ihnen dann doch nicht. Die größere Erfahrung, die hinter solchen Formulierungen stehen muss, erwirbt man erst mit der Zeit.

2.5   Lektion 5: Schlussworte, Schlusspunkte

Es ist wichtig, das Ende eines Beweises deutlich hervorzuheben, und ggf. auch deutlich auszusprechen, was man nun bewiesen hat. Das kann man in Worten tun oder symbolisch mit Zeichen:

* Damit ist die Behauptung bewiesen.
* Damit ist das Lemma von Zorn bewiesen.
* q. e. d. / Q.E.D. / qed
  lateinisch: „quod erat demonstrandum" für deutsch „das war zu zeigen"
* w.z.b.w. — „was zu beweisen war" — für Mathematiker ohne Latinum
* Das war zu zeigen. — Gekonntes Understatement!
* i. d. R. nicht (nur in Verbindung mit *nicht*)
  Ausdrückliche Warnung vor einem voreiligen Schluss.
* Widerspruch! — Der Abschluss eines indirekten Beweises.
* □ bzw. ◇ oder ⚡ — schreiben LaTeX-Anhänger für q. e. d. bzw. Widerspruch.

Mathematik besteht nicht nur aus Zeichen. Man scheue sich nicht, ganze Sätze zu sprechen und aufzuschreiben, in denen man die Inhalte und Ideen verständlich darstellt, die Argumente wirklich ausspricht und in der richtigen Reihenfolge aufführt. Zudem ist es guter Stil, wenn man (gerade bei längeren Beweisen) daran denkt, den Leser gelegentlich daran zu erinnern, wie weit man schon gekommen ist und wohin man nun will.

Und nun? Ans Werk, sprechen lernt man durch Sprechen, das gilt auch für Mathematisch. Viel Erfolg!

Martin Wohlgemuth aka *Matroid*.

3 Beweise, immer nur Beweise

3.1 Beweisen lernen

Der Sinn des Mathematik-Studiums ist, dass man das Beweisen lernt.

Das geht so vor sich, dass in Vorlesungen, Büchern und manchmal Übungen das Beweisen vorgemacht wird.

Ein Beweis besteht aus einer geschlossenen und lückenlosen Ableitung einer zuvor formulierten Behauptung aus den zugrunde liegenden Axiomen und den gegebenen Voraussetzungen.

Die Hilfsmittel beim Beweisen sind:

a. die Regeln der Logik als elementare Operationen

b. Beweistechniken als zusammengesetzte Operationen aus elementaren Operationen (quasi ‚große Moleküle' z. B. die vollständige Induktion oder die Technik des Widerspruchsbeweises).

c. schon bewiesene Behauptungen allgemeiner Art (z. B. Abschätzen von Ungleichungen, $a < b \implies a + c < b + c$).

d. schon bewiesene Behauptungen des Fachgebiets (Sätze, Hilfssätze, Theoreme, z. B. der Mittelwertsatz der Differentialrechnung)

e. der Einfallsreichtum des Beweisenden in der Kombination von a.–d.

3.2   Der Zweck der Übungen

Zweck der meisten Übungen ist nicht, den Stoff mit Hilfe von Beweisen zu vertiefen. Vielmehr ist es umgekehrt. Der Stoff ist das Vehikel, an dem man das Beweisen üben kann. [Ich spreche hier nicht von Nebenfachvorlesungen. Physiker oder Wirtschaftswissenschaftler haben ein anderes Interesse. Sie wollen wirkliche Aufgaben mit mathematischen Methoden lösen lernen.]

Wenn man mit dem Studium fertig ist, kann man (genügend Zeit gegeben) alles beweisen (, was beweisbar ist und wofür man Ehrgeiz entwickelt). Ist das eine zu optimistische Aussage? Nicht sehr, ich behaupte ja nicht, dass ein Menschenleben immer ‚genügend Zeit‘ enthält.

3.3   Unterscheide wahr und falsch

Die Beweise sind für die Mathematik existenziell. Es ist Grundkonsens aller Mathematiker, dass man eine gesicherte Ausgangsbasis zu haben hat.

Aussagen, die andere (früher) gegeben und bewiesen haben, bilden das Fundament, auf dem die nächste Generation baut. Die Fähigkeit zum Beweis impliziert die Fähigkeit, einen vorgelegten Beweis nachzuvollziehen - und nötigenfalls zu kritisieren. Sie impliziert auch die Fähigkeit, die Richtigkeit eigener Gedanken beurteilen zu können - wenigstens in viel weiterem Maße, als das andere Ausbildungen bewirken.

Mir ist es so ergangen, dass ich ca. ab dem Vordiplom gar keine falschen Lösungen zu Übungsaufgaben abgegeben habe. Ich wusste genau, wann ich die richtige Lösung *nicht* hatte. Den ‚Beweis auf Verdacht‘ gibt es nicht. Und anders als vielleicht in der Philosophie kann man nur mit schönen Worten keine mathematischen Tatsachen ersetzen.

Vielleicht können das andere bestätigen.

3.4   Einige Gebote und Verbote

Ein Beweis ist kein Smalltalk. Er soll solide sein, also Bestand haben. Er soll von vielen gelesen werden. Beweise werden gegeben - sich selbst und anderen. Eine klarer Aufbau, möglichst eine wieder erkennbare Gliederung, eine korrekte Orthographie und die Vermeidung jeglicher Umgangssprache helfen sehr beim Denken, Nachvollziehen und Verstehen.

Ein Beweis muss lückenlos sein. Das schließt nicht aus, dass in einem gedruckten Beweis mancher technische Zwischenschritt unausgeführt bleibt. Es hängt von der

Zielgruppe, der Leserschaft ab. Es werden nur solche Sachen bewusst ausgelassen, die eine Person der Zielgruppe leicht (für sich selbst) ergänzen kann.

Erstsemester schreiben für ihre Übungsleiter. Diese wollen keine Lücken schließen, sondern sollen Studenten anleiten beim Lernen des Beweisens. Darum müssen Mathe-Erstsemester alles sehr genau ausführen.

Was Erstsemester nicht dürfen:

1. ‚trivial' oder ‚wie man leicht sieht' schreiben.
2. Pünktchenbeweise geben. Schlecht: Die Folge $a_n = 1,2,3,\dots$ ist $\dots$
3. Ausführliche Rechnungen auslassen. Schlecht: Die Abbildung A hat den Eigenvektor $(1,4/19,-4/7)$. [Ein Computer-Algebra-System lässt grüßen].
4. Sätze verwenden, die zwar wahr sind, aber in der Vorlesung noch nicht dran waren. Schlecht (Ana I, erste Übung): Der Mittelwertsatz folgt sofort aus dem Satz von Rolle.
5. Beweise imitieren. Ein imitierter Beweis enthält ebensolche Zeichen wie ein richtiger Beweis, aber sagt nichts über das Problem, denn es fehlen alle Begründungen. Schlecht: A eine symmetrische Matrix. Zeige $(\,^T\!A)^n = \,^T(A^n)$. Angeblicher Beweis: $(\,^T\!A)^n = \prod_n \,^T\!A = \,^T\left(\prod_n A\right) = \,^T(A^n)$.

3.5 Mathematik ist Struktur

Die Mathematik hat zwar viele praktische Anwendungen, aber ihr Selbstzweck ist nicht praktisch orientiert.

Mathematik ist Struktur und Beweis. Strukturen werden derart festgelegt, dass sie möglichst mehrfach anwendbar sind. Aussagen über Strukturen gelten für alle (konkreteren) Gegenstände, die die betreffende Struktur aufweisen. Nur *eine* Gruppentheorie beschreibt die Eigenschaften (Gesetze) der ganzen Zahlen genauso gut wie die Eigenschaften von geometrischen Bewegungen oder Permutationen.

Struktur ist abstrakt, und Abstraktes ist universell. Der Wert der Struktur zeigt sich in der Anwendung. Manche nennen das ‚Verallgemeinerung' oder ‚Modellbildung'. Anstatt über Brücken und Inseln zu reden, werden Graphen eingeführt. Nichts spricht dagegen, sich bei Gelegenheit unter den Kanten eines Graphen auch Straßen vorzustellen. Aber unter den Brücken muss kein Wasser fließen, und an den Kanten stehen keine Häuser. Häuser sind uninteressant, wenn man Verbindungen sucht. Mathematik entsteht oft als Abstraktion realer Probleme.

Die Abstraktion erfordert die Beschreibung der wesentlichen Struktur des Problems. Vor dem Beschreiben liegt das Erkennen dieser Struktur.

Bei der Beschreibung bleibt es nicht. Durch die erkannte Struktur kann das Problem leichter durchschaut werden. Es kann für Gegenstände mit einer bestimmten

Struktur etwas ausgesagt werden. Die Aussagen werden bewiesen. Die bewiesenen Aussagen werden (von anderen, den ‚Anwendern') zur Lösung der ursprünglichen Probleme herangezogen.

3.6   Mathematik für und durch die Praxis

Die Mathematik besteht aus Abstraktion, Struktur, Beweis und Anwendung. Diese vier Pfeiler sind selten in einer Person vereinigt. Mathematiker kommunizieren mit anderen Berufsgruppen. Das geht in zwei Richtungen. Heute heißt das Technologie-Transfer.

o In der Physik kann eine Fragestellung auftauchen, die neue oder verbesserte mathematische Methoden erfordert.
o Ein (absichtslos) von Mathematikern entwickelter Mathematik-Zweig enthält bereits die Grundlage für eine (später nachgefragte) praktische Anwendung.

Für Euler mag das Königsberger Brückenproblem ein Spielzeug gewesen sein. Die Graphentheorie war dann viel später das probate Mittel zur Beschreibung und Lösung von Optimierungsproblemen in Transportnetzen. Die Graphentheorie war nicht fertig, als die Anwendungen auftauchten. Aber sie war da und hat sich um die Verbesserung und Erweiterung ihres Instrumentariums erfolgreich bemüht (im Sinne ihrer Anwender).

3.7   Und wie lernt man beweisen?

Am Anfang des Studiums ist man ein Neuling auf dem Hochseil. Man führt unsichere Bewegungen aus und liegt oft im Netz. Ein ausgebildeter Akrobat weiß vielleicht noch, dass er es am Anfang auch schwer hatte, aber er kann auch nichts Anderes raten, als weiter und intensiv zu üben - und den grandiosen Moment abzuwarten, ab dem plötzlich die Unsicherheit verschwunden ist und dafür souveränes Selbstbewusstsein und Freude an der Körperbeherrschung und der kontrollierten Kraft einem zeigen, dass man es geschafft hat.

Genauso wenig wie es einen schmerzfreien Erfolgskurs für Artisten gibt, gibt es einen für angehende Mathematiker. Einziger Tipp von mir: Ein Beweis ist höchstens dann richtig, wenn Du selbst ihn (wirklich) verstehst.

Außerdem - und schon gesagt: In Vorlesungen und Büchern wird ‚vorbewiesen'. Viel lesen, gut zuhören und sprechen bzw. beweisen lernen. Einige Buchempfehlungen finden sich in Kapitel 1.3.

Martin Wohlgemuth aka *Matroid.*

4 Die Beweisverfahren

4.1 Der direkte Beweis

4.1.1 Einfache Zahlentheorie

Beim direkten Beweis geht man von der (gegebenen, wahren) Voraussetzung A aus und zeigt durch Umformen oder Folgern, dass aus A die Aussage B folgt. Mathematisch geschrieben untersucht man:

$$A \Longrightarrow B$$

Starten wir mit einem Beispiel. Man beweise den ersten Satz:

Satz 4.1

Die Summe zweier gerader ganzer Zahlen ist gerade.

Wie beweist man etwas? Um etwas beweisen zu können, muss man wissen, was man beweisen soll. Was ist überhaupt eine *gerade* Zahl?

Definition 4.2 (gerade Zahl)

Eine ganze Zahl x heißt *gerade Zahl*, wenn es eine ganze Zahl a gibt, so dass $x = 2 \cdot a$. Ansonsten heißt die Zahl *ungerade*.   ◆

Wie wird nun der Beweis genau geführt? Wir nehmen uns einfach zwei gerade ganze Zahlen, aber machen das allgemein. Genauer: Für beliebige gerade ganze Zahlen.

Beweis: Seien x und y gerade ganze Zahlen (unsere Voraussetzung). Weil x gerade ist, wissen wir, dass es eine ganze Zahl a gibt, so dass $x = 2a$ ist. Weiterhin ist y gerade, und darum gibt es eine ganze Zahl b mit $y = 2b$.

Dann ist $x + y = 2a + 2b = 2(a + b)$. Es gibt also eine ganze Zahl c, nämlich $c := a + b$, so dass $x + y = 2c$. Daher gilt: $x + y$ ist eine gerade Zahl. Damit haben wir unseren Satz bewiesen. $\qquad\square$

Zeichenerklärung

$\Rightarrow$ Implikation. Man schreibt $A \Rightarrow B$ und spricht „A folgt B". Die Implikation $A \Rightarrow B$ ist genau dann wahr, wenn A und B wahr sind oder wenn A falsch ist. Warum ist das so definiert? Aus etwas Wahrem soll nichts Falsches folgen dürfen, aber aus etwas Falschem darf alles folgen. Die Implikation ist dann möglicherweise sinnlos, aber sie ist wahr.

$:=$ Eine definierte Gleichheit. $c := a + b$ bedeutet: c wird definiert als die Summe von $a + b$. c ist nicht mehr als ein Name für das rechts stehende Ergebnis.

Unser nächstes Beispiel:

Satz 4.3
Das Quadrat einer ungeraden natürlichen Zahl n ist ungerade.

Beweis: n sei eine ungerade natürliche Zahl. Somit lässt sich n eindeutig als $n = 2k + 1$ darstellen (k ist eine natürliche Zahl, einschließlich der 0, die Menge dieser Zahlen hat das Zeichen $\mathbb{N}_0$). Daraus folgert man:

$$n^2 = (2k + 1)^2 = 4k^2 + 4k + 1 = 2 \cdot (2k^2 + 2k) + 1$$

Man sieht, es ist n^2 ungerade, denn $2 \cdot (2k^2 + 2k) + 1$ ist nicht gerade. $\qquad\square$

Satz 4.4
Das Quadrat einer geraden natürlichen Zahl n ist gerade.

Beweis: n sei eine gerade natürliche Zahl. Somit lässt sich n eindeutig als $n = 2k$ darstellen (k ist eine natürliche Zahl). Daraus folgert man:

$$n^2 = (2k)^2 = 4k^2 = 2 \cdot 2k^2$$

Somit ist n^2 das Doppelte einer natürlichen Zahl und damit gerade. $\square$

4.1.2 Aussagenlogik

Jetzt wollen wir weitere Beispiele für direkte Beweise aus der Aussagenlogik und der Mengenlehre liefern, um die Vielfalt des direkten Beweises deutlich zu machen.

Wichtige Zeichen der Aussagenlogik

$\wedge$ Und-Verknüpfung von Aussagen. Man schreibt $A \wedge B$ und spricht „A und B". Eine Und-Verknüpfung ist genau dann wahr, wenn beide verknüpften Aussagen wahr sind.

$\vee$ Oder-Verknüpfung von Aussagen. Man schreibt $A \vee B$ und spricht „A oder B". Eine Oder-Verknüpfung ist genau dann wahr, wenn mindestens eine der beiden verknüpften Aussagen wahr ist.

$\neg$ Negation. Man schreibt $\neg A$ und spricht „nicht A" oder „not A". Die Negation einer Aussage ist genau dann wahr, wenn die Aussage falsch ist.

$\Leftrightarrow$ Äquivalenz. Man schreibt $A \Leftrightarrow B$ und spricht „A äquivalent B". Die Äquivalenz ist genau dann wahr, wenn $A \Rightarrow B$ und $B \Rightarrow A$ wahr sind.

Satz 4.5
Seien A und B Aussagen, dann gilt:

$$A \vee (A \wedge \neg B) \Longleftrightarrow A$$

Das hört sich schon sehr schwierig an, aber mit einer Wahrheitstafel kann dies sehr leicht gelöst werden; Schritt für Schritt müssen die Wahrheitswerte eingetragen und jeder Fall betrachtet werden. Wir machen es vor:

Beweis: **1.** Schritt: Wir tragen alle möglichen Kombinationen für die Wahrheitswerte der Aussagen A und B ein:

A	B	A	$\vee$	$(A$	$\wedge$	$\neg B)$	$\Longleftrightarrow$	A
w	w							
w	f							
f	w							
f	f							

2. Schritt: Bekannte Wahrheitswerte werden nach rechts übertragen, auch die Wahrheitswerte der Negation können ohne Probleme eingetragen werden:

A	B	A	$\lor$	$(A$	$\land$	$\neg B)$	$\Longleftrightarrow$	A
w	w	w		w		f		w
w	f	w		w		w		w
f	w	f		f		f		f
f	f	f		f		w		f

3. Schritt: Wir überlegen uns, was die Konjunktion bedeutet.

A	B	A	$\lor$	$(A$	$\land$	$\neg B)$	$\Longleftrightarrow$	A
w	w	w			**f**			w
w	f	w			**w**			w
f	w	f			**f**			f
f	f	f			**f**			f

4. Schritt: Was bedeutet das „oder"?

A	B	A	$\lor$	$(A$	$\land$	$\neg B)$	$\Longleftrightarrow$	A
w	w		**w**					**w**
w	f		**w**					**w**
f	w		**f**					**f**
f	f		**f**					**f**

5. Schritt: Nun bleibt noch die Äquivalenz zu untersuchen. Das bedeutet, wir müssen schauen, ob in der vorigen Tabelle die fett markierten Wahrheitswerte in jeder Zeile übereinstimmen, dann ist die Äquivalenz der Aussagen wahr.

A	B	A	$\lor$	$(A$	$\land$	$\neg B)$	$\Longleftrightarrow$	A
w	w						**w**	
w	f						**w**	
f	w						**w**	
f	f						**w**	

Und tatsächlich, es stimmt alles überein. Damit ist die Aussage bewiesen. □

Um Platz und Schreibarbeit zu sparen, vereinigt man die einzelnen Bewertungs-schritte oft in einer Wahrheitstabelle. Dann sieht es so aus:

A	B	A	$\vee$	$(A$	$\wedge$	$\neg B)$	$\Longleftrightarrow$	A
w	w	w	w	w	f	f	w	w
w	f	w	w	w	w	w	w	w
f	w	f	f	f	f	f	w	f
f	f	f	f	f	f	w	w	f

4.1.3 Gesetze der Aussagenlogik

Satz 4.6

*(**De Morgansche Regeln** für die Aussagenlogik)*

a) $\neg(A \wedge B) \Leftrightarrow \neg A \vee \neg B$
b) $\neg(A \vee B) \Leftrightarrow \neg A \wedge \neg B$

Beweis: (**mit Hilfe von Wahrheitstafeln**) Da man ganz einfach wie oben be-schrieben vorgehen kann, zeigen wir hier nur die fertig ausgefüllte Wahrheitstafel, darin ist fett gesetzt, was wir zuletzt vergleichen müssen:

a)

A	B	$\neg$	$(A$	$\wedge$	$B)$	$\longleftrightarrow$	$(\neg$	A	$\vee$	$\neg$	$B)$
w	w	**f**	w	w	w	**w**	f	w	**f**	f	w
w	f	**w**	w	f	f	**w**	f	w	**w**	w	f
f	w	**w**	f	f	w	**w**	w	f	**w**	f	w
f	f	**w**	f	f	f	**w**	w	f	**w**	w	f

b)

A	B	$\neg$	$(A$	$\vee$	$B)$	$\Longleftrightarrow$	$(\neg$	A	$\wedge$	$\neg$	$B)$
w	w	**f**	w	w	w	**w**	f	w	**f**	f	w
w	f	**f**	w	w	f	**w**	f	w	**f**	w	f
f	w	**f**	f	w	w	**w**	w	f	**f**	f	w
f	f	**w**	f	f	f	**w**	w	f	**w**	w	f

$\square$

Nun haben wir Beweise mit Wahrheitstafeln geführt. Wir fassen zusammen: Beim direkten Beweis beweist man die Aussage durch logische Schlussfolgerungen. Ge-nau dies wollen wir für Beispiele aus der Mengenlehre weiter einüben:

4.1.4   Mengenlehre

Wichtige Zeichen der Mengenlehre

∩   Schnitt. Man schreibt $A \cap B$ und spricht „A geschnitten B". $A \cap B$ enthält genau die Elemente, die in A und in B enthalten sind.

∪   Vereinigung. Man schreibt $A \cup B$ und spricht „A vereinigt B". $A \cup B$ enthält genau die Elemente, die in mindestens einer der Mengen A und B enthalten sind.

∅   Die *leere Menge*; sie enthält keine Elemente.

\   Subtraktion von Mengen. Es ist definiert $A \backslash B := \{a \in A \,|\, a \notin B\}$. Anschaulich gesagt: In $A \backslash B$ ist „A ohne B"

∈   Element von. $a \in A$ heißt: a ist ein Element von A.

⊆   Teilmenge. Es ist $A \subseteq B :\Leftrightarrow \forall a \in A : a \in B$. Beachte die Doppelpunkte; man liest: A ist Teilmenge von B ist definiert als: für alle a aus A gilt: a ist Element von B. Es kann sein, dass A und B gleich sind. Meistens hat das Zeichen $\subset$ die gleiche Bedeutung wie $\subseteq$. Wenn man echte Teilmengen meint, dann schreibt man am besten $\subsetneq$. Es gibt aber Autoren, für die sind $\subset$ und $\subsetneq$ gleichbedeutend. Man muss hier immer auf die Zeichenerklärungen achten.

∀   Allquantor. Man schreibt z. B. $\forall n$ und sagt: „Für alle n". Gleiche Bedeutung hat das Zeichen $\bigvee$.

∃   Existenzquantor. Man schreibt z. B. $\exists n$ und spricht: „Es existiert ein n". Gleiche Bedeutung hat das Zeichen $\bigwedge$.

Beispiel: (Mengenlehre) Zeige für Mengen A, B, C Folgendes:

    a) $A \cap (B \cup C) = (A \cap B) \cup (A \cap C)$
    b) $A \cup (B \cap C) = (A \cup B) \cap (A \cup C)$

Sei Ω eine Menge und seien $A \subseteq \Omega$ und $B \subseteq \Omega$, dann gilt:

    c) $A \cap B = \emptyset \Longrightarrow A \subseteq \Omega \setminus B$
    d) $A \subseteq \Omega \setminus B \Longleftrightarrow B \subseteq \Omega \setminus A$

Beweis: **a)** Gemäß der Definition der Verknüpfungen gilt:

$$x \in A \cap (B \cup C) \Longleftrightarrow x \in A \wedge x \in (B \cup C)$$
$$\Longleftrightarrow x \in A \wedge (x \in B \vee x \in C)$$
$$\Longleftrightarrow (x \in A \wedge x \in B) \vee (x \in A \wedge x \in C)$$
$$\Longleftrightarrow x \in (A \cap B) \vee x \in (A \cap C)$$
$$\Longleftrightarrow x \in (A \cap B) \cup (A \cap C)$$

b) Gemäß der Definition der Verknüpfungen gilt:

$$x \in A \cup (B \cap C) \Longleftrightarrow x \in A \vee x \in (B \cap C)$$
$$\Longleftrightarrow x \in A \vee (x \in B \wedge x \in C)$$
$$\Longleftrightarrow (x \in A \vee x \in B) \wedge (x \in A \vee x \in C)$$
$$\Longleftrightarrow x \in (A \cup B) \wedge x \in (A \cup C)$$
$$\Longleftrightarrow x \in (A \cup B) \cap (A \cup C)$$

c) Zu zeigen ist: $x \in A \Rightarrow x \in \Omega \setminus B$. $x \in A \Rightarrow x \in \Omega$, da $A \subseteq \Omega$ und $x \notin B$, da $A \cap B = \emptyset$. Aus diesen beiden Erkenntnissen folgt nun $x \in \Omega \setminus B$.

d) Beachte, dass hier die Implikation in beide Richtungen zu zeigen ist.

'$\Rightarrow$': Zu zeigen ist: $x \in B \Rightarrow x \in \Omega \setminus A$. Sei $x \in B \Rightarrow x \in \Omega$, da $B \subseteq \Omega$. Weiter ist $x \notin A$, da $A \subseteq \Omega \setminus B$ Aus diesen beiden Erkenntnissen folgt nun $x \in \Omega \setminus A$.

'$\Leftarrow$': Für die andere Richtung müssen wir zeigen, dass $x \in A \Rightarrow x \in \Omega \setminus B$. Diese Aussage ist aber die gleiche, wie die bereits gezeigte Hinrichtung. Man vertausche einfach die Rollen von A und B.

Hinweis: Ω, sprich *Omega*, der letzte Buchstabe des griechischen Alphabets, wird oft als Zeichen für *die Gesamtheit* verwendet. Siehe Tabelle 9.1.   □

4.1.5   Fakultät und Binomialkoeffizient

Um die folgenden zwei Beweise zu verstehen, müssen wir zunächst den Begriff der Fakultät und des Binomialkoeffizienten einführen:

Definition 4.7
Für $n, k \in \mathbb{N}_0$ definieren wir n-*Fakultät*:

$$n! := \begin{cases} 1 & n = 0 \\ \prod_{i=1}^{n} i & \text{sonst} \end{cases}$$

und den *Binomialkoeffizienten n über k*:

$$\binom{n}{k} := \begin{cases} \frac{n!}{(n-k)! \cdot k!} & 0 \leq k \leq n \\ 0 & \text{sonst} \end{cases}$$

♦

Beispiele:
$$3! = 3 \cdot 2 \cdot 1 = 6, \qquad \binom{3}{2} = \frac{3!}{(3-2)! \cdot 2!} = \frac{3 \cdot 2 \cdot 1}{1 \cdot 2 \cdot 1} = 3$$

Nun sind wir gewappnet, Folgendes zu beweisen:

Satz 4.8

Es seien $k, n \in \mathbb{N}$ mit $1 \leq k \leq n$. Dann ist

$$\binom{n}{k} = \binom{n-1}{k-1} + \binom{n-1}{k}$$

Beweis: Dies kann man durch direktes Nachrechnen leicht zeigen, wir rechnen die rechte Seite aus:

$$\binom{n-1}{k-1} + \binom{n-1}{k} = \frac{(n-1)!}{(n-1-k+1)! \cdot (k-1)!} + \frac{(n-1)!}{(n-1-k)! \cdot k!}$$

$$= \frac{(n-1)!}{(n-k)! \cdot (k-1)!} + \frac{(n-1)!}{(n-1-k)! \cdot k!}$$

Jetzt bedenken wir, dass wir ja am Ende irgendwas stehen haben wollen wie:

$$\binom{n}{k} = \frac{n!}{(n-k)! \cdot k!}$$

Wir bringen die beiden Brüche auf den Hauptnenner $(n-k)! \cdot k!$.

$$\binom{n-1}{k-1} + \binom{n-1}{k} \overset{(*)}{=} \frac{k\,(n-1)!}{(n-k)! \cdot k!} + \frac{(n-k) \cdot (n-1)!}{(n-k)! \cdot k!}$$

$$= \frac{k\,(n-1)! + (n-k) \cdot (n-1)!}{(n-k)! \cdot k!}$$

$$= \frac{n\,(n-1)!}{(n-k)! \cdot k!}$$

$$= \frac{n!}{(n-k)! \cdot k!} = \binom{n}{k}$$

$\square$

Wir hoffen, dass jeder von euch den Schritt $(*)$ versteht. Eigentlich ganz einfach, man muss nur Folgendes bedenken:

$$\frac{k}{k!} = \frac{k}{k(k-1)!} = \frac{1}{(k-1)!}$$

bzw.

$$\frac{n-k}{(n-k)!} = \frac{n-k}{(n-k) \cdot (n-k-1)!} = \frac{1}{(n-k-1)!}$$

Alles klar? Das war der direkte Beweis. Was wir eben gerade bewiesen haben, ist das Bildungsgesetz im *Pascalschen Dreieck*.

Pascalsches Dreieck

Das *Pascalsche Dreieck* ist ein Zahlenschema, in dem jede neue Zahl die Summe der diagonal darüber stehenden ist. Auf dem obersten Platz steht eine 1. Nicht besetzte Felder denkt man sich als mit 0 besetzt.

$$
\begin{array}{ccccccccc}
 & & & & 1 & & & & \\
 & & & 1 & & 1 & & & \\
 & & 1 & & 2 & & 1 & & \\
 & 1 & & 3 & & 3 & & 1 & \\
1 & & 4 & & 6 & & 4 & & 1
\end{array}
$$

So ist der Zusammenhang zu den Binomialkoeffizienten:

$$
\begin{array}{ccccccccc}
 & & & & \binom{0}{0} & & & & \\
 & & & \binom{1}{0} & & \binom{1}{1} & & & \\
 & & \binom{2}{0} & & \binom{2}{1} & & \binom{2}{2} & & \\
 & \binom{3}{0} & & \binom{3}{1} & & \binom{3}{2} & & \binom{3}{3} & \\
\binom{4}{0} & & \binom{4}{1} & & \binom{4}{2} & & \binom{4}{3} & & \binom{4}{4}
\end{array}
$$

4.2 Der indirekte Beweis

Beim indirekten Beweis geht man so vor:

1. Man nimmt an, das Gegenteil der Behauptung gälte, und zieht daraus Folgerungen.
2. Man führt die Argumentation zu einem Widerspruch.
3. Da der Beweisgang legitim und logisch war und aus etwas Richtigem nicht etwas Falsches folgen kann, muss somit die getroffene Annahme falsch sein; also ist das Gegenteil der Annahme richtig, und es folgt die Behauptung.

Wir betrachten das nächste Beispiel:

4.2.1 Wurzel aus 2 ist nicht rational.

Satz 4.9
$\sqrt{2}$ *ist nicht rational.*

Wir führen den Beweis indirekt, nehmen das Gegenteil an und führen dies zu einem Widerspruch.

Beweis: Annahme: $\sqrt{2}$ ist rational. Wenn $\sqrt{2}$ rational ist, dann lässt sie sich als Bruch zweier ganzer Zahlen p und q darstellen. Also $\sqrt{2} = p/q$. Dabei sei der Bruch p/q schon gekürzt, d. h. p und q teilerfremd. Wir können o. B. d. A. annehmen, dass p positiv ist, ansonsten betrachte $-p$ und $-q$ mit dem gleichen Quotienten. Nun können wir $\sqrt{2} = p/q$ umschreiben zu:

$$2 = p^2/q^2 \Leftrightarrow p^2 = 2 \cdot q^2 \tag{4.1}$$

Daraus ergibt sich, dass p gerade ist. Somit lässt sich p auch als $2 \cdot n$ (wobei $n \in \mathbb{N}$) schreiben. Einsetzen in 4.1 liefert:

$$(2n)^2 = 2 \cdot q^2 \Leftrightarrow 4 \cdot n^2 = 2 \cdot q^2 \Leftrightarrow 2 \cdot n^2 = q^2$$

Hieraus ergibt sich, dass auch q gerade ist. Insbesondere haben p und q damit den gemeinsamen Teiler 2. Wir hatten aber angenommen, dass p und q teilerfremd sind. Das ist ein Widerspruch zu unserer Annahme. Und da eine Behauptung entweder wahr oder falsch ist, folgt die Wahrheit der Behauptung. □

4.2.2 Es gibt unendlich viele Primzahlen

Jetzt zu einem Beweis, den Euklid angab. Es gibt durchaus viele Möglichkeiten, die folgende Behauptung zu beweisen. So stehen in „Das Buch der Beweise" (übrigens ein sehr lesenswertes Buch, siehe 1.3) insgesamt sechs verschiedene Beweise für die folgende Behauptung, aber dennoch wollen wir den Widerspruchsbeweis von Euklid angeben:

Satz 4.10
Es gibt unendlich viele Primzahlen.

Beweis: Wir führen den Beweis indirekt, nehmen das Gegenteil an und führen dies zu einem Widerspruch. Annahme: Es gibt nur endlich viele Primzahlen. Wenn es nur endlich viele Primzahlen gibt, sagen wir r Stück, dann können wir diese alle in einer endlichen Menge $\{p_1, p_2, \ldots, p_r\}$ von Primzahlen zusammenfassen.

Nun können wir eine neue Zahl konstruieren, indem wir die Primzahlen multiplizieren und 1 addieren. Diese neue Zahl ist $n := p_1 \cdot p_2 \cdot \cdots \cdot p_r + 1$. Sie kann keine Primzahl sein, denn sie ist größer als die größte Primzahl gemäß unserer Annahme. Sei p ein Primteiler von n. Man sieht, dass p von allen p_i verschieden ist, da sonst p sowohl die Zahl n als auch das Produkt $p_1 \cdot p_2 \cdot \cdots \cdot p_r$ teilen würde, somit auch die 1, was nicht sein kann. Und hier haben wir unseren *Widerspruch!*

Es kann somit nicht endlich viele Primzahlen geben. Damit muss es unendlich viele Primzahlen geben. $\square$

Vielleicht war das etwas zuviel des Guten? Darum noch einmal etwas langsamer für diejenigen, die mit den obigen Ausführungen nicht so recht etwas anfangen konnten:

Wenn der Satz nicht gilt, dann gibt es nur endlich viele Primzahlen

$$p_1 = 2,\ p_2 = 3,\ p_3 = 5,\ p_4 = 7,\ p_5 = 11,\ \ldots,\ p_r,$$

wobei p_r die größte Primzahl sei. Man bildet das Produkt aller Primzahlen und addiert 1:

$$n := p_1 \cdot p_2 \cdot p_3 \cdot p_4 \cdot p_5 \cdot \ldots \cdot p_r + 1$$

Die entstehende Zahl n ist keine Primzahl, denn sie ist größer als die größte Primzahl p_r. Sie muss sich daher aus den Primzahlen $p_1, p_2, \ldots, p_r$ multiplikativ zusammensetzen; n muss daher durch mindestens eine der Primzahlen $p_1, p_2, \ldots, p_r$ teilbar sein. Andererseits erkennt man bei Division von n durch eine Primzahl, dass n wegen der Addition von 1 durch keine Primzahl teilbar ist. Immer bleibt der Rest 1.

4.3   Der konstruktive Beweis

4.3.1   Nullstelle einer Funktion

Betrachten wir die Funktion $f(x) = x^3 - x^2 + x - 1$. Wir behaupten, dass diese Funktion eine Nullstelle besitzt. Nun gibt es zwei Möglichkeiten, dies nachzuweisen. Entweder wir können die Nullstelle x_0 direkt angeben und vorrechnen, dass $f(x_0) = 0$ gilt (das nennen wir *konstruktiv*), oder wir argumentieren mit Sätzen, die wir in der Analysis lernen, die uns die Existenz einer Nullstelle garantieren, ohne dass sie sagen, wie der Wert x_0 konkret ist (das nennen wir *nicht-konstruktiv*).

1. Möglichkeit - Konstruktiver Beweis: Durch kurzes Betrachten der Funktion bzw. ihres Funktionsgraphen stellen wir fest, dass $x_0 = 1$ eine Nullstelle der Funktion ist. Wir weisen dies *konstruktiv* durch Einsetzen nach. Es gilt:

$$f(1) = 1^3 - 1^2 + 1 - 1 = 0$$

Damit haben wir die Nullstelle direkt angegeben und durch Einsetzen gezeigt, dass $x_0 = 1$ wirklich eine Nullstelle der Funktion ist.

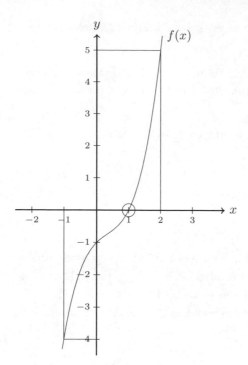

Abb. 4.1: Eine stetige Funktion, die eine Nullstelle haben muss.

2. Möglichkeit - Nicht-konstruktiver Beweis: Eine andere Möglichkeit, die Behauptung *„Die Funktion besitzt eine Nullstelle"* zu beweisen, ist der *nicht-konstruktive* Weg, d. h., wir geben die Nullstelle nicht an, sondern zeigen nur, dass eine Nullstelle existiert. Hierbei wenden wir den *Zwischenwertsatz* an. Dieser besagt:

Satz 4.11 (Zwischenwertsatz)
Sei $f : [a, b] \to \mathbb{R}$ eine stetige Funktion. Sei weiterhin $f(a) < 0$ und $f(b) > 0$.
Dann existiert ein $\xi \in]a, b[$ mit $f(\xi) = 0$.

Die Abbildung 4.1 verdeutlicht die Situation. Unsere Funktion ist stetig (was das genau bedeutet, lernt man in der Analysis-Vorlesung, jetzt müsst ihr es glauben). Die Voraussetzung für den Zwischenwertsatz ist damit erfüllt. Des Weiteren gilt (siehe auch Zeichnung) $f(-1) = (-1)^3 - (-1)^2 - 1 - 1 = -4 < 0$ und $f(2) = 2^3 - 2^2 + 2 - 1 = 5 > 0$. Daher muss im Intervall $]-1, 2[$ nach dem Zwischenwertsatz eine Nullstelle existieren. Wir können diese aber mit Hilfe des Satzes nicht genau angeben, wir wissen nur, dass *mindestens* eine existiert!

Wir hoffen, der Unterschied dieser beiden Methoden ist deutlich geworden.

Florian Modler studiert Mathematik in Hannover,
Georg Lauenstein studiert Verkehrswesen in Berlin.

5 Das Prinzip der vollständigen Induktion

Die vollständige Induktion ist eine der drei grundlegenden mathematischen Beweistechniken — neben ‚direkt‘ und ‚indirekt durch Widerspruch‘. Um eine Beweistechnik als Mittel der logischen Argumentation zu akzeptieren, muss man diese Technik hinterfragt und verstanden haben. Das Prinzip der vollständigen Induktion ist immerhin so komplex, dass es Gegenstand von Witzen sein kann:

> *„Seht Euch doch diesen Mathematiker an“, sagt der Logiker. „Er bemerkt, dass die ersten neunundneunzig Zahlen kleiner als hundert sind und schließt daraus auf Grund von etwas, das er Induktion nennt, dass alle Zahlen kleiner als hundert sind.“*
>
> *„Ein Physiker glaubt“, sagt der Mathematiker, „dass 60 durch alle Zahlen teilbar ist. Er bemerkt, dass 60 durch 1, 2, 3, 4, 5 und 6 teilbar ist. Er untersucht noch ein paar Fälle wie 10, 20 und 30, die, wie er sagt, aufs Geratewohl herausgegriffen sind. Da 60 auch durch diese teilbar ist, betrachtet er seine Vermutung als hinreichend durch den experimentellen Befund bestätigt.“*

*„Ja, aber seht Euch doch den Ingenieur an", sagt der Physiker.
„Ein Ingenieur hatte den Verdacht, dass alle ungeraden Zahlen Primzahlen sind. Jedenfalls, so argumentiert er, kann 1 als Primzahl betrachtet werden. Dann kommen 3, 5 und 7, alle zweifellos Primzahlen.
Dann kommt 9; ein peinlicher Fall, wir scheinen hier keine Primzahl
zu haben. Aber 11 und 13 sind unbestreitbar Primzahlen. ,Auf die 9 zu-
rückkommend', sagt er, ,schließe ich, dass 9 ein Fehler im Experiment
sein muss.' "* (Mathematik-Folklore)

5.1   Wer hat die vollständige Induktion erfunden?

Induktives Denken, also das Schließen vom Besonderen auf das Allgemeine, gibt
es, solange Menschen denken. Die Frage ist somit, seit wann die vollständige Induktion methodisch so ausformuliert und handhabbar war, dass man von einer
erlaubten und zuverlässigen Beweistechnik sprechen konnte. Philosophen, Wis-
senschaftler, Mathematiker haben schon im Altertum induktive Beweise gegeben.
Die strenge mathematische Induktion ist das nicht in jedem Fall gewesen, und es
gab jahrhundertelange Dispute (vgl. Phillex, 2004 [19]).

*„Der erste Mathematiker, der einen formalen Beweis durch vollständige Indukti-
on angab, war der italienische Geistliche Franciscus Maurolicus (1494–1575). Er
war Abt von Messina und wurde als größter Geometer des 16. Jahrhunderts angesehen. In seinem 1575 veröffentlichten Buch Arithmeticorum Libri Duo benutzte
Maurolicus die vollständige Induktion unter anderem dazu, für jede positive ganze
Zahl n die Gültigkeit von*

$$1 + 3 + 5 + ... + (2n - 1) = n \cdot n$$

*zu beweisen. Die Induktionsbeweise von Maurolicus waren in einem knappen Stil
geschrieben, dem man nur schwer folgen konnte. Eine bessere Darstellung dieser
Methode wurde von dem französischen Mathematiker Blaise Pascal (1623–1662)
angegeben. In seinem 1662 erschienen Buch Traité du Triangle Arithmétique bewies er eine Formel über die Summe von Binomialkoeffizienten mittels vollständiger Induktion. Er benutzte diese Formel dann, um das heute nach ihm benannte
Pascalsche Dreieck zu entwickeln.*

*Obwohl die Methode der vollständigen Induktion also bereits 1575 bekannt war,
wurde der Name dafür erst 1838 erstmalig gebraucht. In jenem Jahr veröffentlich-
te Augustus de Morgan (1806–1871), einer der Begründer der Mengenlehre, den
Artikel Induction (Mathematics) in der Londoner Zeitschrift Penny Cyclopedia.*

Am Ende dieses Artikels benutzte er den Namen für die vollständige Induktion erstmals im heute üblichen Sinn. Jedoch fand diese Bezeichnung erst in unserem Jahrhundert ihre weite Verbreitung." Zitat aus Hebisch, 2001 [20]; auch [21].

Übrigens, das Gegenteil von der Induktion ist die Deduktion, bei der man vom Allgemeinen auf das Einzelne schließt. Beispiel: Alle Menschen haben einen Kopf. Peter ist ein Mensch. Folgerung: Peter hat einen Kopf.

5.2 Ist Induktion nur für Folgen und Reihen?

Bei Folgen und Reihen, die üblicherweise in der 11. Klasse behandelt werden, wird die vollständige Induktion vielleicht eingeführt. Aber die Verwendung der vollständigen Induktion ist nicht darauf beschränkt. Man findet Induktionsbeweise in allen mathematischen Gebieten, von Mengenlehre bis Geometrie, von Differentialrechnung bis Zahlentheorie. Sogar der Beweis des großen Fermatschen Satzes (Wiles) verwendet die vollständige Induktion (neben vielen anderen Techniken).

5.3 Wie funktioniert die vollständige Induktion?

Für eine Aussage A, die von einer natürlichen Zahl n abhängt, zeigt man, dass die Aussage für ein erstes (oder einige erste natürliche Zahlen bis) n gilt. Dies ist der **Induktionsanfang**. Mit dem Induktionsanfang als Voraussetzung zeigt man dann, dass sich die Aussage für den Nachfolger von n, also $n + 1$, herleiten lässt. Dies ist der **Induktionsschluss**.

Wenn eine Behauptung z. B. für $n = 1$ richtig ist, dann hat man damit den Induktionsanfang. Der Induktionsanfang ist der feste Punkt, an den alles Folgende anknüpft. Ohne Induktionsanfang ist auch ein noch so schöner Induktionsschluss nichts wert. Man kann aus einer Aussageform A vielleicht die Aussageform B folgern. Aber um zu wissen, ob B wahr ist oder nicht, muss man wissen, ob A wahr ist oder nicht. Das ist nicht schwer zu verstehen. Nehmen wir die Aussagen A: [5 ist durch 2 teilbar] und B: [7 ist durch 2 teilbar]. Natürlich ist 5 nicht durch 2 teilbar, aber aus der Aussage [5 ist durch 2 teilbar] folgert man logisch korrekt, dass auch 7 durch 2 teilbar ist. Die Schlussweise ist auf jeden Fall korrekt, nur die Voraussetzung war eben nicht gegeben.

Wenn also der Induktionsanfang abgesichert ist, dann weiß man, dass die Behauptung für alle n kleinergleich einem bestimmten n_0 gilt – das ist oft nur eine einzige natürliche Zahl, eine, für die man den Induktionsanfang leicht beweisen kann; gern nimmt man die 1 oder die 0, und man schreibt dann kurz $A(0)$ bzw. $A(1)$

für diesen gefundenen und bewiesenen Induktionsanfang. Diese Formulierung der
Aussage mit n_0 nennt man dann die **Induktionsvoraussetzung** und bezeichnet
sie mit $A(n_0)$.

Nun kommt der **Induktionsschluss**. Im Induktionsschluss zeigt man, dass aus
der Gültigkeit der Aussage für $n \leq n_0$ die Gültigkeit der Aussage für $n \leq n_0 + 1$
folgt. Man kürzt dies gern mit $A(n_0) \Rightarrow A(n_0 + 1)$ ab. $A(n_0 + 1)$ nennt man auch
die **Induktionsbehauptung**.

Ich habe jetzt zur Verdeutlichung n_0 geschrieben, weil man die Induktionsvoraussetzung nur für eine oder einige natürliche Zahlen prüft und dann voraussetzen
darf. Mehr wird zum Induktionsanfang nicht benötigt. In der Praxis schreibt man
meist n statt n_0 und weiß, was gemeint ist. So schreibe ich nun auch einfach wieder
$A(n)$ bzw. $A(n + 1)$ für Induktionsvoraussetzung bzw. Induktionsbehauptung.

Wenn man den Induktionsschluss durchführen kann, was hat man dann davon?

- Wenn die Behauptung für $n = 1$ gilt, dann gilt sie auch für $n = 2$.
- Wenn die Behauptung für $n = 2$ gilt, dann gilt sie auch für $n = 3$.
- Wenn die Behauptung für $n = 3$ gilt, dann gilt sie auch für $n = 4$ usw.

Den Induktionsschluss von $n \rightarrow n + 1$ kann man beliebig oft (in Gedanken) anwenden. Die Schlussweise ist immer die gleiche. Folglich gilt die Behauptung für
alle $n \in \mathbb{N}$.

Zusammenfassung Induktionsverfahren

Die Folge von Induktionsanfang, Induktionsvoraussetzung, Induktionsbehauptung und Induktionsschluss nennt man vollständige Induktion. Statt
Induktionsanfang sagt man auch oft *Induktionsverankerung*. Statt Induktionsschluss sagt man auch *Induktionsschritt*.

a. Prüfe den Induktionsanfang: $A(0)$.
b. Formuliere die Induktionsvoraussetzung: $A(n)$.
c. Formuliere die Induktionsbehauptung: $A(n + 1)$.
d. Beweise den Induktionsschluss: $A(n) \Rightarrow A(n + 1)$.

Vielleicht sollte ich zur Klarheit noch die Begriffe Aussage und Aussageform erklären. Eine Aussage ist eine überprüfbare Eigenschaft irgendwelcher konkreten
Dinge. Beispiele: [Menschen haben einen Kopf] oder [Primzahlen sind durch 2
teilbar]. Eine Aussage kann wahr oder falsch sein, aber sie ist auf jeden Fall über-
prüfbar bzw. entscheidbar. Eine Aussageform dagegen ist eine Aussage, die eine
Variable enthält, z. B. [n ist durch 2 teilbar]. Bei der vollständigen Induktion ist
$A(0)$ eine Aussage und $A(n)$ eine Aussageform. Auch $[A(n) \Rightarrow A(n + 1)]$ ist eine Aussageform. Dagegen ist das, was man eigentlich mit vollständiger Induktion

beweisen will, nämlich [Für alle natürlichen Zahlen n gilt $A(n)$] eine Aussage und keine Aussageform, denn dies ist eine Aussage über alle natürlichen Zahlen, deren Wahrheitsgehalt nicht von der Wahl eines bestimmten n abhängt. Eine Aussage ist nämlich falsch, wenn sie für eine einzige natürliche Zahl n_0 nicht gilt, egal für welche. Ein Beispiel: Die Aussage [Alle natürlichen Zahlen sind kleiner als 100] ist falsch. Die Aussageform [Die natürliche Zahl n ist kleiner als 100] dagegen ist wahr für $n < 100$ und falsch für $n > 99$.

5.4 Kann man sich auf die vollständige Induktion verlassen?

Auf eine Beweistechnik, die man richtig anwendet, kann man sich verlassen. Man darf nicht schludern. Wenn man mit vermeintlich vollständiger Induktion glaubt, offensichtlichen Unsinn beweisen zu können, dann hat man einen Fehler gemacht. Solche Fehler kommen vor, berechtigen aber nicht zu Zweifeln an der Methode. Ebenso wenig zweifelt man an den Regeln für Termumformungen, nur weil man sich beim Ausklammern oder Zusammenfassen oder den Minuszeichen vertun kann.

Gelegentlich sind falsche „Induktionsschlüsse" gerade dazu geeignet, die letzten Unsicherheiten bei der Handhabung der Methode aufzudecken und zu beseitigen.

Falsches Beispiel 1: Socken im Koffer

Behauptung: In einen Koffer passen beliebig viele Paar Socken.

Beweis mit vollständiger Induktion: Induktionsanfang: $n = 1$: Ein Paar passt in einen leeren Koffer. Ok!

Induktionsschluss von $n \to n + 1$: In einem Koffer sind n Paar Socken. Ein Paar passt immer noch hinein, das ist eine allgemeingültige Erfahrung. Also sind nun $n + 1$ Paar in dem Koffer. Ok!

Dieses Beispiel (gefunden bei mathekiste.de [22]) ist ein Witz und gehört zur Mathematik-Folklore. Der echte Fehler in diesem ‚Beweis' liegt darin, dass man *Erfahrung* nur mit geringen Anzahlen von Socken hat.

Falsches Beispiel 2: Alle Tiere sind Elefanten

Behauptung: Wenn sich unter n Tieren ein Elefant befindet, dann sind alle diese Tiere Elefanten.

Beweis durch vollständige Induktion: Induktionsanfang: $n = 1$: Wenn von einem Tier eines ein Elefant ist, dann sind alle diese Tiere Elefanten.

Induktionsvoraussetzung: Die Behauptung sei richtig für alle natürlichen Zahlen kleiner oder gleich n.

Induktionsschluss: Sei unter $n + 1$ Tieren eines ein Elefant. Wir stellen die Tiere so in eine Reihe, dass sich der Elefant unter den ersten n Tieren befindet. Nach Induktionsannahme sind dann alle diese ersten n Tiere Elefanten. Damit befindet sich aber auch unter den letzten n Tieren ein Elefant, womit diese auch alle Elefanten sein müssen. Also sind alle $n + 1$ Tiere Elefanten.

Das kann nicht sein! Was ist daran falsch? Im Fall $n + 1 = 2$ kann man den Elefanten zwar so stellen, dass er bei den ersten $n = 1$ Tieren steht. Folglich sind alle Tiere unter den ersten $n = 1$ Tieren Elefanten. Aber deshalb befinden sich unter den „letzten" n Tieren nicht notwendig Elefanten.

Der Induktionsschluss funktioniert nur für $n > 1$, denn nur dann können aus einem Elefanten zwei (oder mehr) werden und ist damit auch ein Elefant unter den letzten n Tieren. Die Induktionsvoraussetzung war aber gezeigt für $n = 1$. Man müsste zunächst zeigen, dass von zwei Tieren, von denen eines ein Elefant ist, auch das andere ein Elefant ist. Aber das wird schwer!

Der eigentliche Fehler des „Beweises" liegt darin, dass $(n + 1)/2$ nicht immer größer als 1 ist. Wenn wir uns $n + 1$ Dinge in einer Reihe vorstellen, dann sehen wir vor unserem inneren Auge eine lange Reihe, mit 10 oder 20 oder 1000 Dingen (Tieren). Aber eine Reihe von Tieren kann auch aus 2 Tieren bestehen. Dafür gilt der vermeintliche Induktionsschluss nicht.

5.5   Kann man wirklich den Induktionsschluss unendlich oft anwenden?

Einwand: Das dauert doch unendlich lange, und noch niemand hat das jemals bis zum Ende durchführen können.

Guter Einwand. Man muss das auch nicht tun. Die Formulierung „für alle n" scheint das nahe zu legen, aber es ist nicht so. Wenn eine Behauptung durch vollständige Induktion bewiesen ist, dann zeigt der Beweis, wie aus vorausgesetztem $A(n)$ die Gültigkeit für $A(n + 1)$ folgt. In die Behauptung, die wir gerne für alle n als richtig einsehen möchten, wird niemals ∞ eingesetzt. Wir verwenden die Behauptung immer für ein beliebiges aber festes n. Wenn wir eine Summenformel $\sum_{k=1}^{n} k = n \cdot (n+1)/2$ verwenden, dann z. B. für $n = 1000$. Den Induktionsschluss aus dem Beweis der Summenformel könnte man theoretisch 1000-mal durchführen. Das dauerte zwar lange, wäre aber in endlicher Zeit zu schaffen (und wenn nicht von einem Menschen, dann von 100 Menschen oder mit Computern). Der Induktionsschluss zeigt, wie das zu machen ist. Er gibt die Blaupause für alle n. Tatsächlich wird niemand jemals den Induktionsschluss so oft anwenden.

Die Frage war, ob man den Induktionsschluss unendlich oft durchführen kann. Die Antwort lautet: Der Induktionsschluss muss nicht unendlich oft wiederholt werden. Die durch vollständige Induktion gewonnenen Formeln und Ergebnisse gelten für beliebige aber feste natürliche Zahlen n.

5.6   Kann man Induktion immer anwenden?

Man kann Induktion nur anwenden, wenn zwischen den Objekte der Behauptung (Zahlen, Geraden, Teilmengen, ...) und den natürlichen Zahlen eine Bijektion (eine eineindeutige Abbildung) möglich ist.

Im Jahre 1889 nannte der italienische Mathematiker Giuseppe Peano (1858–1932) fünf Eigenschaften, die die Menge der natürlichen Zahlen $\mathbb{N}$ kennzeichnen, die heute nach ihm benannten *Peano-Axiome*.

Um die vollständige Induktion anwenden zu können, genügt es, dass die Objektmenge die Peano-Axiome erfüllt.

Die Axiome der natürlichen Zahlen nach Peano

P1   1 ist eine natürliche Zahl.

P2   Zu jeder Zahl n gibt es eine eindeutig bestimmte natürliche Zahl n^*, genannt ‚der Nachfolger von n‘.

P3   1 ist nicht der Nachfolger irgendeiner natürlichen Zahl.

P4   Zwei natürliche Zahlen n und m, deren Nachfolger gleich sind, d. h. $m^* = n^*$, sind selbst gleich, d. h. $m = n$.

P5   Eine Teilmenge T der natürlichen Zahlen, für die i. und ii. gilt, stimmt mit $\mathbb{N}$ überein.

    i.   1 gehört zu T.

    ii.   Gehört n zu T, dann ist auch der Nachfolger n^* von n in T.

Das letzte, sehr komplex wirkende Axiom wird „Axiom der vollständigen Induktion" genannt.

Für die Mathematik genügt es, die Menge der natürlichen Zahlen als dasjenige Gebilde zu erkennen, das diese fünf Eigenschaften besitzt. Umgekehrt ist durch die Peano-Axiome die Menge $\mathbb{N}$ schon eindeutig charakterisiert, d. h.: Wenn etwas die Peano-Axiome erfüllt, dann ist es gleich $\mathbb{N}$.

Eine Bemerkung dazu, dass hier die 1 die erste natürliche Zahl ist, aber vorhin der Induktionsanfang als Aussage $A(0)$ bezeichnet wurde: $A(0)$ ist ein verbreiteter Name für den Induktionsanfang. Die 0 symbolisiert den Anfang. Aber es ist nicht notwendig, dass die Induktion mit 0 beginnt. Es ist auch nicht notwendig, dass sie mit 1 beginnt. Den Induktionsanfang zeigt man für die kleinste Zahl, für die er richtig ist. Es gibt Aussagen, die erst ab einem bestimmten $n > 1$ gelten. Auch ist es so, dass es unterschiedliche Vorlieben und Überzeugungen bei Mathematiker dahingehend gibt, ob die 0 zu den natürlichen Zahlen $\mathbb{N}$ dazu gehört oder nicht. In der obigen Formulierung der Peano-Axiome gehört sie nicht dazu.

Man kann aber auf jeder Menge, die man auf $\mathbb{N}$ bijektiv abbilden kann, Beweise mit vollständiger Induktion führen. Eine Bijektion zwischen $\mathbb{N} \cup \{0\}$ und $\mathbb{N}$ ist z. B. die Abbildung $n \to n+1$. Die Tatsache, dass eine Bijektion zwischen betrachteten Objekten und $\mathbb{N}$ möglich ist, heißt nichts anderes, als dass man die betrachteten Objekte durchnummerieren und damit zählen kann.

5.7   Induktion ist nicht geeignet, wenn ...

Man kann z. B. Aussagen über reelle Zahlen nicht mit vollständiger Induktion beweisen, denn es gibt keine Bijektion zwischen $\mathbb{N}$ und $\mathbb{R}$ (das ist die Aussage von Cantors Diagonalbeweis).

Oftmals ist man auch versucht, die Induktion immer für passend zu halten, sobald nur ein n in der Behauptung vorkommt. Wenn man etwas beweisen will oder muss, dann ist die Suche nach der richtigen Beweismethode erforderlich. Die Möglichkeit der Verwendung der vollständigen Induktion gehört dazu. Man muss aber auch lernen, wann die vollständige Induktion nicht geeignet oder nicht die beste Wahl ist.

Beispiel 5.1
Wie beweist man, dass das Produkt dreier aufeinander folgender natürlicher Zahlen stets durch 6 teilbar ist?   ∎

Beweis: Die Behauptung lautet so: $n \cdot (n+1) \cdot (n+2)$ ist durch 6 teilbar (für $n \in \mathbb{N}$). Dies mit vollständiger Induktion zu beweisen, ist unnötig, um nicht zu sagen falsch. Der Induktionsanfang wäre leicht gemacht: $0 \cdot 1 \cdot 2 = 0$ ist durch 6 teilbar. Aber dann? Nein, hier geht der Beweis direkt: Von drei aufeinander folgenden Zahlen ist immer mindestens eine durch 2 und eine durch 3 teilbar, folglich ist das Produkt durch 6 teilbar.   □

Ein weiteres Beispiel dafür, dass vollständige Induktion nicht immer passend ist, folgt in 5.9.6.

5.8   Was ist schwer an der vollständigen Induktion?

Die vollständige Induktion ist ein konstruktives Beweisverfahren. Der Induktionsschluss zeigt, wie man allgemein die Gültigkeit einer Behauptung aus einfachen Anfängen heraus auf alle möglichen Objekte (Zahlen) ausweitet.

Konstruktive Beweise erfordern konstruktive Argumente. Solche muss man erst einmal finden. Konstruktiv kann ein Argument ja nur sein, wenn es in Bezug auf die Aufgabenstellung wirklich etwas aussagt. Im oben angeführten Sockenbeispiel war das Argument „allgemeingültige Erfahrung" nicht konstruktiv. Ein konstruktives Argument sagt genau, wo die Lücke für das weitere Paar Socken sein wird.

Man kann induktive Beweise nur führen, wenn man die durch die Ausgangssituation gegebenen Fakten gut analysiert und eine Idee entwickelt, die dem Problem genau angemessen ist.

Die Durchführung des Induktionsschlusses erfordert zudem handwerkliche mathematische Fähigkeiten. Gerade bei Induktionsbeweisen muss man die Regeln der Termumformungen und die Handhabung von Summenzeichen und Variablenindizes beherrschen. Nur dann kann man die richtige Idee auch richtig umsetzen.

5.9   Anwendungen der vollständigen Induktion

Nach meiner Ansicht stammen die schönsten Beispiele für vollständige Induktionen aus dem Bereich der Geometrie. Man hat weniger mit mathematischem Handwerkszeug zu kämpfen und kann sich auf die Suche nach der (konstruktiven) Idee begeben, ohne schon an der technischen Formulierung der Behauptung zu scheitern.

5.9.1   Geometrie

i. (Diagonalen im konvexen Polygon) Zeige, dass die Zahl $d(n)$ der Diagonalen in einem ebenen, konvexen Polygon mit n Ecken (kurz: n-Eck) durch die Formel $d(n) = n/2 \cdot (n-3)$ berechnet werden kann! Für welche n gilt die Formel?

Beweis: Lösungsidee: Vollständige Induktion über die Anzahl der Ecken. Induktionsanfang für ein Dreieck. Ein Dreieck hat keine Diagonalen, somit ist $d(3) = 0 = 3/2 \cdot (3-3)$. Für $n = 3$ ist die Behauptung richtig.

Induktionsschluss: Stelle Dir ein konvexes n-Eck vor (z. B. ein Sechseck, vgl. Abbildung 5.1). In dieses zeichne eine Diagonale von einem beliebigen Eckpunkt zu einem „übernächsten" Eckpunkt, also so, dass ein Dreieck und ein $(n-1)$-Eck entstehen.

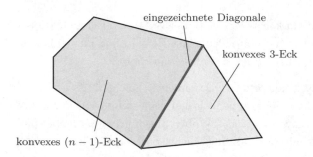

Abb. 5.1: Konvexes, ebenes n-Eck, durch eine Diagonale zerlegt in ein $(n-1)$-Eck und ein 3-Eck

Das Dreieck hat keine, und das $(n-1)$-Eck ist konvex und hat $d(n-1)$ Diagonalen (nach Induktionsvoraussetzung). Außerdem muss man noch die Diagonalen von der Ecke des Dreiecks, die nicht eine Ecke des $(n-1)$-Ecks ist, zu allen Ecken des $(n-1)$-Ecks, die nicht Eckpunkt des Dreiecks sind, zählen — und nicht zu vergessen die eine Diagonale, mit der das Dreieck abgeteilt wurde. Es folgt:

$$d(n) = d(n-1) + (n-3) + 1$$
$$= (n-1)/2 \cdot ((n-1) - 3) + (n-3) + 1$$
$$= (n^2 - 3n)/2$$
$$= (n \cdot (n-3))/2$$

$\square$

Einige Bemerkungen: Der Induktionsanfang wurde für $n = 3$ gemacht. Für kleinere n kann man den Induktionsschluss nicht durchführen, das geht erst ab einem $(3+1)$-Eck. Ein Polygon mit weniger als 4 Ecken erlaubt nicht das Einzeichnen einer Diagonale von einer Ecke zu einer „übernächsten" Ecke. Im Dreieck ist ja jede andere Ecke benachbart.

Im Induktionsschluss wurde $[A(n-1) \Rightarrow A(n)]$ gezeigt. Das ist erlaubt, man muss aber angeben, für welche n dieser Schritt gilt. Der Induktionsschluss gilt für alle $n \geq 4$. Es ist dasselbe, ob man für $n \geq 3$ $[A(n) \Rightarrow A(n+1)]$ oder für $n \geq 4$ eben $[A(n-1) \Rightarrow A(n)]$ zeigt.

ii. (Schnittpunkte von Geraden in der Ebene) Behauptung: Durch n Geraden (in allgemeiner Lage) wird die Ebene in $(n^2+n+2)/2$ Teile zerlegt. (Anleitung: Jede weitere Gerade zerlegt eine ganz bestimmte Anzahl der schon vorhandenen Gebiete in 2 Teile.)

Beweis: Zunächst ist festzustellen, dass ein „höchstens" fehlt. Durch n Geraden wird die Ebene höchstens in ... Teile zerlegt. Die Geraden könnten ja parallel oder identisch sein.

Induktionsanfang: $n = 1$. Eine Gerade teilt die Ebene in 2 Gebiete und $(1^2 + 1 + 2)/2$ ist gleich 2. Ok!

Wie kann man den Induktionsschluss machen? Betrachte Abbildung 5.2:

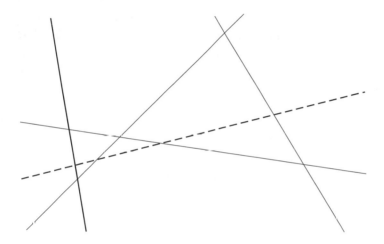

Abb. 5.2: Die $(n + 1)$-te Gerade teilt maximal $n + 1$ Gebiete

n Geraden seien bereits vorhanden. Die $(n+1)$-te Gerade kann höchstens n Geraden schneiden. Immer wenn die neue Gerade eine vorhandene Gerade schneidet, dann tritt sie in ein neues Gebiet der Ebene ein. Die Anzahl der Gebiete, die von der neuen Geraden geteilt werden, ist (höchstens) $n + 1$, denn das erste Gebiet wird ja schon geteilt, bevor die neue Gerade die erste vorhandene Gerade schneidet. Und „höchstens" deshalb, weil es vorkommen kann, dass zwei (oder mehr) Geraden zugleich geschnitten werden.

Die Anzahl der neuen Gebiete ist damit für $n+1$ höchstens gleich $(n^2+n+2)/2 + (n + 1)$. Das ist das Gleiche wie $((n + 1)^2 + (n + 1) + 2)/2$. □

5.9.2 Mengenlehre

i. (Mächtigkeit der Potenzmenge) Sei M eine beliebige Menge und $m = |M|$ die Anzahl der Elemente von M. Zeige, dass $|\mathcal{P}(M)| = 2^m$.

Beweis: Die *Potenzmenge* $\mathcal{P}(M)$ ist die Menge aller Teilmengen von M. Die Frage ist, wie viele verschiedene Teilmengen man aus m Elementen bilden kann. Um das zu zählen, gibt es verschiedene Möglichkeiten, ja nachdem, was man verwenden darf. Was man immer anwenden kann, ist vollständige Induktion.

A) Wenn $M = \{\}$, also $|M| = 0$, dann ist $\mathcal{P}(M) = \{\{\}\}$, denn nur die leere Menge ist Teilmenge der leeren Menge. Also $|\mathcal{P}(M)| = 1 = 2^0$.

B) Sei nun $|M| = n + 1$. Sei x ein bestimmtes Element aus M. Bilden wir nun alle Teilmengen. Wir können dann die Teilmengen aufteilen in

a) die Teilmengen, die x nicht enthalten,

b) die Teilmengen, die x enthalten.

Nach Induktionsvoraussetzung wissen wir, dass die Anzahl der Teilmengen bei a) gleich 2^n ist, denn es handelt sich um alle Teilmengen einer Menge mit n Elementen. In allen Teilmengen aus b) können wir das Element x entfernen. Dann ist die Anzahl dieser Mengen ebenfalls gleich 2^n, denn es handelt sich auch hier um alle Teilmengen einer Menge mit n Elementen. Addiere nun die Anzahlen für a) und b), das ergibt $2^n + 2^n = 2^{n+1}$. □

5.9.3 Binomialkoeffizienten

i. (Diagonalsumme im Pascalschen Dreieck) Beweise für $a \in \mathbb{N}$:

$$\sum_{k=0}^{n} \binom{a+k}{k} = \binom{a+n+1}{n} \tag{5.1}$$

Beweis: mit Induktion: $n = 0$: $\binom{a+0}{0} = \binom{a+0+1}{0}$. Das stimmt, denn beide Binomialkoeffizienten sind gleich 1.

Induktionsschluss: Unter der Voraussetzung, dass die Beziehung für n schon bewiesen ist, muss man zeigen: $\sum_{k=0}^{n+1} \binom{a+k}{k} = \binom{a+(n+1)+1}{n+1}$.

Das heißt, überall da, wo n stand, muss jetzt $n + 1$ stehen. Wir rechnen:

$$\sum_{k=0}^{n+1} \binom{a+k}{k} = \sum_{k=0}^{n} \binom{a+k}{k} + \binom{a+n+1}{n+1}$$

$$= \binom{a+n+1}{n} + \binom{a+n+1}{n+1}$$

$$= \binom{a+(n+1)+1}{n+1}$$

Dabei haben wir die Summe mit $n + 1$ Summanden zuerst aufgeteilt in n Summanden und einen. Für die Summe bis n kann man die Induktionsvoraussetzung anwenden. Schließlich gibt es noch eine Beziehung zwischen Binomialkoeffizienten, die es sich zu merken lohnt (siehe 4.8 im Kapitel „Die Beweisverfahren"):

$$\binom{n}{k-1} + \binom{n}{k} = \binom{n+1}{k} \tag{5.2}$$

Diese wenden wir an und sehen das erwünschte Ergebnis. $\qquad\square$

ii. (Allgemeinere binomische Formel) Es sei $x \in \mathbb{R}$. Man zeige, dass für alle $n \in \mathbb{N}_0$ gilt:

$$(1+x)^n = \sum_{i=0}^{n} \binom{n}{i} \cdot x^i$$

Beweis: Auch das geht mit Induktion. Für $n = 0$ steht da: $(1+x)^0 = \binom{0}{0} \cdot x^0$, und das ist richtig. Für $n = 1$: $1 + x = \binom{1}{0} \cdot x^0 + \binom{1}{1} \cdot x^1$, auch richtig.

Nun der Induktionsschluss:

$$(1+x)^{n+1} = (1+x)^n \cdot (1+x)$$

$$= (1+x) \cdot \sum_{i=0}^{n} \binom{n}{i} \cdot x^i$$

$$= 1 \cdot \sum_{i=0}^{n} \binom{n}{i} \cdot x^i + x \cdot \sum_{i=0}^{n} \binom{n}{i} \cdot x^i$$

$$= \sum_{i=0}^{n} \binom{n}{i} \cdot x^i \mathbin{|} \sum_{i=0}^{n} \binom{n}{i} \cdot x^{i+1}$$

Jetzt verschiebe den Index in der zweiten Summe:

$$= \sum_{i=0}^{n} \binom{n}{i} \cdot x^i + \sum_{i=1}^{n+1} \binom{n}{i-1} \cdot x^i$$

Die Potenzen x^1 bis x^n kommen in beiden Summen vor. Dagegen ist ein Summand mit x^0 nur in der ersten und x^{n+1} nur in der zweiten Summe. Zerlege die Summen dementsprechend:

$$= 1 + \sum_{i=1}^{n} \binom{n}{i} \cdot x^i + \sum_{i=1}^{n} \binom{n}{i-1} \cdot x^i + x^{n+1}$$

Nun kann man die beiden Summen zusammenfassen:

$$= 1 + \sum_{i=1}^{n} \left(\binom{n}{i} + \binom{n}{i-1} \right) \cdot x^i + x^{n+1}$$

Jetzt kommt wieder 5.2 ins Spiel: $\binom{n}{i} + \binom{n}{i-1} = \binom{n+1}{i}$. Das eingesetzt ergibt:

$$= 1 + \sum_{i=1}^{n} \binom{n+1}{i} \cdot x^i + x^{n+1}$$

und schließlich können wir die beiden einzelnen Summanden wieder unter die Summe nehmen, denn sie haben genau die passenden Werte:

$$= \sum_{i=0}^{n+1} \binom{n+1}{i} \cdot x^i$$

Achte immer auf den Laufindex der Summe! $\qquad\square$

5.9.4 Geometrisches und arithmetisches Mittel

Gefragt wurde ich: „Wie kann man am besten beweisen, dass das geometrische Mittel kleinergleich dem arithmetischen Mittel ist? Induktion habe ich schon ausprobiert, aber ...“

Meine Antwort: „Induktion ist genau das Richtige dafür!“

Satz 5.2 (Ungleichung vom geometrischen und arithmetischen Mittel)
Seien $a_1, \ldots, a_n$ positive reelle Zahlen. Dann gilt:

$$\underbrace{\sqrt[n]{a_1 \cdots \cdot a_n}}_{geometrisches\ Mittel} \leq \underbrace{\frac{a_1 + \cdots + a_n}{n}}_{arithmetisches\ Mittel}$$

Dafür beweisen wir zuerst folgenden

Satz 5.3 (Hilfssatz)
Gilt für reelle Zahlen $b_1, \ldots, b_n \geq 0$

$$\prod_{k=1}^{n} b_k = 1, \text{ so ist } \sum_{k=1}^{n} b_k \geq n.$$

Gleichheit gilt genau dann, wenn $b_1 = b_2 = \cdots = b_n$.

Beweis: (Hilfssatz) mit vollständiger Induktion über n. Für $n = 1$ gilt die Behauptung. Betrachte nun die Zahlen $b_1, \ldots, b_n, b_{n+1}$. Wenn alle b_i gleich sind und $\prod_{k-1}^{n} b_k = 1$, dann folgt, dass alle $b_i = 1$, und es ist klar, dass $\sum_{k=1}^{n+1} b_k = n + 1 \geq n$.

Falls aber nicht alle $b_i = 1$ sind, und weil gilt: $\prod_{k=1}^{n+1} b_k = 1$, können wir o. B. d. A. annehmen, dass $b_1 < 1 < b_2$. Daraus folgt, dass $(1 - b_1) \cdot (b_2 - 1) > 0$. Ausmultipliziert ist das:

$$b_1 + b_2 > 1 + b_1 \cdot b_2$$

Aus der Induktionsvoraussetzung folgt für die n Zahlen $\underbrace{b_1 \cdot b_2}_{!}, b_3, \ldots, b_n, b_{n+1}$:

$$b_1 \cdot b_2 + \sum_{k=3}^{n+1} b_k \geq n$$

Insgesamt erhält man:

$$\sum_{k=1}^{n+1} b_k = b_1 + b_2 + \sum_{k=3}^{n+1} b_k > 1 + b_1 \cdot b_2 + \sum_{k=3}^{n+1} b_k \geq 1 + n$$

Das war der Beweis des Hilfssatzes.   □

Beweis: (**Ungleichung vom geometrischen und arithmetischen Mittel**)
Wenn $a_1 = a_2 = \cdots = a_n$, dann ist die Behauptung trivial, und die Ungleichung gilt mit Gleichheit.

Nehmen wir nun an, dass die a_i nicht alle gleich sind. Sei $G := \sqrt[n]{a_1 \cdots \cdots a_n}$. Betrachte:

$$b_i = \frac{a_i}{G}$$

So, wie die Zahlen b_i konstruiert sind, ist $\prod_{k=1}^{n} b_k = 1$.

Da nicht alle b_i gleich sind, folgt aus dem Hilfssatz:

$$\frac{a_1 + \cdots + a_n}{n} = \frac{G}{n} \sum_{k=1}^{n} b_k > G = \sqrt[n]{a_1 \cdots \cdots a_n}$$

$\square$

5.9.5 Summenformeln

Vollständige Induktion ist wie Treppen laufen. Erst einmal muss man wissen, dass man überhaupt auf die erste Stufe klettern kann. Dann muss man den Weg finden, wie man von einer Stufe auf die nächste kommt. Und dann kommt man auf jede Stufe. Wenn die erste Stufe nicht klappt, dann haut natürlich das Ganze nicht hin.

i. (Summenformel für die Zahlen 1 bis n) Beweise:

$$1 + 2 + 3 + \cdots + n = \sum_{k=1}^{n} k = \frac{n \cdot (n+1)}{2} \tag{5.3}$$

Beweis: mit vollständiger Induktion:

1. Induktionsanfang: $n = 1$: $1 = \frac{1 \cdot (1+1)}{2} = 1$. Passt!
2. Induktionsvoraussetzung: Für alle $n \leq k$ gilt die Behauptung. Insbesondere ist $1 + 2 + \cdots + k = k \cdot (k+1)/2 \longleftarrow$ Das nennen wir jetzt abgekürzt „(IV)".
3. Induktionsschluss: Wir suchen eine Stelle, an der wir die (IV) gewinnbringend einsetzen können:

$$\sum_{k=1}^{n+1} k = \sum_{k=1}^{n} k + (n+1)$$

$$\underset{(IV)}{=} \frac{n \cdot (n+1)}{2} + n + 1 = \frac{n^2 + n}{2} + \frac{2n + 2}{2}$$

$$= \frac{n^2 + 3n + 2}{2} \underset{\text{Faktorisieren}}{=} \frac{(n+1)(n+2)}{2}$$

$$= \frac{(n+1)((n+1)+1)}{2}$$

Genau das sollte herauskommen. Die Behauptung ist damit bewiesen; aus der Induktionsvoraussetzung für $n = 1$ folgert man $n = 2$, dann $n = 3$ usw.   □

ii. (Summenformel für die Quadratzahlen) Beweise:

$$1^2 + 2^2 + 3^2 + \cdots + n^2 = \sum_{k=1}^{n} k^2 = \frac{n \cdot (n+1) \cdot (2n+1)}{6} \tag{5.4}$$

Beweis: mit vollständiger Induktion:
Für $n = 1$ ist $\sum_{k=1}^{1} k^2 = 1^2 = 1 = \frac{1 \cdot (1+1) \cdot (2 \cdot 1 + 1)}{6}$. Ok!

Nun der Induktionsschluss:

$$\sum_{k=1}^{n+1} k^2 = \sum_{k=1}^{n} k^2 + (n+1)^2 = \frac{n \cdot (n+1) \cdot (2n+1)}{6} + (n+1)^2 \tag{5.5}$$

Um zu zeigen, dass das gleich der rechten Seite von 5.4 ist, muss man die Terme ausmultiplizieren und zusammenfassen, bis man das gewünschte Ergebnis (die Behauptung) vor sich stehen hat. Oder man zeigt, dass gilt:

$$\frac{n \cdot (n+1) \cdot (2n+1)}{6} + (n+1)^2 - \frac{(n+1) \cdot ((n+1)+1) \cdot (2 \cdot (n+1)+1)}{6} = 0$$

Kräftig ausmultiplizieren, dann sieht man's.   □

Bemerkung: In 5.5 wurde zuerst die Summe zerlegt: $\sum_{k=1}^{n+1} k^2 = \sum_{k=1}^{n} k^2 + (n+1)^2$. Das wurde gemacht, weil damit die Induktionsvoraussetzung (für kleinere Zahlen als $n+1$) angewendet werden kann.

iii. (Summenformel für die Kubikzahlen) Zeige:

$$1^3 + 2^3 + 3^3 + \cdots + n^3 = \sum_{k=1}^{n} k^3 = \left(\sum_{k=1}^{n} k\right)^2 \tag{5.6}$$

Beweis: mit vollständiger Induktion:
$n = 1$: Es ist $\sum_{k=1}^{1} k^3 = 1^3 = 1 = \left(\sum_{k=1}^{1} k\right)^2 = (1)^2$. Ok!
$n \to n+1$: Es ist:

$$\sum_{k=1}^{n+1} k^3 = \sum_{k=1}^{n} k^3 + (n+1)^3$$

Die Summe bis n kann nach Induktionsvoraussetzung ersetzt werden:

$$= \left(\sum_{k=1}^{n} k\right)^2 + (n+1)^3 \tag{5.7}$$

Das soll gleich $\left(\sum_{k=1}^{n+1} k\right)^2$ sein, man sieht es mit Hilfe der binomischen Formel:

$$\left(\sum_{k=1}^{n+1} k\right)^2 = \left(\left(\sum_{k=1}^{n} k\right) + (n+1)\right)^2$$

$$= \left(\sum_{k=1}^{n} k\right)^2 + 2 \cdot (n+1) \cdot \left(\sum_{k=1}^{n} k\right) + (n+1)^2$$

Für die Summe in der Mitte setze ich das Ergebnis aus 5.3 ein:

$$= \left(\sum_{k=1}^{n} k\right)^2 + 2 \cdot (n+1) \cdot \frac{n \cdot (n+1)}{2} + (n+1)^2$$

$$= \left(\sum_{k=1}^{n} k\right)^2 + (n+1) \cdot n \cdot (n+1) + (n+1)^2$$

$$= \left(\sum_{k=1}^{n} k\right)^2 + n \cdot (n+1)^2 + (n+1)^2$$

In den hinteren beiden Summanden klammere ich $(n+1)^2$ aus:

$$= \left(\sum_{k=1}^{n} k\right)^2 + (n+1) \cdot (n+1)^2$$

$$= \left(\sum_{k=1}^{n} k\right)^2 + (n+1)^3$$

Das ist genau, was herauskommen sollte, nämlich 5.7.   □

iv. (Eine Summenformel) Zeige für $n \in \mathbb{N}$:

$$\sum_{k=0}^{n} k \cdot \binom{n}{k} = n \cdot 2^{n-1}$$

Beweis: mit Induktion unter Verwendung der bekannten Beziehung 5.2: $\binom{n}{i} + \binom{n}{i-1} = \binom{n+1}{i}$. Induktionsvoraussetzung für $n = 1$: bitte selbst nachprüfen.

Induktionsschluss:

$$\sum_{k=0}^{n+1} k \cdot \binom{n+1}{k} = \sum_{k=1}^{n} k \cdot \binom{n+1}{k} + (n+1)$$

$$= \sum_{k=1}^{n} k \cdot \left(\binom{n}{k} + \binom{n}{k-1}\right) + (n+1)$$

$$= \sum_{k=1}^{n} k \cdot \binom{n}{k} + \sum_{k=1}^{n} k \cdot \binom{n}{k-1} + (n+1)$$

$$= \sum_{k=0}^{n} k \cdot \binom{n}{k} + \sum_{k=0}^{n-1} (k+1) \cdot \binom{n}{k} + (n+1)$$

$$= \sum_{k=0}^{n} k \cdot \binom{n}{k} + \sum_{k=0}^{n-1} k \cdot \binom{n}{k} + \sum_{k=0}^{n-1} \binom{n}{k} + (n+1)$$

$$= \sum_{k=0}^{n} k \cdot \binom{n}{k} + \left(\sum_{k=0}^{n-1} k \cdot \binom{n}{k} + n \right) + \left(\sum_{k=0}^{n-1} \binom{n}{k} + 1 \right)$$

$$= \sum_{k=0}^{n} k \cdot \binom{n}{k} + \sum_{k=0}^{n} k \cdot \binom{n}{k} + \sum_{k=0}^{n} \binom{n}{k}$$

$$= n \cdot 2^{n-1} + n \cdot 2^{n-1} + 2^n$$

$$= 2 \cdot n \cdot 2^{n-1} + 2^n = n \cdot 2^n + 2^n$$

$$= (n+1) \cdot 2^n$$

Das war's schon. Die Arbeit besteht darin, die Summanden übersichtlich und ohne Fehler umzuordnen und die Indizes geschickt zu transformieren. Verwendet wurde dabei auch: $\binom{n}{n} = 1$, $0 \cdot \binom{n+1}{0} = 0$.   □

5.9.6   Abschätzungen

i. (Divergenz der harmonischen Reihe) Man beweise:

$$\frac{n}{2} < \sum_{i=1}^{2^n-1} \frac{1}{i} < n$$

Bemerkung: Daraus folgt, dass die harmonische Reihe $\sum_{i=1}^{\infty} \frac{1}{i}$ divergiert, denn die Summe der ersten $2^n - 1$ Summanden ist größer als $n/2$. Somit wird die harmonische Reihe beliebig groß.

Beweis: Induktionsanfang: $n = 2$: $1 < 1 + 1/2 + 1/3 < 2$. Soweit stimmt es. Für den Induktionsschluss zerlegen wir:

$$\sum_{i=1}^{2^{n+1}-1} \frac{1}{i} = \sum_{i=1}^{2^n-1} \frac{1}{i} + \sum_{i=2^n}^{2^{n+1}-1} \frac{1}{i}$$

Der erste Summand auf der rechten Seite kann mit der Induktionsvoraussetzung abgeschätzt werden, nach oben bzw. nach unten. Um die zweite Summe nach oben abzuschätzen, schätze jeden Summanden nach oben gegen $1/2^n$ ab. Insgesamt sind es 2^n Summanden, folglich kann die zweite Summe nach oben gegen 1 abgeschätzt werden.

Und die Abschätzung nach unten: Schätze jeden Summanden der zweiten Summe gegen $1/2^{n+1}$ ab. Es sind 2^n Summanden, folglich ist die zweite Summe größer als $1/2$.   □

ii. (Abschätzung einer Summation) Für alle natürlichen Zahlen n gilt:
$$\frac{1}{1\cdot 3}+\frac{1}{3\cdot 5}+\cdots+\frac{1}{(2n-1)\cdot(2n+1)}<\frac{1}{2}$$

Beweis: Das zeigt man nun *nicht* mit vollständiger Induktion. Man hat ja nichts davon, zu wissen, dass $S(n)<1/2$ ist, wenn man zeigen will, dass $S(n+1)<1/2$. (Ich verwende $S(n)$ als Abkürzung für die obige Summe.)

Die Lösung hier heißt *Teleskopieren*. Es gilt:
$$\frac{1}{1\cdot 3}+\frac{1}{3\cdot 5}+\frac{1}{5\cdot 7}+\frac{1}{7\cdot 9}+\cdots$$
$$=\left(1-\frac{2}{3}\right)+\left(\frac{2}{3}-\frac{3}{5}\right)+\left(\frac{3}{5}-\frac{4}{7}\right)+\left(\frac{4}{7}-\frac{5}{9}\right)+\cdots$$

Für die endliche Summe $S(n)$ gilt somit:
$$S(n)=1-\frac{n+1}{2n+1}<\frac{1}{2}$$

Zu zeigen bleibt:
$$\frac{1}{(2n-1)\cdot(2n+1)}=\frac{n}{2n-1}-\frac{n+1}{2n+1}$$

Das rechnet man einfach nach.   □

5.9.7 Teilbarkeit

i. (Teilbarkeit durch 47) Zeige: 47 ist ein Teiler von $7^{2n}-2^n$.

Beweis: Der Induktionsanfang ist klar: $n=1\Rightarrow 7^2-2^1=47$. Ebenfalls klar ist auch die Induktionsbehauptung: $A(n+1)$: 47 ist Teiler von $7^{2\cdot(n+1)}-2^{n+1}$.

Wie kann man diesen Ausdruck vereinfachen, dass man erkennen kann, dass 47 ein Teiler ist? Das geht so:
$$7^{2\cdot(n+1)}-2^{n+1}=\left(7^2\right)^n\cdot 7^2-2^{n+1}$$

Ergänze nun eine *nahrhafte Null*, nämlich „$-2+2$".
$$=\left(7^2\right)^n\cdot\left(7^2-2+2\right)-2^{n+1}$$
$$=\left(7^2\right)^n\cdot\left(7^2-2\right)+2\cdot\left(7^2\right)^n-2^{n+1}$$
$$=\left(7^2\right)^n\cdot\underbrace{\left(7^2-2\right)}+2\cdot\underbrace{\left(\left(7^2\right)^n-2^n\right)}$$

Jeder der beiden Summanden enthält einen Faktor, der nach Induktionsvoraussetzung durch 47 teilbar ist, also ist der gesamte Ausdruck durch 47 teilbar.   □

5.9.8   Zahlentheorie

i. (Primzahlen) Zeige: Es gibt unendlich viele Primzahlen.

Der geforderte Beweis wird oft durch Widerspruch geführt, siehe 4.10 im Kapitel „Die Beweisverfahren". Als alternativen Beweis gebe ich nun den durch vollständige Induktion. Man wird sehen, dass der Widerspruchsbeweis sozusagen umständlicher ist, denn er erzeugt den Widerspruch aus der Idee, die man auch positiv einsetzen kann. Das zeigen wir nun. Wir zeigen die Behauptung: Es gibt immer eine Primzahl, die größer ist als die ersten n Primzahlen.

Beweis: mit vollständiger Induktion. Zunächst stellen wir fest, dass mit der Zahl 2 eine erste Primzahl existiert. Es seien nun die ersten n Primzahlen bekannt. Dann betrachte die Zahl $q := p_1 \cdot \ldots \cdot p_n + 1$, welche offensichtlich durch keines der p_i, $i = 1, \ldots, n$ teilbar ist.

Wir wissen nicht, ob q eine Primzahl ist. Es kann eine sein, ist es aber nicht im Allgemeinen. Darum betrachten wir jetzt beide Möglichkeiten.

Fall 1: Wenn q eine Primzahl sein sollte, haben wir eine weitere Primzahl gefunden und sind fertig.

Fall 2: Wenn q keine Primzahl ist, so betrachten wir die echten Teiler von q. (Ein *echter Teiler* ist weder die 1 noch q selbst.)

Diese Teiler ist nach Konstruktion von q keine der Primzahlen $p_1, \ldots, p_n$. Es muss demnach eine weitere Primzahl geben, die q teilt. Diese „andere" Primzahl ist größer als p_n. Ich nenne diese neue Primzahl p^*. p^* ist nicht notwendigerweise die $(n + 1)$-te Primzahl. Es kann zwischen der größten Primzahl unter den ersten n Primzahlen und der neuen Primzahl noch andere Primzahlen geben. Aber aus der Existenz von n Primzahlen folgt die Existenz von mindestens $n + 1$ Primzahlen. Diese Art zu schließen ist die vollständige Induktion. Als Induktionsanfang genügt die Existenz einer Primzahl. Ausgehend von $p_1 = 2$ weist man so die Existenz immer weiterer Primzahlen nach.

Wer sich nun noch fragt, ob denn q vielleicht immer eine Primzahl ist, dem gebe ich ein Gegenbeispiel:

$2 \cdot 3 \cdot 5 \cdot 7 \cdot 11 \cdot 13 + 1 = 30031$ ist keine Primzahl, denn $30031 = 59 \cdot 509$.

Im Induktionsschluss muss man deshalb vorsichtig sein. Aus den ersten n Primzahlen $p_1, \ldots, p_n$ ergibt sich die Existenz einer weiteren. Wie diese neue Primzahl aber lautet, sagt der Beweis nicht. Aber wenn es bis einschließlich p^* mehr als $n + 1$ Primzahlen gibt, dann ist das ja hinreichend genug. Man sucht dann aus den „mehr als $n + 1$ Primzahlen" die ersten $n + 1$ heraus und kann damit den Induktionsschluss von $n + 1$ auf $n + 2$ durchführen.   □

5.9.9   Rekursiv definierte Folgen

i. (Eine Folge) Die Folge $a(n)$ sei rekursiv definiert durch die folgende Formel:

$$a(n) = 1 + 2a(n-2) + \sum_{k=0}^{n-2} a(k)$$

und die Anfangswerte seien $a(0) = 1$ und $a(1) = 2$. Bestimme eine explizite Formel für $a(n)$ für alle $n \in \mathbb{N} \cup \{0\}$.

Beweis: Ich rechne zuerst zur Orientierung einige weitere Folgenglieder aus:

$$n = 2: \quad a(2) = 1 + 2 \cdot a(0) + \sum_{k=0}^{0} a(k)$$
$$= 1 + 2 \cdot a(0) + \cdot a(0) = 1 + 2 \cdot 1 + 1 = 4$$
$$n = 3: \quad a(3) = 1 + 2 \cdot a(1) + \sum_{k=0}^{1} a(k)$$
$$= 1 + 2 \cdot a(1) + a(0) + a(1) = 1 + 2 \cdot 2 + 1 + 2 = 8$$
$$n = 4: \quad a(4) = 1 + 2 \cdot a(2) + \sum_{k=0}^{2} a(k)$$
$$= 1 + 2 \cdot a(2) + a(0) + a(1) + a(2) = 1 + 2 \cdot 4 + 1 + 2 + 4 = 16$$

Das sieht so aus, als ob $a(n) = 2^n$ sein könnte. Diese Vermutung habe ich durch die ersten berechneten Folgenglieder gefunden.

Ich weiß noch nicht, ob diese Vermutung richtig ist, aber ich will versuchen sie zu beweisen. Wenn ich es beweisen kann, dann habe ich die geforderte explizite Formel für $a(n)$.

Beweis: mit vollständiger Induktion: Die Behauptung $a(n) = 2^n$ ist richtig für $n = 1, 2, 3, 4$ (wie man oben gesehen hat). Die Induktionsvoraussetzung lautet: Für alle $n \le n_0$ gilt: $a(n) = 2^n$. Nun zum Induktionsschluss:

$$a(n+1) = 1 + 2a(n-1) + \sum_{k=0}^{n-1} a(k) = 1 + 2 \cdot 2^{n-1} + \sum_{k=0}^{n-1} 2^k$$

Die Summe $\sum_{k=0}^{n-1} 2^k$ ist gleich $\frac{2^n - 1}{2-1} = 2^n - 1$. Dies ist bekannt, denn es handelt sich um eine geometrische Reihe mit $q = 2$.

Das setze ich ein:

$$a(n+1) = 1 + 2 \cdot 2^{n-1} + 2^n - 1 = 1 + 2^n + 2^n - 1 = 2^{n+1}$$

Genau das musste gezeigt werden. Also gilt die Formel für alle $n \in \mathbb{N}$, und weil $2^0 = 1 = a(0)$, gilt sogar für alle aus $\mathbb{N} \cup \{0\}$: $a(n) = 2^n$. $\square$

5.9.10 Eindeutigkeitsbeweis

i. (Zahldarstellung zur Basis 3) Zeige, dass die Repräsentation von ganzen Zahlen zur Basis 3 mit den Ziffern -1,0,1 eindeutig ist!

Es ist z. B. $8 = 1 \cdot 3^2 + 0 \cdot 3^1 - 1 \cdot 3^0$ und $51 = 1 \cdot 3^4 - 1 \cdot 3^3 + 0 \cdot 3^2 + 0 \cdot 3^1 - 1 \cdot 3^0$.

Beweis: Sei $n \in \mathbb{Z}$. Nehmen wir an, es gäbe zwei Repräsentationen.

$$\text{Also einerseits} \quad \sum_{i=0}^{k} a_i \cdot 3^i = n$$

$$\text{und andererseits} \quad \sum_{i=0}^{l} b_i \cdot 3^i = n.$$

Wir können o. B. d. A. annehmen, dass $k \geq l$ ist, ansonsten vertauschen wir die beiden Darstellungen. Außerdem können wir, falls $l < k$ ist, die zweite Summe auch bis k laufen lassen, dazu ergänzen wir Koeffizienten $b_i = 0$ für $l < i \leq k$. Dann haben wir in beiden Summen gleich viele Summanden. Jetzt bilden wir die Differenz:

$$\sum_{i=0}^{k} a_i \cdot 3^i - \sum_{i=0}^{k} b_i \cdot 3^i = \sum_{i=0}^{k} (a_i - b_i) \cdot 3^i$$

Nun beweisen wir, dass die Koeffizienten alle null sind, und zwar tun wir das durch vollständige Induktion über k. Für $k = 0$ hat man $(a_0 - b_0) \cdot 3^0 = 0 \Rightarrow a_0 = b_0$, denn ein Produkt ist nur dann 0, wenn mindestens einer der Faktoren 0 ist. Aber $3^0 - 1$ ist sicher nicht 0. Nun $k \to k+1$. Hinschreiben, umsortieren und schließlich:

$$\sum_{i=0}^{k} (a_i - b_i) \cdot 3^i = (b_{k+1} - a_{k+1}) \cdot 3^{k+1}$$

Man sieht, die rechte Seite der Gleichung ist durch 3^{k+1} teilbar. Da auf der linken Seite nur kleinere Dreierpotenzen vorkommen und außerdem $-2 \leq a_i - b_i \leq 2$ für alle $0 \leq i \leq k$, folgt, dass die Summe links echt kleiner als 3^{k+1} bleibt. Die einzige durch 3^{k+1} teilbare Zahl kleiner als 3^{k+1} ist aber die 0. Somit muss gelten $b_{k+1} - a_{k+1} = 0$. Auf den Rest der Darstellung wende die Induktionsvoraussetzung an (enthält ja Summe bis k). Immer gilt $a_i = b_i$.   □

Achtung: Hier wurde nicht gezeigt, dass die geforderte Darstellung existiert. Es wurde gezeigt, dass die Darstellung eindeutig ist, falls sie existiert. Wir haben immer noch keine Ahnung, wie man eine solche Darstellung für ein n ausrechnen kann. Mehr war aber nicht verlangt.

5.10   Zum Schluss

Das Induktionsargument ist in fast allen Gebieten der Mathematik verbreitet. Je fortgeschrittener aber das Thema, desto kürzer fallen die Ausarbeitungen der Beweise aus, oder sie werden gar nicht mehr ausgeführt. Evtl. schreibt der Autor einer mathematischen Arbeit noch „Kann man durch Induktion zeigen". Wie einige meiner Beispiele zeigen, erfordern ausführliche Induktionsbeweise einigen Platz. Den spart man sich häufig zugunsten der Lesbarkeit von mathematischen Texten oder weil man Platz sparen muss. Das Induktionsprinzip ist von Mathematikern aber derart verinnerlicht, dass sie es schnell einsehen, wo und wie eine Induktion angesetzt werden kann. Es genügt die Beschreibung der Idee („... füge eine neue Gerade hinzu ... "), um einen Beweis zu geben, bzw. es genügt, den ausführlichen und genauen Beweis in der Hinterhand zu haben, falls irgendwelche Zweifel an der Richtigkeit auftauchen sollten.

Martin Wohlgemuth aka *Matroid.*

6 Der unendliche Abstieg

> „Dies wirft natürlich von neuem die Rätselfrage auf, warum das Publikum zwar gotische Kathedralen, Mozarts Opern und Kafkas Erzählungen, nicht jedoch die Methode des unendlichen Abstiegs oder die Fourier-Analyse zu schätzen weiß.“
>
> H.M. Enzensberger [23]

6.1 Einführung

Bereits die Pythagoräer nutzten die Beweismethode des *unendlichen Abstiegs*, um Unmöglichkeitsbeweise zu führen. Der Grundgedanke ist folgender: Um zu zeigen, dass eine Gleichung keine Lösung in den natürlichen Zahlen hat, nimmt man an, es gäbe eine solche. Dann konstruiert man kleinere natürliche Zahlen (das ist der schwierige Teil), die die gestellte Gleichung ebenfalls lösen. Diesen Prozess kann man wiederholen und erhält immer kleinere Lösungen in natürlichen Zahlen. Ein Widerspruch.

Im Folgenden werden zwei Beispiele für die Anwendung der **Beweismethode des unendlichen Abstiegs** gegeben.

6.2 $\sqrt{2}$ ist irrational

6.2.1 Das übliche Verfahren

Der übliche Widerspruchsbeweis dafür, dass die Quadratwurzel aus 2 irrational ist, wird so geführt: Man nimmt an, dass $\sqrt{2}$ rational ist, und daher eine Darstellung von $\sqrt{2}$ als rationale Zahl p/q mit positiven ganzen Zahlen p und q existiert. Die Kürzungseigenschaft ausnutzend, können p und q so gewählt werden, dass sie keinen gemeinsamen Teiler haben.

Schließlich gelangt man zu dem Ergebnis, dass sowohl p als auch q durch 2 teilbar sein müssen. Ein Widerspruch, der nur vermieden werden kann, wenn man die getroffene Annahme, dass $\sqrt{2}$ eine rationale Zahl ist, aufgibt.

6.2.2 $\sqrt{2}$ ist irrational mit unendlichem Abstieg

Angenommen $\sqrt{2}$ wäre rational. Dann gäbe es eine Darstellung

$$\sqrt{2} = \frac{x}{y}$$

mit ganzen Zahlen x, y und $x > 0$ und $y > 0$. Wir werden zeigen, dass es dann auch einen anderen Bruch x_1/y_1 gibt, mit positiven ganzen Zahlen x_1 und y_1 und $y_1 < y$, der gleich x/y ist.

Wenn das erwiesen wäre, dann könnten wir die gleiche Argumentation erneut und wieder und wieder auf jede erreichte Darstellung von $\sqrt{2}$ anwenden.

Die Folge der Nenner y_1, y_2, y_3, ... wäre eine (streng) absteigende Folge positiver ganzer Zahlen. Und das ist unmöglich, denn jede positive ganze Zahl hat nur endlich viele Vorgänger.

Konstruktion des unendlichen Abstiegs

Beweis: Nehmen wir an, es gilt $\sqrt{2} = x/y$ mit positiven ganzen Zahlen x und y. Durch Quadrieren ergibt sich:

$$x^2 = 2 \cdot y^2$$

Setze $x_1 = 2y - x$ und $y_1 = x - y$. Diese Zahlen sind positiv, weil $1 < x/y < 2$. Es ist $x_1/y_1 = (2y - x)/(x - y)$, und damit ist x_1/y_1 eine andere Darstellung von $\sqrt{2}$.

Rechne nach: $x \cdot (x - y) = x^2 - xy$ und $(2y - x) \cdot y = 2y^2 - xy$. Gleichheit gilt, weil $x^2 = 2y^2$. Gemäß der oben besprochenen Idee dieses Beweises ist nun zu zeigen, dass

$$0 < y_1 < y.$$

Wir wissen (oder rechnen nach), dass gilt:

$$1 < 2 < 4$$
$$\Longleftrightarrow 1 < \sqrt{2} < 2$$
$$\Longleftrightarrow 1 < x/y < 2$$
$$\Longleftrightarrow y < x < 2y$$
$$\Longleftrightarrow y - y < x - y < 2y - y$$
$$\Longleftrightarrow 0 < y_1 < y$$

Wir haben also (unter der Annahme, dass $\sqrt{2}$ rational ist) einen anderen Bruch mit kleinerem Nenner konstruiert, der ebenfalls gleich $\sqrt{2}$ ist.

$$\sqrt{2} = \frac{x}{y} = \frac{2y - x}{x - y} = \frac{x_1}{y_1}$$

x, y sind positive ganze Zahlen.

$x - y$ ist eine positive ganze Zahl und $x - y < y$.

Die Idee für die Wahl von x_1 und y_1 kann man aus der geometrischen Anschauung gewinnen. In Abbildung 6.1 sieht man ein gleichschenkliges Dreieck mit den Seitenlängen x und y. Das Verhältnis von $x : y$ ist $\sqrt{2} : 1$. Trägt man die Länge x auf den verlängerten y-Seiten ab, so erhält man zwei neue Punkte, D und E. Im Dreieck CDE gilt nach dem Strahlensatz ebenfalls $|ED| : |CD| = \sqrt{2} : 1$. Man sieht leicht ein, dass $|CD| = |CE| = y - x$ und mit Pythagoras rechnet man aus, dass $|ED| = 2x - y$ ist.

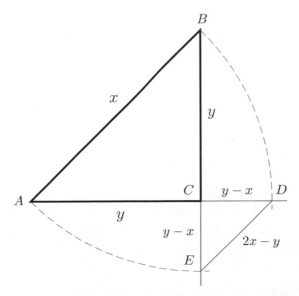

Abb. 6.1: Konstruktion eines kleineren Dreiecks mit gleichen Seitenverhältnissen

Diesen Prozess können wir beliebig oft wiederholen und Brüche x_i/y_i konstruieren, die gleich $\sqrt{2}$ sind, und für deren Nenner y_i gilt, dass alle y_i positive ganze Zahlen sind und $y_{i+1} < y_i$ (für alle $i \in \mathbb{N}$).

Nun hat jede natürliche Zahl nur endlich viele Vorgänger (Peano-Axiome). Die konstruierte Folge positiver ganzer Zahlen y_i kann es nicht geben, denn sie wäre ‚unendlich absteigend'.

Die einzige Annahme, die wir getroffen hatten, war die, dass $\sqrt{2}$ rational ist. Diese Annahme ist darum falsch. Somit ist $\sqrt{2}$ irrational.   □

6.3   Diskussion der Methode

6.3.1   Ist auch $\sqrt{9}$ irrational?

Dieser Beweis (und der übliche ebenso) wirft die Frage auf, ob nach dem gleichen Muster bewiesen werden kann, dass $\sqrt{9}$ irrational ist? Wo ist denn die Stelle, an der der Beweis dafür ‚versagt'? Das muss er schließlich, denn $\sqrt{9} = 3$ ist eine rationale Zahl.

Sehen wir es uns genau an: Angenommen $\sqrt{9} = x/y$, mit positiven ganzen Zahlen x und y.

Die Vorgehensweise des Beweises für $\sqrt{2}$ wiederholend, wollen wir eine absteigende Folge positiver ganzer Zahlen y_i konstruieren. Die Wahl von x_1 und y_1 in Abhängigkeit von x und y muss so erfolgen, dass $0 < y_1 < y$ erfüllt wird.

In Analogie schreiben wir:

$$4 < 9 < 16$$
$$\Leftrightarrow 2 < \sqrt{9} < 4$$
$$\Leftrightarrow 2 < x/y < 4$$
$$\Leftrightarrow 2y < x < 4y$$
$$\Leftrightarrow 2y - 2y < x - 2y < 4y - 2y$$
$$\Leftrightarrow 0 < y_1 < 2y$$

Anders als bei $\sqrt{2}$, folgt hier nicht, dass $y_1 := x - 2y$ kleiner als y ist. Der Beweis ist auf den Fall $\sqrt{9}$ nicht übertragbar, denn es gelingt uns nicht, eine streng absteigende Folge positiver ganzer Zahlen zu konstruieren. Wir finden nur: $y_1 < 2y$, doch das genügt nicht für einen Widerspruch. Beispielsweise ist $\sqrt{9} = 3/1 = 3/1 = 3/1$, also $0 < y_{k+1} = y_k < 2y_k$.

Ein kleineres y_1 als y kann ja auch nicht möglich sein, denn $\sqrt{9}$ *ist* rational.

6.3.2   Ist die Wurzel aus 5 irrational?

Das Entscheidende beim Beweis ist die Konstruktion der Folge y_i. Wir haben gesehen, dass für $\sqrt{2}$ eine solche Folge konstruiert werden konnte. Wir haben gesehen, dass es für $\sqrt{9}$ so nicht funktioniert. Kann man den Beweis denn überhaupt übertragen, z. B. auf $\sqrt{5}$?

Wir versuchen das Bildungsgesetz einer geeigneten Folge aus den notwendigen Ungleichungen zu ermitteln:

$$4 < 5 < 9$$
$$\Leftrightarrow 2 < \sqrt{5} < 3$$
$$\Leftrightarrow 2 < x/y < 3$$
$$\Leftrightarrow 2y < x < 3y$$
$$\Leftrightarrow 2y - 2y < x - 2y < 3y - 2y$$
$$\Leftrightarrow 0 < y_1 < y$$

Man kann hier $y_1 = x - 2y$ und $x_1 = -2x + 5y$ setzen. Auf x_1 kommt man, wenn man $x/y = (ax + by)/(x - 2y)$ löst. Hier gelingt die Konstruktion des unendlichen Abstiegt: $\sqrt{5}$ ist nicht rational.

Jetzt wollen wir diese Beweismethode auf alle Nicht-Quadratzahlen *ausrollen*:

6.3.3   Die Wurzel einer Nicht-Quadratzahl ist irrational

Als allgemeines Konstruktionsprinzip für die Folge ergibt sich:

$$\sqrt{n} = x/y = (ny - kx)/(x - ky)$$

mit $k = [\sqrt{n}]$, der größten ganzen Zahl kleiner gleich $\sqrt{n}$.

Damit beweist man die Aussage: n ist irrational, wenn n nicht das Quadrat einer ganzen Zahl ist.

6.4   Inkommensurable Längen im Fünfeck

Die Argumentation mit einer unendlichen Folge positiver ganzer Zahlen ist eine besondere Form der mathematischen Induktion und beruht auf der Tatsache, dass jede nichtleere Teilmenge der natürlichen Zahlen ein kleinstes Element hat. Ein Beweis dafür ist in [26].

Im Altertum wurde mit diesem Prinzip von den Pythagoräern u. a. bewiesen, dass Seitenlänge s und Diagonale d des regelmäßigen Fünfecks inkommensurabel sind, d. h. kein gemeinsames Maß haben. Das war deren Ausdruck dafür, dass es kein $u, v \in \mathbb{N}$ gibt mit $u \cdot s = v \cdot d$. Heute sagen wir dazu: d/s ist irrational.

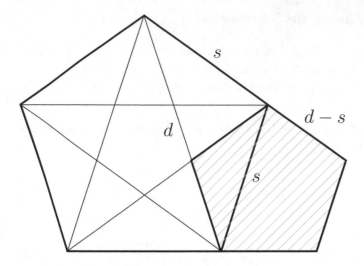

Abb. 6.2: Verschachtelte reguläre Fünfecke

Beweis: Man hatte erkannt, dass man eine unendlich fortsetzbare Folge immer kleiner werdender Fünfecke konstruieren kann, und in jedem ist das Verhältnis von Diagonale zu Seitenlänge gleich. Die Abbildung 6.2 zeigt, wie es gemacht wird. Das große Fünfeck hat die Seitenlänge s und die Diagonalenlänge d. Das kleine Fünfeck (schraffiert) hat die Seitenlänge $d-s$ und die Diagonalenlänge s.

Es gilt:

$$\frac{d}{s} = \frac{s}{d-s}$$

Da außerdem $0 < d-s < s$, kann man durch Wiederholung dieser Verschachtelung eine absteigende Folge natürlicher Zahlen erzeugen. Da das aber aufgrund der Eigenschaften der natürlichen Zahlen (kleinstes Element!) nicht möglich ist, ist gezeigt, dass d/s irrational ist. □

In der Neuzeit wurde diese Beweismethode von Fermat (1601–1665) wieder entdeckt und erhielt ihren heutigen Namen. Mit dem ‚unendlichen Abstieg‘ zeigte Fermat u. a. dass $x^4 + y^4 = z^4$ nur Lösungen mit $xyz = 0$ hat.

Martin Wohlgemuth aka *Matroid.*

7 Über das Auswahlaxiom

Übersicht

7.1   Das Auswahlproblem

Stellt euch Folgendes vor: Ein König herrscht über ein Königreich mit 20 Provinzen. In jeder Provinz gibt es einen Statthalter, der vom König ernannt wird. Alle 5 Jahre werden alle Statthalter neu ernannt. Das ist natürlich kein Problem für den König — er geht einfach alle Provinzen der Reihe nach durch und wählt aus jeder Provinz einen aus, der der neue Statthalter wird. Jetzt dehnt sich das Königreich im Laufe der Jahre immer weiter aus — und bevor sich der König versieht, wird das Ernennen der Statthalter eine ziemlich langwierige Arbeit. Schließlich (hier beginnt jetzt die Mathematik) hat das Königreich unendlich viele Provinzen.

Jetzt muss der König seine alte Arbeitsart aufgeben — er kann nicht mehr alle Provinzen einzeln durchgehen und einen Statthalter ernennen. Stattdessen wird ab jetzt in jeder Provinz der älteste Mensch, der dort lebt, Statthalter. Die Menschen in dem Königreich sind aber leider sehr vermehrungsfreudig und lebten immer länger, bis sie irgendwann unendlich lange leben, und irgendwann — nach unendlicher Zeit — leben in allen der unendlich vielen Provinzen unendlich viele Menschen, und es gibt keinen ältesten Menschen mehr — es gibt zu jedem Menschen immer noch einen Älteren.

Der König muss jetzt unendlich viele Entscheidungen treffen, und er kann diese Entscheidungen nicht generalisieren — es gibt keine Möglichkeit, eine Voraussetzung für den Statthalterposten zu schaffen, die in jeder Provinz nur von einer Person erfüllt wird, wie es zum Beispiel das Alter bei den endlich vielen Einwohnern der Provinz war.

7.2   Das Auswahlaxiom

Mathematisch gesprochen, hat der König folgendes Problem: Er hat unendlich viele Mengen (die Provinzen) mit je unendlich vielen Elementen (den Einwohnern). Der König muss eine Funktion angeben, die jeder der unendlich vielen Mengen (den Provinzen mit ihren Einwohnern als Elementen) eins ihrer Elemente (den Statthalter) zuordnet, und es ist nicht möglich, eine echte Funktionsvorschrift anzugeben, wie beispielsweise die Ernennung des Provinzältesten zum Statthalter.

Die Frage ist: Gibt es eine solche Abbildung? Konkreter: Gibt es zu jeder Familie $(A_i)_{i \in I}$ von Mengen A_i eine Abbildung $f : I \to \bigcup_{i \in I} A_i$, so dass $f(i) \in A_i$ für alle $i \in I$?

Intuitiv denkt man, die Antwort wäre ein klares „ja", und so wurde diese Aussage auch lange Zeit von den Mathematikern behandelt — sie wurde einfach benutzt, ohne darüber nachzudenken. Zu Beginn des 20. Jahrhunderts wurde dann jedoch versucht, die Mathematik — insbesondere die Mengenlehre — auf ein solides Axiomenfundament zu stellen. Dies gelang auch — zumindest scheinbar. Dann stellte sich aber heraus, dass aus diesen Axiomen nicht die Existenz einer Abbildung mit den obigen Eigenschaften folgt.

Von vielen Mathematikern wurde die Existenz einer solchen Abbildung jedoch als intuitiv einsichtig und wichtig angesehen (warum dies wichtig ist, werden wir später noch sehen); deshalb wurde die Existenz einer solchen Abbildung in den Rang eines weiteren Axioms erhoben. Dieses Axiom wurde Auswahlaxiom genannt (auf englisch „Axiom of Choice"; die Abkürzung AC wird häufig verwendet), da es besagt, dass man aus jeder Familie von Mengen zu jeder Menge einen Repräsentanten auswählen kann:

Auswahlaxiom:
Sei I eine Indexmenge, und seien A_i nichtleere Mengen, wobei der Index i die Menge I durchläuft. Dann gibt es eine Abbildung

$$f : I \to \bigcup_{i \in I} A_i$$

mit
$$f(i) \in A_i$$
für alle $i \in I$.

Das Auswahlaxiom ist sehr stark: Es erlaubt, unendlich viele mehr oder weniger zufällige Entscheidungen auf einmal zu treffen — nämlich zu einer Menge einen zufälligen Repräsentanten auswählen zu können.

Es hat aber eine Schwäche: Es ist nur eine Existenzaussage, die Konstruktion einer solchen Abbildung ist oft nicht möglich. Man kann viele der Abbildungen, die aufgrund des Axioms existieren müssten, nie angeben.

Dies führte dazu, dass einige Mathematiker das Auswahlaxiom ablehnten, besonders nachdem mithilfe des Auswahlaxioms der folgende Satz bewiesen wurde:

Wohlordnungsprinzip
Jede Menge lässt sich wohlordnen.

7.3   Wohlordnung

Definition 7.1 (Wohlordnung)
Eine Menge A heißt *wohlgeordnet*, wenn es eine Relation $<$ auf A gibt, so dass gilt:

i.   Für a, b aus A gilt entweder $a < b$ oder $b < a$ oder $a = b$.

ii. Ist $a < b$ und $b < c$, so ist $a < c$.

iii. Jede nichtleere Teilmenge B von A enthält ein kleinstes Element b, d. h., für jedes $b' \in B \backslash \{b\}$ gilt $b < b'$.

$\blacklozenge$

So sind z. B. die natürlichen Zahlen wohlgeordnet — jede Teilmenge der natürlichen Zahlen enthält ein kleinstes Element. Die reellen Zahlen sind jedoch mit der üblichen Ordnungsrelation nicht wohlgeordnet — z. B. enthält das Intervall $]0,1]$ kein kleinstes Element. Das Wohlordnungsprinzip besagt nun aber, dass es eine $<$ — Relation auf $\mathbb{R}$ gibt (die nichts mit der üblichen Definition von „kleiner" zu tun haben muss), mit der $\mathbb{R}$ wohlgeordnet ist. Eine solche Ordnungsrelation ist aber bis heute noch nicht konstruiert worden und wird wohl auch nie konstruiert werden — weil das Auswahlaxiom nicht konstruktiv ist und man deshalb die Wohlordnung nicht damit *konstruieren* kann.

Gälte das Auswahlaxiom jedoch nicht, so gälte auch das Wohlordnungsprinzip nicht — und das Wohlordnungsprinzip ist keine besonders intuitiv einsichtige Aussage, sondern im Gegenteil sehr unanschaulich. Dies war einer der Gründe, derentwegen das Auswahlaxiom zuerst sehr umstritten war.

Nun aber zu den guten Seiten des Auswahlaxioms: Mithilfe des Auswahlaxioms kann man das sehr nützliche *Lemma von Zorn* beweisen. Dazu zunächst einige Vorbereitungen:

Definition 7.2 (Halbordnung)

Eine Relation $<$ auf einer Menge A heißt *Halbordnung* von A, wenn gilt:

i.   Ist $a < b$ und $b < c$, so ist $a < c$.

ii. Ist $a < b$ und $b < a$, so ist $a = b$.

iii. $a < a$

Eine *Totalordnung* ist eine Halbordnung mit der zusätzlichen Eigenschaft, dass für je zwei Elemente a und b immer $a < b$ oder $b < a$ gelten muss.
♦

Eine halbgeordnete Menge kann eine total geordnete Teilmenge enthalten. So kann man z. B. auf der Potenzmenge von $\{1,2,3\}$ eine Halbordnung durch das Enthaltensein definieren:

$$A < B :\Leftrightarrow A \subset B$$

So ist $\{1\}$ ‚kleiner‘ als $\{1,2\}$, während $\{1,3\}$ und $\{1,2\}$ überhaupt nicht in Relation zueinander stehen. Die zwei Mengen $\{1\}$ und $\{1,2\}$ bilden hier eine total geordnete Teilmenge der Potenzmenge — jedes Element steht in Relation zu jedem anderen.

Diese total geordnete Menge hat eine *obere Schranke*, d. h., ein Element, das größer oder gleich jedem Element aus der total geordneten Menge ist. Eine obere Schranke von $\{\{1\}, \{1,2\}\}$ ist $\{1,2\}$, aber auch $\{1,2,3\}$ ist eine obere Schranke. Die Schranke muss nicht in der total geordneten Teilmenge liegen!

Ein letzter Begriff, den wir einführen müssen:

Definition 7.3 (maximales Element)

Ein Element a einer halbgeordneten Menge A heißt *maximal*, wenn es kein $b \neq a$ gibt mit $a < b$.
♦

Im obigen Beispiel wäre $\{1,2,3\}$ ein maximales Element.

7.4   Lemma von Zorn

Satz 7.4 (Lemma von Zorn)

Gibt es zu jeder total geordneten Teilmenge einer halbgeordneten Menge A eine obere Schranke, so enthält A ein maximales Element.

Den Beweis, der wesentlich auf dem Auswahlaxiom aufbaut, werden wir weiter unten führen.

Mit dem Lemma von Zorn kann man einige wichtige Sätze beweisen, so z. B.:

> **Satz:** Jeder Vektorraum hat eine Basis.

Beweis: Für endlich erzeugte Vektorräume ist das klar; man nimmt sich ein endliches Erzeugendensystem und lässt solange Vektoren herausfallen, wie sich das Erzeugnis nicht ändert. Irgendwann kann man aber keinen mehr weglassen; dann ist die Menge linear unabhängig, d. h., die Vektoren in der Menge sind linear unabhängig — und damit eine Basis.

Für unendlichdimensionale Vektorräume sieht das Ganze anders aus. Wie soll z. B. eine Basis des Vektorraums aller auf $\mathbb{R}$ stetigen Funktionen aussehen? Angeben kann man eine solche Basis wohl nicht, aber kann man wenigstens davon ausgehen, dass es eine gibt?

Hier kommt jetzt das Lemma von Zorn ins Spiel:

Sei V ein Vektorraum und A die Menge aller linear unabhängigen Teilmengen von V. Auf A definiert das Enthaltensein eine Halbordnung:

$$U < W :\leftrightarrow U \subset W$$

Sind nämlich X, Y, Z Teilmengen von A, so gilt:

  i. Ist $X \subset Y$ und $Y \subset Z$, so ist $X \subset Z$.
  ii. Ist $X \subset Y$ und $Y \subset X$, so ist $X = Y$.
  iii. Es ist $X \subset X$.

Nun sei B eine total geordnete Teilmenge von A. Wenn man nun zeigen kann, dass es in A eine obere Schranke zu B gibt, ist man fertig: Nach dem Lemma hat dann A ein maximales Element X, es gibt also kein Y mit $X \subset Y$ und $X \neq Y$.

Angenommen, X erzeugt V nicht. Dann gibt es einen Vektor v, der nicht im Erzeugnis von X liegt, und $X \cup \{v\}$ wäre dann linear unabhängig. X wäre nicht maximal. X ist also keine Basis von V.

Wir sind fertig, wenn wir zeigen können, dass jede total geordnete Teilmenge eine obere Schranke hat.

Sei $B = \{A_i \,|\, i \in I\}$ eine total geordnete Teilmenge von A, wobei I eine Indexmenge ist. Sei $S = \bigcup A_i$. Offensichtlich enthält S jede Menge aus B. Wenn S in A wäre, wäre S eine obere Schranke zu B. Man muss noch zeigen, dass S in A ist: Angenommen, S wäre nicht in A. Dann gibt es n Vektoren in S, die linear abhängig sind:

$$\sum_{i=1}^{n} a_i v_i = 0 \qquad \text{und nicht alle } a_i = 0$$

Sei ohne Beschränkung der Allgemeinheit $v_i \in A_i$.

Es ist $A_1 \subset A_2$ oder $A_2 \subset A_1$. Entweder gilt $v_1 \in A_2$ oder $v_2 \in A_1$. Es gibt also eine linear unabhängige Menge (entweder A_1 oder A_2), die sowohl v_1 als auch v_2 enthält. So kann man fortsetzen: Eine Menge aus B muss auch v_1, v_2 und v_3 enthalten ... und eine Menge aus B muss alle v_i enthalten. Dann wäre diese Menge aber nicht linear unabhängig; sie ist aber nach Voraussetzung in A und damit linear unabhängig. Die v_i können somit nicht linear abhängig sein; damit ist S linear unabhängig und eine obere Schranke zu B in A.

Damit ist gezeigt, dass jeder Vektorraum eine Basis hat.   □

Auf ähnliche Weise kann man auch zeigen:

Satz: Sei R ein Ring. Dann ist jedes echte Ideal von R in einem maximalen Ideal enthalten.

Diese Sätze wären ohne das Auswahlaxiom nicht zu beweisen, ohne das Auswahlaxiom aber auch nicht zu widerlegen. Sie sind damit unabhängig von dem Axiomensystem der Mengenlehre ohne das Auswahlaxiom — das bedeutet, man kann das Auswahlaxiom nicht aus den übrigen folgern. Andererseits ergeben sich aber keine Widersprüche, wenn man das Auswahlaxiom zulässt.

Das Auswahlaxiom macht es also möglich, mehr Sätze zu beweisen, ohne sich in zusätzliche Widersprüche zu verwickeln.

Gödel konnte in seinem Unvollständigkeitssatz jedoch zeigen, dass es über jedem hinreichend reichhaltigem Axiomensystem solche nicht-entscheidbaren Aussagen geben muss — Aussagen, die sich weder widerlegen noch beweisen lassen, so wie eben das Auswahlaxiom über den übrigen Axiomen der Mengenlehre. Man kann daher niemals ein (hinreichend reichhaltiges) Axiomensystem finden, über dem garantiert kein Satz existiert, der weder beweisbar noch negierbar ist.

7.5 Äquivalenz der Aussagen

Es kann auch gezeigt werden, dass das Auswahlaxiom, das Wohlordnungsprinzip und das Zornsche Lemma äquivalent sind: d. h., jedes kann man aus jedem anderen folgern; man hätte genauso gut eine der anderen Aussagen in den Rang eines Axioms erheben können.

Diese Äquivalenz will ich hier noch zeigen. Die Beweise sind zwar nicht ganz einfach, aber recht hübsch.

Es genügt, die folgenden drei Aussagen zu beweisen:

Satz 7.5

a) *Aus dem Wohlordnungsprinizp folgt das Auswahlaxiom.*

b) *Aus dem Auswahlaxiom folgt das Zornsche Lemma.*

c) *Aus dem Zornschen Lemma folgt das Wohlordnungsprinzip.*

Beweis: **a)** Diese Behauptung ist noch einfach zu zeigen:

Sei $(A_i)_{i \in I}$ eine Familie von nichtleeren Mengen. Nach dem Wohlordnungsprinzip kann $\bigcup_{i \in I} A_i$ wohlgeordnet werden, und nun hat man eine Möglichkeit, eine Abbildung zu konstruieren, wie wir sie für das Auswahlaxiom benötigen: Sei a_i das Minimum von A_i; dann kann man $f(i) = a_i$ setzen und hat eine Abbildung, wie sie das Auswahlaxiom postuliert. Das Auswahlaxiom ist somit wahr.

b) Nun zum Nächsten: Sei A eine halbgeordnete Menge, die den Bedingungen des Zornschen Lemmas genügt. Sei X die Menge aller total geordneten Teilmengen von A. Auch X ist bezüglich der Inklusion von Mengen halbgeordnet.

Angenommen, wir könnten zeigen, dass X ein maximales Element C enthält. C besitzt nach den Voraussetzungen des Zornschen Lemmas eine obere Schranke a.

Dann wäre auch $C \cup \{a\}$ total geordnet, und da C eine maximale total geordnete Teilmenge von A ist, muss a in C liegen. Das Element a ist aber nicht nur obere Schranke von C, sondern ein maximales Element von A: Wäre $a < b$ für ein b, so wäre auch $C' = C \cup \{b\}$ total geordnet und damit in X. Es ist $C \subset C'$, und da C ein maximales Element ist, folgt daraus $C = C'$ und damit $b \in C$. a ist aber eine obere Schranke von C, also muss $b < a$ und damit $b = a$ gelten. a ist also maximal.

Es genügt also, ein maximales Element von X zu finden. Jetzt kommt das Auswahlaxiom ins Spiel:

Sei f eine Abbildung von der Potenzmenge $\mathcal{P}(A)$ von A nach A mit $f(x) \in x$ für alle $x \in P(A)$, die es nach dem Auswahlaxiom tatsächlich gibt. Sei zu einem vorgegebenen $x \in X$

$$x^- := \{a \in A \mid x \cup \{a\} \in X\}$$

die Menge aller a, so dass auch $x \cup \{a\}$ total geordnet ist.

Es ist $x \subset x^-$. Gilt $x = x^-$, so ist x ein maximales Element von X. Nun definiert man eine Abbildung $g : X \to X$ folgendermaßen: Wenn $x = x^-$, dann setze $g(x) := x$, ansonsten setze $g(x) := x \cup \{f(x^- \backslash x)\}$, d.h., füge ein Element zu x so hinzu, dass die entstehende Menge wieder total geordnet ist. Die Abbildung g lässt x genau dann fest, wenn $x = x^-$, also wenn x maximal ist.

Wir wollen jetzt zeigen, dass g tatsächlich einen *Fixpunkt* hat, also ein x mit $g(x) = x$. Dafür benötigen wir noch einige Definitionen:

Definition 7.6 (Turm)

Eine Teilmenge T von X heiße *Turm*, wenn gilt:

(1) Die leere Menge ist in T enthalten.

(2) Mit x enthält T auch $g(x)$.

(3) Ist S eine (bezüglich der Inklusion) total geordnete Teilmenge von T, so ist die Vereinigung aller Mengen, die S enthält, in T:
$\bigcup_{s \in S} s \in T$.

♦

Man kann einfach zeigen, dass X ein Turm ist und dass der Schnitt von beliebig vielen Türmen wieder ein Turm ist. Schneidet man also alle Türme von X miteinander, so erhält man einen kleinsten Turm T_0 in X.

Definition 7.7 (vergleichbar)

Ein x aus T_0 heiße *vergleichbar*, wenn für jedes y aus T_0 gilt: $x \subset y$ oder $y \subset x$. ♦

Das hier wichtigste Beispiel eines Turms ist die (total geordnete) Menge T der vergleichbaren Elemente in T_0. Wir müssen uns natürlich davon überzeugen, dass das wirklich ein Turm ist:

Beweis: **(T ist ein Turm)** Da die leere Menge Teilmenge aller Mengen ist, liegt sie auch in T. Ist S eine total geordnete Teilmenge von T (und da alle Teilmengen von T total geordnet sind: irgendeine Teilmenge von T), so muss gezeigt werden, dass auch $\bigcup_{s \in S} s$ vergleichbar ist:

Sei a aus T_0. Alle Elemente von S sind vergleichbar.
Es gibt nun zwei Möglichkeiten:

– Es ist $s \subset a$ für alle s aus S. Dann ist auch $\bigcup_{s \in S} \subset a$.
– Es ist $a \subset s$ für irgendein s aus S. Dann ist natürlich auch $a \subset \bigcup_{s \in S} s$.

Die Menge $\bigcup_{s \in S} s$ ist also auch vergleichbar.

Und abschließend noch der zweite Punkt der Definition eines Turms:

Sei x aus T. Wir müssen zeigen, dass $g(x)$ wieder in T liegt, d. h. vergleichbar ist. Ist y beliebig aus T_0, so gilt entweder $y \subset x$ oder $x \subset y$. Im ersteren Falle gilt $y \subset g(x)$. Ist zufällig $x = y$, so ist natürlich $y \subset g(x)$, und wir sind fertig. Nehmen wir darum an, dass x eine echte Teilmenge von y ist.

Sei nun:

$$U_x = \{y \in T_0 \,|\, y \subset x \vee g(x) \subset y\}$$

U_x enthält auf jeden Fall die leere Menge, ist also nichtleer. U_x ist sogar ein Turm; das ist der entscheidende Punkt für den Beweis, dass T ein Turm ist. Die Punkte (1) und (3) in der Definition eines Turms sind für U_x einfach zu beweisen. Die Schwierigkeit liegt wieder in (2):

Sei y aus U_x. Zu zeigen ist, dass auch $g(y) \in U_x$ gilt. Es gibt drei Möglichkeiten:

– y ist eine echte Teilmenge von x.
  Da x auch mit $g(y)$ vergleichbar ist, hat man $g(y) \subset x$ — dann sind wir fertig — oder $x \subset g(y)$. Ist die zweite Inklusion echt, so liegt x echt zwischen den beiden Mengen y und $g(y)$ — dies ist aber unmöglich, weil $g(y)$ nur ein Element mehr enthält als y. Der zweite Fall kann also nur eintreten, wenn $x = g(y)$, und dann sind wir auch fertig.

– $y = x$
  Dann ist $g(x) = g(y)$ und damit $g(y)$ in U_x.

– y ist nicht in x enthalten
  Dann ist $g(x) \subset y$, da y in U_x liegt. Dann gilt aber natürlich auch $g(x) \subset g(y)$, womit $g(y)$ in U_x liegt.

U_x ist also ein Turm, der in dem minimalen Turm T_0 enthalten ist, und damit ist $U_x = T_0$.

Jetzt kehren wir wieder zum eigentlichen Beweis, dass die Menge T ein Turm ist, zurück: Da U_x wie eben gezeigt gleich T_0 und ein Turm ist, gilt für jedes Element y von $T_0 = U_x$ entweder $y \subset x$ und damit $y \subset g(x)$ oder $g(x) \subset y$, $g(x)$ ist also vergleichbar. Mit x ist also auch $g(x)$ in T. T ist also tatsächlich ein Turm. Da T eine Teilmenge des minimalen Turms T_0 und ebenfalls ein Turm ist, muss $T = T_0$ gelten. T_0 ist also total geordnet! □

Und nun der finale Streich für diesen Teil des Beweises: Sei $x_0 = \bigcup_{t \in T_0} t$.

Nach der 3. Eigenschaft eines Turms und da T_0 total geordnet ist, gilt $x_0 \in T_0$. Nach der 2. Eigenschaft ist aber auch $g(x_0) \in T_0$, und es gilt $x_0 \subset g(x_0)$. Nach Definition von x_0 ist aber auch $g(x_0) \subset x_0$, folglich ist $x_0 = g(x_0)$.

Wir sehen, die Abbildung g hat bei x_0 einen Fixpunkt, und das ist nur möglich, wenn x_0 ein maximales Element von X ist, und dessen Existenz war zu zeigen. Damit ist das Lemma von Zorn bewiesen.

c) Nun zum letzten Punkt: Es gelte das Lemma von Zorn. Sei A eine Menge und X die Menge aller Wohlordnungsrelationen auf Teilmengen von A.

X ist nicht leer, da sich jede endliche Menge wohlordnen lässt. Seien (C, R) und (B, S) zwei Wohlordnungen R, S auf Teilmengen C, B von A; S und R sind hier als Teilmengen von $C \times C$ bzw. $B \times B$ aufgefasst (S und R sind ja Relationen, lassen sich also so darstellen). S heißt *Ausdehnung* von R, wenn $C \subset B$, $R \subset S$ und zusätzlich, wenn c aus C, b aus B und $(b, c) \in S$ gilt, b in C liegt, wenn also alle Elemente von $B - C$ bzgl. S größer sind als die von C.

X wird durch die Relation: „$R < S :\Leftrightarrow S$ ist eine Ausdehnung von R", halbge-ordnet.

Nun sei D eine total geordnete Teilmenge von X, und es sei $Y = \bigcup_{O \in D} O$.

Y ist eine Wohlordnung: Sind a, b aus Y, so ist (a, b) oder (b, a) in irgendeinem O aus D, es gilt also entweder $a < b$, $b < a$ oder $a = b$. Ähnlich folgt die Transitivität.

Nennen wir die Menge, auf der Y definiert ist, einmal A_0. Sei T eine Teil-menge von A_0. Sei $t \in T$. Dann ist t in der Operationsmenge irgendeiner der Wohlordnungsrelationen O enthalten. Nach der Definition der Ausdehnung ist auch $T_0 = \{t' \in T \mid (t', t) \in O\}$ in der Operationsmenge von O, und da O eine Wohlordnung ist, enthält T_0 ein kleinstes Element s. Da Y eine Ausdehnung von O auf T ist, ist $t > s$ für alle $T \backslash T_0$. Damit ist s das minimale Element von T. Y ist also eine Wohlordnung und eine obere Schranke von D. Es gibt also nach dem Zornschen Lemma eine maximale Wohlordnung R. Angenommen, diese operiere nicht auf ganz A, sondern nur in einer Menge B. Dann fügt man ein Element, das in $A \backslash B$ liegt, zu B hinzu, und erweitert die Relation R so, dass a größer ist als alle Elemente von B. R bleibt dadurch eine Wohlordnung. Dieser Vorgang ist aber auch eine echte Ausdehnung von R; R ist dann nicht maximal. Widerspruch. R muss somit auf ganz A operieren, A wird also durch R wohlgeordnet.

□

Diese Beweise sind üblicherweise Stoff im 1. Semester im Mathematik-Studium. Man würde nicht selbst darauf kommen.

Fabian Lenhardt, Dipl.-Math., promoviert in Düsseldorf.

8 Das Kugelwunder

Übersicht

8.1   Einleitung

*Darauf nahm er die fünf Brote und die zwei Fische, blickte zum Him-
mel auf, sprach den Lobpreis, brach die Brote und gab sie den Jüngern,
damit sie sie an die Leute austeilten. Auch die zwei Fische ließ er unter allen verteilen. Und alle aßen und wurden satt. Als die Jünger
die Reste der Brote und auch der Fische einsammelten, wurden zwölf
Körbe voll. Es waren aber fünftausend Männer, die von den Broten
gegessen hatten.*

Mk 6, 41–44

1900 Jahre später zeigten die polnischen Mathematiker BANACH und TARSKI,
dass Vergleichbares möglich ist, wenn man an ein gewisses Axiom der Mengenlehre
glaubt: das Auswahlaxiom. Bedeutende Vorarbeit hatte der deutsche Mathematiker HAUSDORFF geleistet.

Das Auswahlaxiom wird dabei verwendet, um eine Vollkugel in endlich viele Teile
zu zerlegen und diese dann zu zwei vollen Kugeln von gleichem Radius zusam-
menzusetzen.

Eine verstörende Aussage der Mathematik, von vielen zum *Paradoxon* erhoben,
ist dieser „Satz von der Verdopplung der Kugel".

Satz 8.1 (Satz von Banach-Tarski)

Sei $B := \{(x, y, z) \mid x^2 + y^2 + z^2 \leq 1\}$ die volle dreidimensionale Einheitskugel.

Es gibt disjunkte Mengen $A_1, \ldots, A_n, B_1, \ldots, B_m \subseteq B$ und Bewegungen (also Drehungen und Verschiebungen im $\mathbb{R}^3$) $\sigma_1, \ldots, \sigma_n, \tau_1, \ldots, \tau_m$ (hierbei kann es sich auch um die triviale Bewegung handeln), so dass gilt:

$$B = \bigcup_{i=1}^{n} A_i \cup \bigcup_{j=1}^{m} B_j = \bigcup_{i=1}^{n} \sigma_i(A_i) = \bigcup_{j=1}^{m} \tau_j(B_j).$$

Das Auswahlaxiom ist die Forderung, dass es möglich sein soll, für jedes System nichtleerer Mengen $\mathcal{M}$ eine Funktion $f : \mathcal{M} \mapsto \bigcup_{M \in \mathcal{M}} M$ anzugeben, so dass für jedes $M \in \mathcal{M}$ gilt: $f(M) \in M$. Diese Funktion ordnet der Menge $M \in \mathcal{M}$ den Repräsentanten $f(M)$ im Repräsentantensystem $\mathcal{R} := f(\mathcal{M})$ zu. Es gibt zahlreiche innerhalb des Zermelo-Fraenkelschen Axiomensystems äquivalente Formulierungen (siehe dazu Kapitel 7 „Über das Auswahlaxiom"). Falls das Mengensystem $\mathcal{M}$ unendlich ist, ist es im Allgemeinen unmöglich, eine solche Funktion, und folglich ein Repräsentantensystem, konkret anzugeben. Beweise, die sich des Auswahlaxioms bedienen, sind daher oftmals nichtkonstruktive Existenzbeweise, die die Existenz von etwas zeigen, das nicht näher beschrieben werden kann.

Vielen Konstruktivisten war dies ein Grund, das Auswahlaxiom generell abzulehnen, und die Vorsicht bei seiner Verwendung ist bei vielen Autoren geblieben. Tatsächlich wird keine Anweisung gegeben, wie das „Kugelwunder" vollbracht werden könnte, aber ein Beweis dieser höchst interessanten Aussage kann mit Mengen- und Gruppentheorie erbracht werden.

Wir werden uns zunächst anschauen, wie man dies für die Kugeloberfläche $S^2 \backslash D$, aus der eine abzählbare Punktmenge D entfernt wurde, beweisen kann. Dies gelang zuerst Hausdorff.

8.2 Die freie Gruppe mit zwei Erzeugern

Die Gruppe $SO(3)$ ist die Gruppe aller orthogonalen, isometrischen und orientierungserhaltenden linearen Abbildungen des $\mathbb{R}^3$. Insbesondere wird von allen Elementen von $SO(3)$ die Einheitskugel S^2 auf sich selbst abgebildet. Da $SO(3)$ eine unendliche nichtabelsche Gruppe ist — im Gegensatz zur abelschen $SO(2)$ (dies ist der Grund dafür, dass Banach-Tarski auf einem Kreis nicht funktioniert) —, ist die Menge ihrer Untergruppen sehr vielfältig und birgt auch Pathologien, von denen wir auf eine zurückgreifen: eine freie Gruppe von Drehungen.

Definition 8.2 (Alphabet, Wort)

Ein *Alphabet* Q ist ein endlicher oder abzählbar unendlicher Zeichenvorrat, aus dem jedes Zeichen im Zusammenhang mit Gruppen eine noch näher zu bezeichnende Gruppenoperation bedeutet.

Ein *Wort* über Q ist eine endliche, durch Hintereinanderschreiben erzeugte Kombination von Zeichen aus Q. Im Falle gar keines Zeichens spricht man vom *leeren Wort*, das mit ϵ bezeichnet wird und im Zusammenhang mit Gruppen als die identische Abbildung zu verstehen ist. Folgen im Zusammenhang mit Gruppen in einem Wort $\xi_1 \ldots \xi_n$ die Zeichen ω und ω^{-1} direkt aufeinander, so können diese aus dem Wort gekürzt werden. Ist dies vollständig durchgeführt, spricht man von einem *reduzierten Wort*, d. h., ein reduziertes Wort ist die Äquivalenzklasse aller Wörter über dem Alphabet Q, die eindeutig zum gleichen Wort, in dem keine der Buchstabenkombinationen $\omega_i \omega_i^{-1}$, $\omega_i^{-1} \omega_i$ mehr vorkommen, gekürzt werden können.   ◆

Definition 8.3 (Freie Gruppe)

Die Menge aller reduzierten Wörter über dem Alphabet

$$\mathcal{A} = \{a_i, a_i^{-1} \mid i \in I\},$$

auf der durch Hintereinanderschreiben (und ggf. Kürzen)

$$\forall i \in I : a_i a_i^{-1} = \epsilon; \ a_i^{-1} a_i = \epsilon$$

eine assoziative Verknüpfung

$$\circ : (w_1, w_2) \mapsto w_1 w_2$$

definiert ist, heißt *freie Gruppe* über $\mathcal{A}$. Sie erfüllt außer den Gruppenaxiomen (d. h. der Kürzungsregel) keine weiteren Relationen zwischen den Elementen.   ◆

Beispiel 8.4

Die freie Gruppe $\mathcal{F}_{a,b}$ über $\mathcal{A} = \{a, b, a^{-1}, b^{-1}\}$, bei der einzig die Relationen $aa^{-1} = a^{-1}a = \epsilon$ und $bb^{-1} = b^{-1}b = \epsilon$ gelten, ist eine solche Gruppe, die man die von a und b erzeugte freie Gruppe nennt.   ■

Wenn man die Gruppe der Drehungen von S^2 um die x-Achse betrachtet, die von einer Drehung ρ_ϕ um den Winkel ϕ erzeugt wird, so ist diese Gruppe endlich von der Ordnung q, wenn $\phi = 2\pi \cdot p/q$ und $p/q \in \mathbb{Q}$ vollständig gekürzt ist.

Ist dagegen $\phi = r \cdot 2\pi$ mit $r \in \mathbb{R}\backslash\mathbb{Q}$, so erzeugt $\rho := \rho_\phi$ eine unendliche freie Gruppe über $\mathcal{A} = \{\rho, \rho^{-1}\}$. Diese Gruppe ist noch abelsch, da alle Elemente zu Potenzen von ρ oder von ρ^{-1} reduziert werden können.

Nimmt man aber noch eine Drehung $\zeta := \zeta_\gamma$ um die z-Achse mit Drehwinkel $\gamma = s \cdot 2\pi$, $s \in \mathbb{R}\backslash\mathbb{Q}$, als Erzeuger hinzu, so erhält man eine nichtkommutative Untergruppe von $SO(3)$.

In der Literatur werden ρ_ϕ, ζ_γ mit $\phi = \gamma = \arccos(1/3)$ angegeben als Erzeugerpaar einer freien Untergruppe $\mathcal{B}$ von $SO(3)$. In der üblichen Matrizendarstellung bedeuten dann:

$$\rho := \begin{pmatrix} 1 & 0 & 0 \\ 0 & \frac{1}{3} & -\frac{2}{3}\sqrt{2} \\ 0 & \frac{2}{3}\sqrt{2} & \frac{1}{3} \end{pmatrix},$$

$$\zeta := \begin{pmatrix} \frac{1}{3} & -\frac{2}{3}\sqrt{2} & 0 \\ \frac{2}{3}\sqrt{2} & \frac{1}{3} & 0 \\ 0 & 0 & 1 \end{pmatrix}.$$

Induktiv kann man über die Länge der Wörter und die beiden führenden Buchstaben zeigen, dass für jedes Wort $w \in \mathcal{B}, w \neq \epsilon$, entweder das Bild von $(1{,}0{,}0)^t$ unter w nicht mit $(1{,}0{,}0)^t$ oder das Bild von $(0{,}0{,}1)^t$ unter w nicht mit $(0{,}0{,}1)^t$ identisch ist:

Satz 8.5

Die wie oben definierten Drehungen ρ und $\zeta \in SO(3)$ erzeugen eine freie Gruppe.

Beweis: Falls die Länge $k \in \mathbb{N}$ des Wortes $w \in \mathcal{B}$ nur einen Buchstaben beträgt, gilt $w(0{,}0{,}1)^t \neq (0{,}0{,}1)^t$ für $w \in \{\rho, \rho^{-1}\}$ und $w(1{,}0{,}0)^t \neq (1{,}0{,}0)^t$ analog für $w \in \{\zeta, \zeta^{-1}\}$. Sei $k \geq 2$. Ist $\zeta^{\pm 1}$ der letzte Buchstabe χ_n des Gruppenwortes $w = \chi_1\chi_2\cdots\chi_n$, so kann dies für $(1{,}0{,}0)^t$ gezeigt werden; ist $\rho^{\pm 1}$ der letzte Buchstabe, so geht dies aus Symmetriegründen für $(0{,}0{,}1)^t$. Der Beweis kann sich also auf den ersten Fall beschränken.

Es erweist sich induktiv, dass für jedes Wort w der Länge k das Bild $w(1{,}0{,}0)^t$ von der Gestalt $\frac{1}{3^k}(a, b\sqrt{2}, c)^t$ für gewisse ganze Zahlen a, b, c ist. Im Fall $k = 1$ ist das offensichtlich, ansonsten muss man die vier Fälle

$$w = \zeta w', \quad w = \zeta^{-1} w', \quad w = \rho w', \quad w = \rho^{-1} w'$$

nach dem ersten Buchstaben von w unterscheiden. Aufgrund der Induktionsannahme $w'(1{,}0{,}0)^t = \frac{1}{3^{k-1}} \cdot (a', b'\sqrt{2}, c')^t$ ergeben sich durch Einsetzen Rekursionsgleichungen für a, b und c:

Im Fall $\chi_1 = \zeta^{\pm 1}$:
$$a = a' \mp 4b', \quad b = b' \pm 2a', \quad c = 3c',$$

Im Fall $\chi_1 = \rho^{\pm 1}$:
$$a = 3a', \quad b = b' \mp 2c', \quad c = c' \pm 4b'.$$

Damit ist die Ganzzahligkeit von a, b, c gezeigt.

Dass für alle $w \in \mathcal{B}$, die mit ζ oder ζ^{-1} enden, gilt: $w(1{,}0{,}0)^t \neq (1{,}0{,}0)^t$, folgt aus dem Nachweis, dass b nicht durch 3 teilbar ist. Falls w nur einen Buchstaben lang ist — nach der Annahme über den letzten Buchstaben also ζ oder ζ^{-1} —, so ist $b = \pm 2$ kein Vielfaches von 3. Für längere Wörter $w = \chi_1 \chi_2 v$ muss man vier Fälle unterscheiden:

$$\chi_1 \chi_2 = \zeta^{\pm 1} \rho^{\pm 1}, \quad \chi_1 \chi_2 = \rho^{\pm 1} \zeta^{\pm 1}, \quad \chi_1 \chi_2 = \zeta^{\pm 2}, \quad \chi_1 \chi_2 = \rho^{\pm 2}.$$

Im ersten Fall ergibt sich aus der Rekursionsgleichung, dass a' durch 3 teilbar ist. Demnach kann $b = b' \pm 2a'$ nicht durch 3 teilbar sein. Das analoge Argument gilt im zweiten Fall für c', welches durch 3 teilbar ist, nicht aber $b = b' \mp 2c'$. In den letzten beiden Fällen muss man einen Rekursionsschritt weiter zurückgehen: $v(1{,}0{,}0)^t = \frac{1}{3^{k-2}} \cdot (a'', b''\sqrt{2}, c'')^t$.

Für beide Fälle ergibt sich

$$b = b' \pm 2a' = b' \pm 2(a'' \mp 4b'') = b' \pm 2a'' - 8b''$$
$$= b' + (b' - b'') - 8b'' = 2b' - 9b''.$$

Demzufolge ist mit b' auch b nicht durch 3 teilbar und der Induktionsbeweis fertig.

$\square$

Lemma und Definition 8.6
*Eine solche freie Gruppe mit 2 Erzeugern besitzt eine **paradoxe Zerlegung**, d. h., eine Zerlegung in disjunkte Teile* (Fraktionen; hier sind es 5, von denen einer lediglich das leere Wort enthält), *von denen mindestens einer so manipuliert werden kann, dass er zusammen mit weniger als allen der übrigen Teile* (hier nur einem) *wieder die ganze Gruppe ergibt.*

Beweis: Sei $\mathcal{B}_\rho$ die Menge der mit ρ beginnenden Wörter in $\mathcal{B}$, analog $\mathcal{B}_{\rho^{-1}}$, $\mathcal{B}_\zeta$, $\mathcal{B}_{\zeta^{-1}}$. Offensichtlich ist

$$\mathcal{B} = \mathcal{B}_\rho \cup \mathcal{B}_{\rho^{-1}} \cup \mathcal{B}_\zeta \cup \mathcal{B}_{\zeta^{-1}} \cup \{\epsilon\}.$$

Dann ist $\rho\mathcal{B}_{\rho^{-1}}$ (wegen der Reduziertheit der Wörter in $\mathcal{B}$) die Menge aller Wörter, die nicht mit ρ beginnen; denn der Wortanfang $\rho^{-1}\rho$ darf nicht auftreten, nach dem ρ^{-1} kann außer ρ aber jeder der drei übrigen Buchstaben folgen. Auch das leere Wort ϵ liegt im Bild dieser Operation (vgl. Abbildung 8.1). □

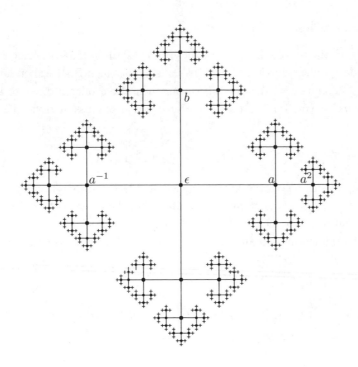

Abb. 8.1: Der Cayley-Graph der freien Gruppe mit zwei Erzeugern. Die Verästelungen setzen sich bis in beliebige Tiefe fort. Ein „Ast" des Graphen (ohne ϵ) repräsentiert alle mit dem gleichen Zeichen beginnenden Wörter. Durch Davorschreiben des inversen Zeichens wird der Ast auf drei Äste (incl. ϵ) abgebildet.

Also ist

$$\rho\mathcal{B}_{\rho^{-1}} = \mathcal{B}_{\rho^{-1}} \cup \mathcal{B}_\zeta \cup \mathcal{B}_{\zeta^{-1}} \cup \{\epsilon\}$$

und analog

$$\zeta\mathcal{B}_{\zeta^{-1}} = \mathcal{B}_{\zeta^{-1}} \cup \mathcal{B}_\rho \cup \mathcal{B}_{\rho^{-1}} \cup \{\epsilon\}.$$

Durch Davorschreiben eines Buchstaben haben wir aus „einem Viertel" der freien Gruppe „drei Viertel" gemacht, die mit einem weiteren „Viertel" die ganze Gruppe ergeben.

8.3 Paradoxe Zerlegung einer löchrigen Sphäre

Diese paradoxe Zerlegung lässt sich auf die durchlöcherte Kugeloberfläche

$$X := S^2 \backslash D$$

übertragen, indem man $\mathcal{B}$ auf ihr operieren lässt. Es wird gezeigt, dass auf diese Weise auch wirklich eine paradoxe Zerlegung der durchlöcherten Sphäre $S^2 \backslash D$ entsteht.

D sei dabei definiert als die Menge der Fixpunkte nichttrivialer Gruppenwörter aus $\mathcal{B} \backslash \{\epsilon\}$:

$$D = \{x \in S^2 \,|\, \exists g \neq \epsilon \in \mathcal{B} \text{ mit } g(x) = x\}$$

Wegen der Abzählbarkeit von $\mathcal{B}$ ist auch D abzählbar, denn zu jeder echten Drehung der Kugel existieren genau zwei Fixpunkte.

Satz 8.7

Die Relation

$$\sim \subset \{(x,y)\,|\,x,y \in S^2\} : x \sim y \Longleftrightarrow \exists g \in \mathcal{B} \text{ mit } y = g(x)$$

ist eine Äquivalenzrelation.

Beweis: Zu zeigen sind Reflexivität, Symmetrie und Transitivität.

Reflexivität: Es gilt $x = \epsilon(x) \; \forall x \in S^2$.
Symmetrie: Aus $y = g(x)$ folgt $x = g^{-1}(y) \; \forall x, y \in S^2, g \in \mathcal{B}$.
Transitivität: Aus $y = g(x)$, $z = h(y)$ folgt $z = hg(x) \; \forall x, y, z \in S^2, \; \forall g, h \in \mathcal{B}$.

$\square$

Damit sind die Äquivalenzklassen bzgl. $\sim$,

$$O_x := \{y \in S^2 \,|\, \exists g \in \mathcal{B} \text{ mit } g(x) = y\},$$

disjunkt, und ihre Vereinigung bildet wieder S^2. Sie heißen *Orbits* bzgl. $\mathcal{B}$.

Man stellt nun fest, dass die Eigenschaft eines Punktes z aus S^2, Fixpunkt bezüglich eines Wortes $w \in \mathcal{B}$ zu sein, unter der Wirkung von $\mathcal{B}$ invariant ist:

Satz 8.8

$$\forall w \in \mathcal{B} \text{ ist } w(D) = D \text{ und auch } w(S^2 \backslash D) = S^2 \backslash D.$$

Man sagt: $\mathcal{B}$ *operiert treu* auf D und somit auch auf $S^2 \backslash D$.

Beweis: Zeige $\mathcal{B}(D) \subset D$:

Sei $z \in D$ Fixpunkt bzgl. $w \in \mathcal{B}$, dann ist für beliebiges $v \in B$ der Punkt $v(z)$ ein Fixpunkt bzgl. des zu w konjugierten Wortes vwv^{-1}, also

$$\mathcal{B}(D) := \{b(d) \mid b \in \mathcal{B}, d \in D\}$$

Teilmenge von D. Gruppenwörter überführen also Fixpunkte in Fixpunkte. Hieraus folgt wegen der Komplementarität von D und $S^2 \backslash D$ auch

$$\mathcal{B}(S^2 \backslash D) \supset S^2 \backslash D.$$

Zeige $\mathcal{B}(S^2 \backslash D) \subset S^2 \backslash D$:

Sei z ein Nichtfixpunkt bzgl. jedes Gruppenwortes in $\mathcal{B}$, d. h., $\forall w \in B$ ist $w(z) \neq z$. Dann ist für jedes Gruppenwort $v \in \mathcal{B}$ auch $v(z)$ ein Nichtfixpunkt, denn

$$\forall w \in \mathcal{B} \text{ ist } vwv^{-1}(v(z)) = v(w(z)) \neq v(z) \text{ (wg. Injektivität von } w).$$

Wie oben ergibt sich
$$\mathcal{B}(S^2 \backslash (S^2 \backslash D)) \;=\; \mathcal{B}(D) \supset D$$

und damit in beiden Fällen Gleichheit.   □

Die paradoxe Zerlegung der freien Gruppe $\mathcal{B}$ in

$$\mathcal{B}_\zeta, \qquad \mathcal{B}_{\zeta^{-1}}, \qquad \mathcal{B}_\rho, \qquad \mathcal{B}_{\rho^{-1}}, \qquad \{\epsilon\}$$

lässt sich in kanonischer Weise auf die ausreichend große Teilmenge $S^2 \backslash D$ der Nichtfixpunkte der Sphäre übertragen. Unter Verwendung des Auswahlaxioms wird dazu ein Repräsentantensystem H aus der Menge $\mathcal{O} := \{O_x \mid x \in S^2 \backslash D\}$ der Orbits unter $\mathcal{B}$ ausgewählt. Es enthält aus jedem Orbit nur einen Vertreter und, wie aus 8.8 hervorgeht, keinen Fixpunkt. Es soll damit ermöglicht werden, durch Anwenden einer Drehung (= Davorschreiben eines führenden Buchstaben in einem Wort der freien Gruppe) auf „ein Viertel" jedes Orbits, d. h. der Bilder der Elemente von H unter einem „Viertel" der freien Gruppe $\mathcal{B}$, „drei Viertel" dieses Orbits unter der gesamten Gruppe zu erhalten. Die Mengen, die aus H durch Anwenden von Wörtern aus verschiedenen Fraktionen von $\mathcal{B}$ entstehen, bilden auch tatsächlich fünf disjunkte Punktmengen, deren Vereinigung wieder die durchlöcherte Sphäre ergibt.

Man bildet also die Mengen

$$\epsilon(H) := H,$$
$$\mathcal{B}_\rho(H) := \bigcup_{\xi \in H} \mathcal{B}_\rho(\xi),$$
$$\mathcal{B}_{\rho^{-1}}(H) := \bigcup_{\xi \in H} \mathcal{B}_{\rho^{-1}}(\xi),$$

$$\mathcal{B}_\zeta(H) := \bigcup_{\xi \in H} \mathcal{B}_\zeta(\xi),$$

$$\mathcal{B}_{\zeta^{-1}}(H) := \bigcup_{\xi \in H} \mathcal{B}_{\zeta^{-1}}(\xi).$$

Satz 8.9

Die Mengen

$$\mathcal{B}_\rho(H), \ \mathcal{B}_{\rho^{-1}}(H), \ \mathcal{B}_\zeta(H), \ \mathcal{B}_{\zeta^{-1}}(H) \ \ und \ \ \epsilon(H) = H,$$

die durch Operation je einer der fünf Fraktionen der Gruppe $\mathcal{B}$ aus dem Repräsentantensystem H hervorgehen, sind disjunkt und ihre Vereinigung ergibt $S^2 \backslash D$.

Beweis: Für die Disjunktheit reicht es zu zeigen, dass für $w_1, w_2 \in \mathcal{B}$ mit unterschiedlichen Anfangsbuchstaben gilt: $\forall x_1, x_2 \in H$ ist $w_1(x_1) \neq w_2(x_2)$. Falls Gleichheit gelten würde, so hätte das zur Folge, dass unklar wäre, welchem der den Fraktionen der Gruppe $\mathcal{B}$ ($\mathcal{B}_\rho$, $\mathcal{B}_{\rho^{-1}}$, $\mathcal{B}_\zeta$, $\mathcal{B}_{\zeta^{-1}}$ oder $\{\epsilon\}$) entsprechenden Teile der Sphäre der Punkt $y = w_1(x_1) = w_2(x_2)$ zugeordnet werden sollte, wenn w_1 und w_2 mit unterschiedlichen Buchstaben beginnen, was o. B. d. A. angenommen werden kann (anderenfalls könnten übereinstimmende führende Buchstaben gekürzt werden).

Das Problem lässt sich auf die Frage nach Fixpunkten unter Gruppenwörtern zurückführen.

$w_1(x_1) = w_2(x_2)$ ist äquivalent zu $w_2^{-1}w_1(x_1) = x_2$, also $x_2 \in O_{x_1}$. Das Repräsentantensystem H enthält aber nach Konstruktion nur einen Punkt aus jedem Orbit; folglich ist $x_1 = x_2 =: x$, so dass x Fixpunkt bezüglich des Gruppenwortes $w_2^{-1}w_1 \in \mathcal{B}$ ist. Fixpunkte sind aber nach Definition von H ausgeschlossen, also sind $\mathcal{B}_\rho(H)$, $\mathcal{B}_{\rho^{-1}}(H)$, $\mathcal{B}_\zeta(H)$, $\mathcal{B}_{\zeta^{-1}}(H)$ und $\epsilon(H)$ disjunkt. $\square$

Jedes Gruppenwort stellt eine Drehung um eine gewisse Raumachse dar und hat damit genau zwei zueinander antipodische Fixpunkte in S^2.

Anmerkung: Diese Tatsache wird in der Linearen Algebra auch „Satz vom Fußball" genannt: Alle Elemente von $SO(3)$ sind Drehungen um eine gewisse Achse im $\mathbb{R}^3$, deren Durchgangspunkte durch die Sphäre S^2 von der Drehung fest gelassen werden. Der Fußball, der vor dem Spiel und nach dem Spiel auf dem Anstoßpunkt liegt (Nichtbeachtung der translatorischen Bewegungen, denen er unterworfen war), besitzt unendlich viele (im Falle der trivialen Rotation) oder genau zwei Punkte, deren Lage durch das Spiel nicht geändert wurde.

Um diese nicht eindeutig zuzuordnenden Fälle zu vermeiden, erlauben wir in H nur Nichtfixpunkte bezüglich der Gruppenworte in $\mathcal{B}$ und nehmen in Kauf, dass die paradoxe Zerlegung nur auf der löchrigen Sphäre $X := S^2 \backslash D$ statt auf der ganzen Sphäre möglich ist.

Indem man alle fünf Fraktionen der Gruppe $\mathcal{B}$ auf dem Repräsentantensystem H operieren lässt, erhält man wieder die ganze „durchlöcherte Sphäre"

$$S^2 \backslash D = \mathcal{B}_\rho(H) \cup \mathcal{B}_{\rho^{-1}}(H) \cup \mathcal{B}_\zeta(H) \cup \mathcal{B}_{\zeta^{-1}}(H) \cup \epsilon(H) = \mathcal{B}(H) = \bigcup_{\xi \in H} O_\xi,$$

andererseits ist nach Lemma und Definition 8.6

$$\rho(\mathcal{B}_{\rho^{-1}}(H)) = \mathcal{B}_{\rho^{-1}}(H) \cup \mathcal{B}_\zeta(H) \cup \mathcal{B}_{\zeta^{-1}}(H) \cup H$$

und also

$$S^2 \backslash D = \mathcal{B}_\zeta(H) \cup \zeta(\mathcal{B}_{\zeta^{-1}}(H)).$$

Analog ist

$$S^2 \backslash D = \mathcal{B}_\rho(H) \cup \rho(\mathcal{B}_{\rho^{-1}}(H)).$$

Insgesamt gilt also folgender Satz:

Satz 8.10 (Hausdorffsches Paradoxon)
Die freie Gruppe $\mathcal{B}$ operiere auf $X = S^2 \backslash D$. H sei ein vollständiges Repräsentantensystem der Orbits unter $\mathcal{B}$. Die fünf Mengen

$$H, \qquad \mathcal{B}_\rho(H), \qquad \mathcal{B}_{\rho^{-1}}(H), \qquad \mathcal{B}_\zeta(H), \qquad \mathcal{B}_{\zeta^{-1}}(H)$$

bilden eine paradoxe Zerlegung von $\mathcal{B}(H) = S^2 \backslash D =: X$.

Die zwei identischen Kopien von X kann man unterscheiden, indem man einfach $\mathcal{B}_\rho(H) \cup \rho(\mathcal{B}_{\rho^{-1}}(H))$ bildet, X_0 nennt und vor dem Zusammensetzen von $\mathcal{B}_\zeta(H)$ und $\zeta(\mathcal{B}_{\zeta^{-1}}(H))$ zur zweiten Kopie eine Translation λ in beliebiger Richtung um eine beliebige Strecke $s > 2$ auf beide Teile wirken lässt:

$$\lambda(\mathcal{B}_\zeta(H)) \cup \lambda\zeta(\mathcal{B}_{\zeta^{-1}}(H)) = X_1.$$

Man beachte, dass die löchrige Sphäre in fünf Teile zerlegt wird und man nur je zwei davon zu jeweils einer Kopie zusammensetzt. Es bleibt beim Kugelwunder also sogar noch etwas für den Korb.

8.4 Von der löchrigen Sphäre zur Vollkugel

Die Schritte, die Banach und Tarski jetzt noch unternahmen, beseitigten einerseits den Mangel, dass die Kugeloberfläche abzählbar viele Löcher aufweisen muss, um paradox zerlegt werden zu können, und andererseits den, dass es nichttrivial ist, von der S^2 bzw. der punktierten Vollkugel zur vollen Kugel überzugehen. Mit Hilfe des wichtigen Konzepts der Zerlegungsäquivalenz gelingt dies beides.

Definition 8.11 (Zerlegungsäquivalenz)

Sei $\mathcal{X}$ ein endlichdimensionaler euklidischer Raum. Zwei Teilmengen A, $B \subset \mathcal{X}$ heißen zerlegungsäquivalent, wenn es eine paarweise disjunkte endliche Familie von Teilmengen $\{A_i \mid i \in I\}$ mit $\bigcup_{i \in I} A_i = A$ (eine Zerlegung von A) und Bewegungen $\{\tau_i \mid i \in I\} \subset SO(\mathcal{X})$ gibt, so dass $\{\tau_i(A_i) \mid i \in I\}$ gleichfalls paarweise disjunkt und $\bigcup_{i \in I} \tau_i(A_i) = B$ („die Bilder der Zerlegung von A liefern eine Zerlegung von B"). ◆

Die Zerlegungsäquivalenz ist, insofern sie die Disjunktheit der Bilder der Zerlegung fordert, eine stärkere Aussage als die, die hier im Satz von Banach-Tarski gemacht wird. Gezeigt wird die Zerlegungsäquivalenz von S^2 und $S^2 \backslash D$ sowie die von B und $B \backslash \{0\}$, aber nicht die von B und $B_0 \cup B_1$.

Satz 8.12

Die Zerlegungsäquivalenz ist eine Äquivalenzrelation.

Beweis: Die Zerlegungsäquivalenz ist offenbar reflexiv und symmetrisch, für die Transitivität hat man $A = \bigcup_{i \in I} A_i$, $B = \bigcup_{i \in I} \tau_i(A_i)$ sowie $B = \bigcup_{j \in J} B_j$ und $C = \bigcup_{j \in J} \xi_j(B_j)$.

Man wählt die Zerlegung

$$A = \bigcup_{(i,j) \in I \times J} \tilde{A}_{(i,j)}$$

mit $\tilde{A}_{(i,j)} := A_i \cap \tau_i^{-1}(B_j)$ und den Bewegungen $\mu_{(i,j)} = \xi_j \circ \tau_i$ und erhält:

$$\bigcup_{(i,j) \in I \times J} \mu_{(i,j)}(\tilde{A}_{(i,j)}) = \bigcup_{(i,j) \in I \times J} \xi_j \circ \tau_i(A_i \cap \tau_i^{-1}(B_j))$$

$$= \bigcup_{(i,j) \in I \times J} \xi_j(\tau_i(A_i) \cap \tau_i(\tau_i^{-1}(B_j)))$$

$$= \bigcup_{(i,j) \in I \times J} \xi_j(\tau_i(A_i) \cap B_j)$$

$$= \bigcup_{j \in J} \xi_j \left(\bigcup_{i \in I} \tau_i(A_i) \cap B_j \right)$$

$$= \bigcup_{j \in J} \xi_j (B \cap B_j)$$

$$= \bigcup_{j \in J} \xi_j (B_j)$$

$$= C$$

Also:

$$C = \bigcup_{(i,j) \in I \times J} \mu_{(i,j)}(\tilde{A}_{(i,j)})$$

□

Satz 8.13

S^2 *ist zerlegungsäquivalent zu* $S^2 \backslash D$.

Der Beweis von Satz 8.13 hat viele Gemeinsamkeiten mit dem mengentheoretischen „Hilberts Hotel [1]".

Beweis: Wir wählen aus $S^2 \backslash D$ einen Punkt w und bezeichnen mit T_w die Untergruppe von $SO(3)$ der Drehungen, für die $\theta(w) = w$, also w Fixpunkt ist. Alle Drehungen dieser Untergruppe erfolgen um die Achse durch w, 0 und $-w$, daher ist T_w isomorph zu der abelschen Isometriegruppe des Einheitskreises: $T_w \cong SO(2)$. R sei die Menge aller Drehungen r aus T_w, für die gilt:

$$\exists n \in \mathbb{N} \text{ mit } r^n(D) \cap D \neq \emptyset.$$

Dies sind alle Drehungen aus T_w, bei deren iterierter Anwendung auf $S^2 \backslash D$ eines der Löcher auf ein anderes abgebildet wird. Als abzählbare Vereinigung höchstens abzählbarer Mengen — für jedes $n \in \mathbb{N}$ hat man diejenigen höchstens abzählbar

---

[1] Das Hilbertsche Hotel ist eine mathematische Folklore, in der es um eine Eigenschaft unendlicher Mengen geht. In einem Hotel denke man sich unendlich viele Zimmer, die mit den natürlichen Zahlen 1,2,3,... durchnummeriert sind. Jedes Zimmer sei belegt. Wie schafft es der Hotelier, einen weiteren Gast aufzunehmen? — Indem er alle umziehen lässt und den Gast aus Zimmer n in Zimmer $n + 1$ schickt; der Neuankömmling hat Platz in Zimmer 1. Jede endliche Zahl neuer Gäste kann in dieser Weise untergebracht werden. Der Hotelier kann sogar einer Busladung mit abzählbar unendlich vielen Gästen Platz verschaffen, und zwar indem er den Gast aus Zimmer n in Zimmer $2 \cdot n$ umziehen lässt; die Neuankömmlinge beziehen die Zimmer mit den ungeraden Nummern. Erst mit einer überabzählbaren Gästeschar ergeben sich Schwierigkeiten, denen nur durch ein größeres Hotel abgeholfen werden kann. — Entscheidend ist, dass unendliche Mengen dadurch charakterisiert sind, dass sie umkehrbar eindeutig auf eine echte Teilmenge ihrer selbst abgebildet werden können.

vielen r in R zu wählen, für die es ein Paar $(d_1, d_2) \in D^2$ gibt mit $r^n(d_1) = d_2$ — ist R selbst abzählbare Teilmenge der überabzählbaren Gruppe $SO(3)$.[2]

Um diese kritischen Fälle auszuschließen, wählen wir eine Drehung $s \in SO(3) \backslash R$ und definieren

$$D^\infty := \bigcup_{k \in \mathbb{N}} s^k(D) \subset S^2$$

als den positiven Orbit der Ausnahmemenge D unter der von s erzeugten Untergruppe von $SO(3)$.

Nun erhält man

$$S^2 = D^\infty \cup S^2 \backslash D^\infty,$$

und Letzteres ist zerlegungsäquivalent zu $s(D^\infty) \cup S^2 \backslash D^\infty$.

D kann man nun durch Anwenden der Rotation s auf D^∞ „verschwinden lassen" (die auszusondernden Punkte „ziehen um"):

$$s(D^\infty) = \bigcup_{k \geq 1} s^k(D) = D^\infty \backslash D$$

Damit gilt: $s(D^\infty) \cup S^2 \backslash D^\infty = S^2 \backslash D$, und S^2 ist zerlegungsäquivalent zu $S^2 \backslash D$.

$\square$

Das bedeutet: Um aus einer Sphäre zwei zu erhalten, schneide man zuerst die abzählbare Menge D^∞ aus, drehe diese mit s (so dass D gerade „verschwindet") und vereinige sie wieder mit dem Rest der Sphäre $S^2 \backslash D^\infty$, so dass man die durchlöcherte Sphäre $S^2 \backslash D$ erhält. Diese zerlege man dann in die fünf Mengen, die aus den Bildern des Repräsentantensystems H unter dem neutralen Element und unter den Elementen der vier übrigen Teile der freien Gruppe entstehen, drehe zwei der letzteren um je einen Erzeuger derselben und setze dann je einen gedrehten und einen ungedrehten Teil zu einer durchlöcherten Sphäre zusammen (wobei H selbst sogar vernachlässigt werden kann, denn es ist eine Teilmenge der gedrehten Teile). Aus beiden wird dann jeweils $s(D^\infty)$ ausgeschnitten und mittels s^{-1} zu D^∞ gedreht. Nach der erneuten Vereinigung hat man zwei komplette Sphären.

Um von hier aus zur punktierten Vollkugel $B \backslash \{0\}$ zu kommen, ist es nur ein kleiner Schritt:

$$B \backslash \{0\} = \bigcup_{r \in]0,1]} r S^2 =]0,1] \cdot S^2,$$

---

[2]Sei $\{M_i \,|\, i \in I\}$, I abzählbar unendlich, ein System abzählbarer Mengen und $U := \bigcup_{i \in I} M_i$. Auch im Beweis der Mächtigkeitsaussage $\#(U) = \#(\mathbb{N})$ macht man Gebrauch vom Auswahlaxiom: Die Abzählbarkeit von U ergibt sich aufgrund der Auswahl jeweils einer von prinzipiell überabzählbar vielen Wohlordnungen auf jedem M_i, entlang derer man das Cantorsche Diagonalverfahren benutzt, um U abzuzählen.

also setzt man statt der überabzählbaren Punktmengen der Sphäre die überabzähl-
bare Vereinigung halboffener Intervalle zu zwei punktierten Vollkugeln zusammen.

Der letzte Schritt zum Beweis des Satzes von Banach-Tarski besteht nun darin,
die Zerlegungsäquivalenz von B und $B\backslash\{0\}$ nachzuweisen.

Satz 8.14
B und $B\backslash\{0\}$ sind zerlegungsäquivalent.

Beweis: Funktioniert genau wie der Beweis von 8.13 nach dem Prinzip „Hilberts
Hotel". Man wählt innerhalb von B eine Kreislinie $\mathcal{K} \supset \{0\}$ und eine Rotation
ν unendlicher Ordnung um deren Zentrum $z \neq 0$. ν erzeugt die freie Gruppe
$\mathcal{N} = \{\nu^k \,|\, k \in \mathbb{Z}\}$ unendlicher Ordnung, unter der 0 den abzählbar unendlichen
positiven Orbit $N = \{\nu^k(0) \,|\, k \in \mathbb{N}\}$ besitzt.

Nun ist $\nu(N) = \{\nu^k(0) \,|\, k \geq 1\} = N\backslash\{0\}$.

Somit ist $B = N \cup B\backslash N$ und dies ist zerlegungsäquivalent zu

$$\nu(N) \cup B\backslash N = N\backslash\{0\} \cup B\backslash N = B\backslash\{0\}.$$

$\square$

Fasst man alle bisher unternommenen Schritte zusammen, so folgt also der

---

Satz 8.15 (Satz von BANACH-TARSKI:)
*Es existiert eine Zerlegung der vollen dreidimensionalen Einheitskugel B in
endlich viele disjunkte Teilmengen derart, dass durch Rotation und Translation dieser Teilmengen zwei identische volle Einheitskugeln, B_0 und B_1, aus
B hervorgehen.*

Mit weiteren begrifflichen Festlegungen lässt sich die Aussage noch verschärfen,
indem man zeigt, dass je zwei beschränkte Gebiete des $\mathbb{R}^n$ mit nichtleerem Inneren
zerlegungsäquivalent sind, wenn $n \geq 3$ ist.

Die Zerlegungsäquivalenz besteht also auch zwischen einer Vollkugel und zwei
Vollkugeln gleicher Größe, auch wenn sie aus dem hier präsentierten Beweis *nicht*
hervorgeht.

Dieser Beweis lässt sich aber problemlos auf höhere Dimensionen übertragen, da
die Drehgruppen $SO(n)$, $n \geq 3$, freie nicht-abelsche Untergruppen besitzen.

8.5   Abschluss

Die Implikationen dieses Satzes sind enorm: Während es auf $\mathbb{R}$ und $\mathbb{R}^2$ keine bewegungsinvarianten σ-additiven Maße gibt, die allen Teilmengen ein eindeutiges Maß zuordnen können, existieren auf $\mathbb{R}^3$ nicht einmal bewegungsinvariante endlich-additive Maße für alle Teilmengen. Nicht einmal bei endlichen Vereinigungen von Mengen kann man sich noch darauf verlassen, dass es eine Volumenfunktion auf der Potenzmenge $\mathcal{P}(\mathbb{R}^3)$ von $\mathbb{R}^3$ gibt, mit der der disjunkten Vereinigung endlich vieler Teilmengen die endliche Summe der Volumina der einzelnen Teilmengen als Volumen zugeordnet werden kann.

Die intuitive, jedoch lediglich aus der anschaulichen Erfahrung gewonnene Vorstellung, jeder Teilmenge könne man eindeutig ein Volumen zuordnen, scheitert an der Unüberschaubarkeit der Teilmengen der überabzählbaren Räume und muss aufgegeben werden. Mit dieser Einschränkung kann man aber leben, solange man nicht tatsächlich eine nicht-messbare Menge konstruieren, also durch eine Bildungsvorschrift angeben kann.

Norbert Engbers ist Dipl.-Math. und lebt in Osnabrück

Teil II

Lineare Algebra

9 Lineare Algebra für absolute Anfänger

Übersicht

9.1 Einführung

Schon mehrmals wurde ich von Erstsemestern nach einem Lineare-Algebra-Buch für absolute Anfänger gefragt. In der Lineare-Algebra-Vorlesung begegnen sie nämlich der strengen Mathematik gewöhnlich zum ersten Mal. Sie (die Mathematik) gibt sich unzugänglich, bedeutungslos und unanschaulich.

Frage: „Muss das so sein?"
Antwort: „Aber ja, irgendwann und für alles gibt es ein erstes Mal!"
Gegenfrage: „Aha, und wie kann sich jemand jemals daran gewöhnen?"

Da es das nachgefragte Buch nicht gibt, sollte man es schreiben. Was muss denn drinstehen? Was ist ein *absoluter Anfänger*, und sind sie alle gleich?

Wohl wissend, dass ich es nicht allen Recht machen kann, wage ich diesen Beitrag. Das tue ich nicht, weil ich eine neue, bessere Methode habe, sondern ich will die übliche Methode durch diesen Beitrag unterstützen, indem ich versuche, den Studierenden, die am Anfang des Weges stehen und sich plötzlich in einem unerwarteten Erziehungsprozess wieder finden, Sinn und Motivation und nicht zuletzt auch Zuspruch zu geben.

Wer Mathe studiert, der ist ja gewöhnlich nie schlecht in Mathe gewesen. Und dennoch, es wird für jeden eine beträchtliche Umstellung sein, sich auf die Hochschulmathematik einzustellen. Aber immerhin ist der Mensch um die 20 bereit, sein Handeln und Denken auf ein ferneres Ziel auszurichten und auch schwierige Perioden ohne Geschrei zu bewältigen, wenn er sich auf dem richtigen Weg weiß.

Das Ziel heißt:

Mathematiker werden!
Bzw. Physiker/Lehrer/Ingenieur/Informatiker werden!

Auf eine beliebte Brücke von der Schule zur Linearen Algebra an der Hochschule, nämlich die Vektorgeometrie, werde ich den Leser nicht führen, denn auf dem neuen Ufer findet man nur mit Mühe etwas vorstellbare Geometrie. Lineare Algebra ist nicht Vektorrechnung, wie man sie von der Schule kennt!

Die Lineare Algebra an der Hochschule ist in ihrer überwiegenden Mehrheit Teil einer andersartigen Gesellschaft, auf deren andere Regeln und Formen man sich einlassen muss. Und, ganz wichtig, die Lineare Algebra ist ein typisches Beispiel für die ganze Mathematik.

Es geht nicht um soziokulturelles Untersuchen („woher kommt das"), sondern um kulturelle Integration („wie werde ich ein Teil davon"). Wer sich bei der ersten Frage aufhält und auf sie die Antwort sucht, steht außen vor. Wer dagegen Assimilation will, der muss mitten hinein.

Erste Regel: Keine Sinnfragen stellen! Der Sinn kommt später.
Zweite Regel: Du willst doch Mathematiker werden? Also musst Du da durch!
Einwand: „Du sollst mir Mut machen und mich nicht entmutigen!"
Antwort: „Es müsste dich mehr entmutigen, wenn alle sagten, wie leicht es sei, und nur du könntest das nicht finden."

9.2 Vektorräume

Die Formel „Einleitung-Hauptteil-Schluss" für eine elementare Gliederung ist uns genauso vertraut und antrainiert wie das Schau-links-rechts-links als Fußgänger im Straßenverkehr. Das haben wir verinnerlicht.

In der Mathematik heißt das grundlegende Prinzip: Definition-Satz-Beweis. Wie wird das geübt? Selbstverständlich durch Anwendung!

Ähnlich wie jede Aufgabe im Deutschunterricht der Einübung einer Technik dient und jeder verwendete Text im Rahmen dieser Übung eine Funktion übernimmt, hinter der sein vordergründiger bzw. erkennbarer Inhalt zurücktritt, so ist es auch in der Mathematik. Das meiste dient meistens und den meisten nur als Vehikel, an dem man üben kann. Mehr zunächst nicht. Später gewinnt einiges für manchen eine Bedeutung aus der Sache heraus, das halte ich aber für Zufall, denn man weiß nicht, was man später mal machen wird.

Definition 9.1 (Vektorraum)

Sei K ein Körper. Ein K-*Vektorraum* ist ein Tripel $(V, +, \cdot)$ bestehend aus einer Menge V, einer Verknüpfung $+$ (Addition) und einer Verknüpfung $\cdot$ (Skalarmultiplikation), für das gilt:

(V1) $\forall v, w \in V : v + w \in V$

(V2) $\forall \lambda \in K, \; v \in V : \lambda \cdot v \in V$

(V3) $(V, +)$ ist eine abelsche Gruppe

(V4) $\forall v, w \in V, \; \lambda, \mu \in K :$

$$(\lambda + \mu) \cdot v = (\lambda \cdot v) + (\mu \cdot v)$$

$$\lambda \cdot (v + w) = (\lambda \cdot v) + (\lambda \cdot w)$$

$$(\lambda \mu) \cdot v = \lambda \cdot (\mu \cdot v)$$

$$1 \cdot v = v$$

♦

Was ist eine *Skalarmultiplikation*? Es ist eine Multiplikation mit einem Skalar. Zahlen sind Skalare, wobei man hier ‚Zahl' im weiteren Sinne verstehen muss, je nachdem, um welchen Körper K es sich handelt. Sicher kann man nur sagen: Für den K-Vektorraum V sind die Elemente aus K die *Skalare*, im Gegensatz zu den Elementen aus V, die man *Vektoren* nennt.

Eine *abelsche* Gruppe ist eine Gruppe mit einer kommutativen Verknüpfung, d. h., wenn man die Reihenfolge, in der zwei Elemente verknüpft werden, vertauscht, ändert sich das Ergebnis der Verknüpfung nicht. Die reellen Zahlen $\mathbb{R}$ sind mit der Verknüpfung $+$ eine abelsche Gruppe. $\mathbb{R} \backslash \{0\}$ mit der Multiplikation als Verknüpfung ist ebenfalls eine abelsche Gruppe. So ist das Rechnen in abelschen Gruppen vertraut. Mehr über Gruppen findet man in der Literatur, z. B. in [37].

Nach dieser Definition folgen Übungen mit diesen Zielen:

- Lernen, wie man die in einer Definition genannten Eigenschaften mathematisch einwandfrei nachprüft bzw. widerlegt, anhand von Beispielen.
- Beispiele für einen definierten Begriff finden, etwa dies: Die Menge der reellen Polynome vom Grad höchstens n ist ein $\mathbb{R}$-Vektorraum.
- Beispiele finden, die eine Definition nicht erfüllen. Etwa: Die Vereinigung zweier K-Vektorräume ist i. A. kein K-Vektorraum. Zusatzfrage: Unter welchen Voraussetzungen ist die Vereinigung von K-Vektorräumen ein K-Vektorraum?
- Diese Beispiele und die verwendeten Argumentationsweisen fest im Kopf verankern! Auf solche Beispiele und Argumentationen wird später zunehmend selbstverständlich zurückgegriffen.

Frage: „Was sind das denn für Beispiele? Wie kommt man jetzt auf Polynome? Was ist so aufschlussreich an der Vereinigung von Vektorräumen? Wo sind die Zahlen?"

Antwort: „Es sind Beispiele, an denen geübt wird, wie man mit einer Definition umzugehen hat — sogar, wie Mathematik betrieben wird, eine Art Fingerübung — wie auf dem Klavier: sie haben keinen Komponisten und niemand will sie isoliert oder ständig hören, aber in späteren Spielstücken kommt es einem zugute, wenn man die Grundlagen kennt, und es wird erwartet, dass man die einmal erlernten Prinzipien auf andere Fragen übertragen kann."

Namen, Zeichen und Abkürzungen

Mathematiker geben allen betrachteten Gegenständen Namen, den Vektorräumen, den Elementen von Körpern, sogar den Regeln selbst. Das dient der Klarheit und Bezugseindeutigkeit aller Aussagen. Die Namensgebung folgt bestimmten Gewohnheiten. Eine dieser Gewohnheiten ist die Verwendung griechischer Buchstaben; Tabelle 9.1 zeigt die mehr oder weniger geläufigen Groß- und Kleinbuchstaben. Bei manchen Kleinbuchstaben gibt es verschiedene Schreibweisen.

Tab. 9.1: Griechische Buchstaben, groß, klein, mit verbreiteten Schreibweisen

	α	alpha		ν	ny
	β	beta	Ξ	ξ	Xi, xi
Γ	γ	Gamma, gamma		o	omikron
Δ	δ	Delta, delta	Π	π, ϖ	Pi, pi
	ϵ, ε	epsilon		ρ, ϱ	rho
	ζ	zeta	Σ	σ, ς	Sigma, sigma
	η	eta		τ	tau
Θ	θ, ϑ	Theta, theta	Υ	υ	Ypsilon, ypsilon
	ι	iota	Φ	ϕ, φ	Phi, phi
	κ	kappa		χ	chi
Λ	λ	Lambda, lambda	Ψ	ψ	Psi, psi
	μ	my	Ω	ω	Omega, omega

Es hat sein Gutes, dass der Körper K nicht etwa V heißt. Allerdings: Ein v ist aus W, wenn gesagt wird, dass $v \in W$. Niemand würde nach dem zweiten Semester ein v für ein Element von V halten — nur wegen des Namens. Anfänger müssen und sollen lernen, Definitionen genau zu lesen und nichts anzunehmen, zu glauben oder zu verstehen, was nicht gesagt wurde. Anderseits ist — wenn dem nichts entgegensteht — immer die typischste und gebräuchlichste Schreibweise und Benennung zu bevorzugen.

Bisher wurde noch vom Vektorraum $(V, +, \cdot)$ gesprochen, doch oft redet man nur von dem Vektorraum V. Es gibt nämlich keine Vektorräume ohne Verknüpfungen

+ und ·, und solange es im Kontext klar ist, welche Addition + und Multiplikation · gemeint sind, schreibt und spricht man gern kürzer.

Typische Übungsaufgaben

Nun folgen einige Übungsaufgaben, wie sie typisch in den ersten Übungen zur Linearen Algebra gestellt werden. Aber hier haben die Aufgaben Lösungen und die Lösungen werden eingehend besprochen.

Aufgabe 1:　Sei $n \in \mathbb{N}$. Zeige: Die Polynome vom Grad $\leq n$ bilden einen $\mathbb{R}$-Vektorraum.

Lösung zur Aufgabe 1: Sei P_n die Menge der Polynome mit reellen Koeffizienten vom Grad $\leq n$. Für Elemente $p = \sum_{i=0}^{n} a_i x^i$ und $q = \sum_{i=0}^{n} b_i x^i$ aus P_n ist die Addition + definiert durch: $p + q := \sum_{i=0}^{n} (a_i + b_i) x^i$. Die Multiplikation · eines Polynoms p mit einer reellen Zahl c ist definiert durch: $c \cdot p := \sum_{i=0}^{n} (c \cdot a_i) x^i$

Zu zeigen ist, dass $(P_n, +, \cdot)$ ein Vektorraum ist.

Mit den genannten Definitionen ist klar, dass $p+q$ und $c \cdot p$ Elemente von P_n sind, denn durch beide Operationen erhöht sich der Grad des Polynoms nicht.

$(P_n, +, \cdot)$ ist eine abelsche Gruppe, weil die Addition für Polynome auf die Addition der reellen Koeffizienten in den Polynomen p und q zurückgeführt ist und für die reellen Zahlen die verlangte Gruppeneigenschaft bekannt ist.

Die übrigen Axiome rechnet man mit etwas Schreibaufwand, aber ohne Probleme nach. Stellvertretend: $1 \cdot p = 1 \cdot \sum_{i=0}^{n} a_i x^i = \sum_{i=0}^{n} (1 \cdot a_i) x^i = \sum_{i=0}^{n} a_i x^i = p$. Damit ist gezeigt, dass $(P_n, +, \cdot)$ ein $\mathbb{R}$-Vektorraum ist.

Kommentar zur Lösung zur Aufgabe 1: Am Anfang jedes Beweises steht eine Aufzählung der Voraussetzungen, und es werden Namen für die im Beweis vorkommenden Dinge rekapituliert oder — wenn erforderlich — vergeben („*Sei P_n die Menge der Polynome ...*") Das hilft dem Leser, und es hilft auch beim eigenen Denken. Diesen Anfang kann man schreiben, auch wenn man noch nicht weiß, wie es weitergehen wird. Mit dem richtigen Einstieg findet man dann oft den richtigen Weg.

Die gewählten Namen werden für den Rest des Beweises beibehalten. Namen werden nicht abgekürzt. Niemals P statt P_n schreiben, wenn P_n als Name festgelegt ist oder wurde. Schreibe sauber, unterscheide Groß- und Kleinbuchstaben genau.

Hängen Dinge von Parametern ab, wie hier P von n, dann sollte der Name auch den Parameter enthalten.

Wesentliche Definitionen und Aussagen werden im Beweis genannt oder referenziert (in dem Sinne, dass alle wichtigen Werkzeuge sichtbar auf dem Tisch liegen, bevor die Operation beginnt). Die explizite Nennung der Definition für Addition und Multiplikation ist in dieser Aufgabe deshalb notwendig, weil ein Vektorraum ein Tripel, bestehend aus einer Menge und zwei Operationen, genannt $+$ und $\cdot$, ist. Man muss sagen, welches die Operationen sind, bzgl. derer P_n ein Vektorraum ist.

Zur genauen Unterscheidung einer definierten Gleichheit von der gegebenen Gleichheit zweier Terme wird das Zeichen $:=$ statt des einfachen $=$ verwendet. Zumindest am Anfang sollte man das immer auch im Schreiben genau unterscheiden. Nach diesen Vorbereitungen folgt der Hauptteil des Beweises. Unter Verwendung der Definitionen für $+$ und $\cdot$ werden die geforderten Eigenschaften nacheinander abgearbeitet. Auch wenn $p + q$ bereits nach Definition ein Polynom mit reellen Koeffizienten vom Grad $\leq n$ ist, muss das im Beweis erwähnt werden (sonst denkt noch jemand, dieser Punkt sei nicht bedacht worden). Schreibarbeit gehört dazu (insofern ist der Beweis oben nicht vollständig. Neben $1 \cdot p = p$ müssen auch alle anderen Axiome nachgerechnet werden!). Das bleibt dann für die Übungsaufgaben.

Ein Beweis endet mit einer Formulierung, die das Ende des Beweises anzeigt. Ein Beweis muss keine Beispiele enthalten und sollte es auch nicht. Beispiele hat man sich möglicherweise überlegt, um die Behauptung zu verstehen oder die Beweisidee zu finden. Im Beweis sieht man davon nichts.

P_n ist die Menge der reellen Polynome vom Grad $\leq n$. Im Allgemeinen haben zwei verschiedene Polynome aus P_n nicht den gleichen Grad. Diese Möglichkeit ist im Beweis eingeschlossen, denn als Koeffizienten a_i kommt auch die 0 in Frage.

Warnung: Die Skalarmultiplikation $\cdot$ in einem K-Vektorraum ist eine sog. äußere Verknüpfung, d. h., Elemente von V werden mit Elementen einer anderen Menge (hier K) verknüpft. Eine *innere Verknüpfung* auf V ist dagegen eine Verknüpfung von zwei Elementen aus V. Die Addition im Vektorraum ist eine innere Verknüpfung. Man überlege sich bitte, dass die Multiplikation zweier Polynome aus P_n im Allgemeinen nicht wieder ein Element aus P_n ergibt, d. h., P_n ist bzgl. der Multiplikation nicht abgeschlossen, man kann damit also keine Vektorraumstruktur auf P_n definieren.

Aufgabe 2:   Zeige: Wenn $(V, +, \cdot)$ ein K-Vektorraum ist, dann ist V nicht leer.

Lösung zur Aufgabe 2: Sei $(V, +, \cdot)$ ein K-Vektorraum. Nach (V3) ist $(V, +)$ eine abelsche Gruppe. Nach den Gruppenaxiomen existiert in $(V, +)$ das neutrale Element. Darum ist V nicht leer.

Kommentar zur Lösung zur Aufgabe 2: Auch solche ‚Kleinigkeiten' müssen einmal erwähnt werden.

9.3 Untervektorräume

Definition 9.2 (Untervektorraum)

Ein *Untervektorraum* U eines K-Vektorraums $(V, +, \cdot)$ ist eine Teilmenge $U \subset V$, für die gilt:

$\quad$ (UV1) $\quad U \neq \emptyset$

$\quad$ (UV2) $\quad \forall v, w \in U : v + w \in U$

$\quad$ (UV3) $\quad \forall \lambda \in K, v \in U : \lambda v \in U$

$\hfill \blacklozenge$

Wer die zuletzt gegebene Definition genau liest, wird feststellen, dass sie bei (UV3) eine Unklarheit enthält Was bedeutet: λv? Es ist die Skalarmultiplikation gemeint. Ohne nähere Erläuterung wird das Verknüpfungszeichen $\cdot$ weggelassen. Man will ja nicht immer so viel schreiben müssen.

Definition 9.3 (Nullvektorraum)

Ein Vektorraum, der nur das neutrale Element der Gruppe $(V, +)$ enthält, heißt *Nullvektorraum*. Das neutrale Element von $(V, +)$ heißt, als Element des Vektorraums angesehen, Nullvektor und wird mit 0 bezeichnet. $\hfill \blacklozenge$

Diese 0 darf man nicht verwechseln mit der 0 aus K. K ist ein Körper. Ein Beispiel für einen Körper ist $\mathbb{R}$, die Menge der reellen Zahlen. Ein Körper ist eine Menge K mit Verknüpfungen $+$ und $\cdot$, für die $(K, +)$ eine abelsche Gruppe und $(K \setminus \{0\}, \cdot)$ eine Gruppe ist. Jeder Körper hat mindestens zwei Elemente, nämlich das neutrale Element der Addition und das neutrale Element der Multiplikation. Diese werden mit 0 und 1 bezeichnet.

Es gibt übrigens einen Körper mit 2 Elementen, man nennt ihn $\mathbb{F}_2$, sprich ‚F 2'.

Tab. 9.2: Verknüpfungstabellen für $\mathbb{F}_2$

+	0	1		$\cdot$	0	1
0	0	1		0	0	0
1	1	0		1	0	1

$\mathbb{F}_2$ ist außergewöhnlich, weil in ihm $1 + 1 = 0$ gilt. Körper mit dieser Eigenschaft nennt man „Körper der Charakteristik 2". *Charakteristik n* bedeutet: Man erhält das Nullelement, wenn man n-mal das Einselement addiert. Die Charakteristik von Körpern wie $\mathbb{R}$, in denen so etwas Ungewöhnliches nicht vorkommt, ist 0.

$\mathbb{F}_2$ begegnet man im Studium oft als Gegenbeispiel oder Ausnahme von der Regel. Immer wenn man etwas für Vektorräume beweisen soll, muss man sich überlegen, ob die Aussage auch für $K = \mathbb{F}_2$ gilt. Falls nicht, führt das zu Formulierungen wie „Sei V ein K-Vektorraum und K nicht von der Charakteristik 2, dann gilt … "

Typische Übungsaufgaben

Aufgabe 3:   Zeige: In einem K-Vektorraum $(V, +, \cdot)$ gilt $0 \cdot v = 0$ für alle $v \in V$.

Lösung zur Aufgabe 3: Sei $v \in V$. Es ist nach (V4): $0 \cdot v = (0+0) \cdot v = 0 \cdot v + 0 \cdot v$. Außerdem ist $0 \cdot v = 0 + 0 \cdot v$. Es folgt $0 \cdot v = 0$.

Kommentar zur Lösung zur Aufgabe 3: Ja, die 0 steht an verschiedenen Stellen für verschiedene Nullen. Ich schreibe nun 0_V, wenn der Nullvektor 0 gemeint ist und 0_K für die 0 aus K.

Dann lautet der Beweis: Sei $v \in V$. Es ist nach (V4): $0_K \cdot v = (0_K + 0_K) \cdot v = 0_K \cdot v + 0_K \cdot v$. Außerdem ist nach (V3) $0_K \cdot v = 0_V + 0_K \cdot v$, denn 0_V ist die Null in der abelschen Gruppe $(V, +)$. Es folgt $0_K \cdot v = 0_V$, kürzer geschrieben als $0 \cdot v = 0$.

Wo war nun das Argument? Ist das nicht nur Buchstabendreherei? Nein, keineswegs, es ist ein ‚Einerseits-andererseits-daraus-folgt'-Beweis.

$$\text{Einerseits ist} \quad 0_K \cdot v = \underbrace{0_K \cdot v} + 0_K \cdot v$$

$$\text{Andererseits ist} \quad 0_K \cdot v = \underbrace{0_V} + 0_K \cdot v$$

Da das eine gleich dem anderen ist, müssen auch die mit Klammern markierten Ausdrücke untereinander gleich sein.

Diesen subtilen Beweis will ich noch weiter erläutern. Der Trick ist, dass ein geeigneter Ausdruck auf zwei verschiedene, erlaubte Weisen dargestellt wird. Die beiden Darstellungen müssen gleich sein (‚müssen' als Folgerung, nicht als Forderung zu verstehen), also $0_V + 0_K \cdot v = 0_K \cdot v + 0_K \cdot v$. Wäre 0_V ungleich $0_K \cdot v$, dann könnte diese Gleichheit nicht gelten.

Aufgabe 4:   Jeder Untervektorraum ist ein Vektorraum.

Lösung zur Aufgabe 4: Sei $(V, +, \cdot)$ ein K-Vektorraum und U ein Untervektorraum von V. In U seien $+$ und $\cdot$ die durch die Addition und Multiplikation in V

induzierten Verknüpfungen auf Elementen aus U. Zu zeigen ist, dass $(U, +)$ eine abelsche Gruppe ist.

Nach (UV2) ist U abgeschlossen bzgl. der Addition. Das Assoziativgesetz und das Kommutativgesetz gelten für Elemente aus U, weil sie für Elemente aus V gelten und U Teilmenge von V ist. Nach (UV1) ist U nicht leer.

Sei $u \in U$. Nach (UV3) ist $0_V = 0_K \cdot u \in U$. 0_V ist das neutrale Element in $(V, +)$ und U enthält somit das neutrale Element.

Das inverse Element zu $u \in U$ liegt in U, denn nach (UV3) sind $1 \cdot u$ und $(-1) \cdot u$ in U. Dabei ist (-1) das additive Inverse zu 1 in K. Nach (UV2) ist dann die Summe $1 \cdot u + (-1) \cdot u$ aus U. u ist aus V, also gilt nach (V3), dass $1 \cdot u + (-1) \cdot u = (1 + (-1)) \cdot u = 0_K \cdot u = 0_V$. Damit ist gezeigt, dass $(-1) \cdot u$ das inverse Element zu u ist und dieses auch in U liegt. Damit ist $(U, +)$ eine abelsche Gruppe. Dass sie abelsch ist, ergibt sich direkt daraus, dass $(V, +)$ abelsch ist.

Die Aussagen (V4) gelten für Elemente aus U, weil sie für Elemente aus V gelten. Insgesamt: $(U, +, \cdot)$ erfüllt die Definition des Vektorraums.

Kommentar zur Lösung zur Aufgabe 4: Es werden die Bedingungen aus der Definition des Vektorraums nacheinander abgearbeitet. Verwenden darf man, weil das vorausgesetzt ist, die Aussagen (UV1) bis (UV3), außerdem ist ein gewichtiges Argument, dass U eine Teilmenge von V ist. Manche Eigenschaften *vererben* sich so.

Von nun an sollte dem Leser klar sein, um welche Null es sich in welchem Zusammenhang handelt, und ich werde die verschiedenen Nullen nicht länger kennzeichnen.

Aufgabe 5: Der Nullvektorraum ist Untervektorraum jedes Vektorraums.

Lösung zur Aufgabe 5: Es sind die Bedingungen aus der Definition des Untervektorraums zu prüfen.

Der Nullvektorraum ist nicht leer, denn er enthält den Nullvektor. Damit ist (UV1) erfüllt, denn 0, der Nullvektor, ist in jedem Vektorraum V enthalten, weil $(V, +)$ eine abelsche Gruppe ist.

Zeige (UV2): Seien u und v beliebig aus U. Weil U nur den Nullvektor enthält ist (UV2) erfüllt, sofern $0 + 0 = 0$ gilt, und dies ist erfüllt, weil 0 das neutrale Element aus der abelschen Gruppe $(V, +)$ ist.

Sei $c \in K$ und $u \in U$. Es ist $u = 0$, denn andere Elemente enthält U nicht. Zeige $c \cdot 0 \in U$, d. h. $c \cdot 0 = 0$. Für $c \neq 0$ folgt: $c \cdot 0 = c \cdot (0 + 0) = c \cdot 0 + c \cdot 0$.

Außerdem (und andererseits) ist $c \cdot 0 = 0 + c \cdot 0$. Es erfüllt also sowohl $c \cdot 0$ als auch 0 die Funktion des neutralen Elements in $(V, +)$. Weil das neutrale Element in einer Gruppe eindeutig ist, gilt $c \cdot 0 = 0$.

Kommentar zur Lösung zur Aufgabe 5: Frage: Ist die 0 wirklich in jedem Vektorraum enthalten? Handelt es sich denn immer um dieselbe 0?

Antwort: Jein. Die Definition sagt, dass man das Element 0 nennt. Unterschiedliche Vektorräume haben aber 0-Vektoren, die verschieden aussehen. So ist $\begin{pmatrix} 0 \\ 0 \end{pmatrix}$ der Nullvektor in $\mathbb{R}^2$, und $p(x) = 0$ ist der Nullvektor im Vektorraum P_n der Polynome vom Grad $\leq n$. Jeder Vektorraum hat *seinen* Nullvektorraum, aber alle Nullvektorräume erfüllen die Definition 9.3. Im Beweis wird aber nicht die Gestalt des Nullvektors, sondern nur seine Funktion verwendet. Die Funktion des Nullvektors ist in allen Vektorräumen gleich. („Funktion' ist hier Synonym für ‚Eigenschaft' oder ‚Zweck'.)

Aufgabe 6: Der Durchschnitt von Untervektorräumen eines K-Vektorraums ist ein Untervektorraum.

Lösung zur Aufgabe 6: Sei V ein K-Vektorraum. Seien $U_1, \ldots, U_n$ Untervektorräume von V. Der Nullvektorraum ist Untervektorraum jedes Vektorraums (Aufgabe 5). Jeder Untervektorraum ist ein Vektorraum (Aufgabe 4). Folglich enthalten alle Untervektorräume den Nullvektorraum, und der Nullvektorraum ist darum im Durchschnitt der Untervektorräume enthalten. Folglich ist der Durchschnitt von Untervektorräumen nicht leer und (UV1) ist erfüllt.

Seien u und v aus der Schnittmenge der U_i, $i = 1, \ldots, n$. Dann gilt für alle $i = 1, \ldots, n$, dass $u, v \in U_i$. Die U_i sind Untervektorräume, das bedeutet nach (UV2), dass $u + v \in U_i$ (für alle $i = 1, \ldots, n$). Da $u + v$ in allen U_i enthalten ist, ist es auch im Durchschnitt der U_i enthalten. (UV2) ist damit erfüllt. Mit analoger Argumentation zeigt man (UV3).

Kommentar zur Lösung zur Aufgabe 6: Im Beweis wird die Definition des mengentheoretischen Durchschnitts verwendet. Man scheue sich nicht, die kleinsten Gedankengänge ausführlich zu beschreiben. Nur so zeigt man in der Übung, dass man die Hintergründe wirklich verstanden hat. Es ist aber, das zum Trost, normal, dass man sehr unsicher wird, was man alles beweisen muss und was nicht.

Aufgabe 7: Die Vereinigung von Untervektorräumen eines K-Vektorraums ist i. A. kein Untervektorraum.

Lösung zur Aufgabe 7: Sei $V = (\mathbb{R}^2, +, \cdot)$. Sei $U_1 = \{(x,y) \in \mathbb{R}^2 | x + y = 0\}$. Sei $U_2 = \{(x,y) \in \mathbb{R}^2 | x - y = 0\}$. $W := U_1 \cup U_2$ ist kein Vektorraum, denn die additive Verknüpfung ist im Allgemeinen nicht in W, wie folgendes Beispiel zeigt: Es ist $u_1 = (1, -1) \in U_1$. Es ist $u_2 = (1, 1) \in U_2$. Die Summe $u_1 + u_2 = (1, -1) + (1, 1) = (2, 0)$ ist weder in U_1 noch in U_2. Die mengentheoretische Vereinigung

$W := U_1 \cup U_2$ enthält nicht das Element $(2,0)$. Somit ist (V1) für W nicht erfüllt, und W ist kein Vektorraum. Wenn W kein Vektorraum ist, dann ist W auch kein Untervektorraum.

Kommentar zur Lösung zur Aufgabe 7: Zum Beweis von Nicht-Aussagen genügt schon ein Gegenbeispiel. Es müsste noch gezeigt werden, dass U_1 und U_2 Untervektorräume sind.

Alle diese Aufgaben haben das Ziel, dass die definierten Strukturen verstanden werden und mit ihnen sicher umgegangen werden kann. Nicht zuletzt sind diese Aufgaben typisch für die Überlegungen, die man zu Beginn jeder Theorie mit neuen Begriffen anstellt. Die Aufgaben enthalten keine Zahlen, und es wurde nichts ausgerechnet.

In einem Vortrag vor Schülern weist ein Professor auf die Unterschiede zwischen Schule und Studium hin:

> *Nie wird man Ihnen eine derartige Formel vorlegen und Sie bitten Zahlen einzusetzen ...; auch Beispiele werden nur ganz selten vorgerechnet — ich habe es vorhin gemacht, weil Sie das wohl von der Schule her gewöhnt sind ...; von einem Mathematik-Studenten erwartet man, dass er sich selbst Beispiele überlegt, ...* (Ringel, 2000 [33])

Es folgt eine weitere Definition:

9.4 Lineare Unabhängigkeit

Definition 9.4 (Familie, Linearkombination, linear unabhängig)
Eine Liste $(v_1, v_2, \ldots, v_k)$ von Vektoren eines K-Vektorraums V heißt *Familie* von Vektoren aus V.

Ein $v \in V$ heißt *Linearkombination* einer Familie von Vektoren, wenn es Skalare c_i aus K gibt, die nicht alle gleich 0 sind, so dass $v = c_1 \cdot v_1 + c_2 \cdot v_2 + \cdots + c_k \cdot v_k$.

Eine Familie von Elementen eines K-Vektorraums V heißt *linear unabhängig*, wenn der Nullvektor keine *Linearkombination* dieser Familie ist.

Ist eine Familie von Elementen aus V nicht linear unabhängig, dann nennt man sie *linear abhängig*. ♦

Typische Übungsaufgaben

Aufgabe 8: Finde Beispiele für Familien von Vektoren des Vektorraums $(P_2, +, \cdot)$ die

   a. linear unabhängig,

   b. linear abhängig

sind.

Lösung zur Aufgabe 8: Die Vektoren $(1, x, x^2)$ sind linear unabhängig, denn aus $c_1 \cdot 1 + c_2 \cdot x + c_3 \cdot x^2 = 0$ folgt $c_1 = c_2 = c_3 = 0$.

$c_1 \cdot 1 + c_2 \cdot x + c_3 \cdot x^2 = 0$ bedeutet: das Polynom auf der linken Seite der Gleichung ist gleich dem Nullpolynom. Das Nullpolynom ist überall 0, also für alle x. Ein Polynom ist nur dann überall gleich 0, wenn alle seine Koeffizienten gleich 0 sind.

Die Vektoren $(1, x, 2+3x)$ sind linear abhängig, denn es ist $c_1 \cdot 1 + c_2 \cdot x + c_3 \cdot (2 + 3x) = 0$ erfüllt mit $c_1 = 2$, $c_2 = 3$, $c_3 = -1$.

Kommentar zur Lösung zur Aufgabe 8: P_n ist schon aus Aufgabe 1 bekannt. Hier geht es nicht darum, Nullstellen von Polynomen zu finden, sondern gesucht wird ein Polynom, das überall, für alle $x \in \mathbb{R}$, null ist.

Obwohl die Mathematiker so genau sein wollen, verwenden sie doch ständig gleiche Symbole für verschiedene Dinge. Sie schreiben 0 und meinen mal die 0 aus K, mal den Nullvektor. Auch das $+$ und das $\cdot$ haben nicht notwendig die Bedeutung, die man von den reellen Zahlen kennt. Die folgende Aufgabe soll das verdeutlichen:

Aufgabe 9: Sei $V = \mathcal{P}(n)$ die Potenzmenge (also die Menge aller Teilmengen) einer n-elementigen Menge. Sei $K = \mathbb{F}_2$, der Körper mit 2 Elementen, in dem $1 + 1 = 0$ und $1 \cdot 1 = 1$ gilt. Definiert sei für Elemente u aus V eine Multiplikation mit den Elementen aus $\mathbb{F}_2$ durch: $1 \cdot v = v$ und $0 \cdot v = \emptyset$.

Ist $(\mathcal{P}(n), +, \cdot)$ mit folgenden Additionen ein Vektorraum?

   a. $u + v := u \cup v$

   b. $u + v := u \cap v$

   c. $u + v := (u \cup v) \setminus (u \cap v)$

Falls nein, sage warum. Falls ja, bestimme alle linear unabhängigen Familien von $(\mathcal{P}(n), +, \cdot)$ für $n = 3$.

Lösung zur Aufgabe 9: Probiere es einmal selbst. Viel Zeit und ein wenig Suchen gehören schon dazu. Die Verknüpfung in Aufgabenteil c. nennt man übrigens auch *symmetrische Differenz*. In der symmetrischen Differenz sind die Elemente von u und v enthalten, die in genau einer der beiden Mengen sind.

Kommentar zur Lösung zur Aufgabe 9: Solche Aufgaben sind wohl besonders verhasst, muss man sich hier nicht nur mit den erwarteten neuen Begriffen herumschlagen, sondern bekommt gleich noch einige dazu ($\mathbb{F}_2$). Manchmal sind die Übungen eben eine Erweiterung der Vorlesung. Andererseits: Wer garantiert einem im späteren Beruf, dass alle Begriffe, auf die man stößt, schon bekannt sind?

9.5   Schluss

Die erste Hürde ist genommen. Die Begriffe Vektorraum, Untervektorraum und lineare (Un-)Abhängigkeit sind vorgestellt und anhand der ersten Aufgaben konnten die Begriffe (hoffentlich) verstanden werden.

Empfohlene Lehrbuchliteratur zur Linearen Algebra: Brieskorn [34], Fischer [35] und Beutelspacher [36].

Weiter geht es mit linearen Gleichungssystemen im nächsten Kapitel.

Martin Wohlgemuth aka *Matroid.*

10 Lineare Gleichungssysteme

Übersicht

10.1 Einführung

Lineare Gleichungssysteme gehören zu den wichtigsten Handwerkszeugen in vielen mathematischen Bereichen. Man kann sogar sagen, dass die Untersuchung solcher Gleichungssysteme einen entscheidenden Beitrag zur Entstehung der „modernen" Linearen Algebra geleistet hat. Im folgenden Abschnitt soll die Theorie der linearen Gleichungssysteme ganz von vorn behandelt werden, wobei besonderer Wert auf den praktischen Umgang und damit auf die Lösung solcher Systeme gelegt wird. Lediglich den elementaren Umgang mit Matrizen wie Addition und Multiplikation setzen wir voraus.

10.2 Lineare Gleichungssysteme: Was ist das?

10.2.1 Einführendes Beispiel

Bevor wir lineare Gleichungssysteme formal definieren, wollen wir uns ein kleines Beispiel zur Motivation anschauen.

Es seien die zwei Geraden g und h in der Ebene $\mathbb{R}^2$ durch folgende Gleichungen gegeben:

$$g: \quad x_1 - 2x_2 = -2$$
$$h: \quad 2x_1 - x_2 = 5$$

Veranschaulichen wir uns das an der folgenden Skizze (Abbildung 10.1).

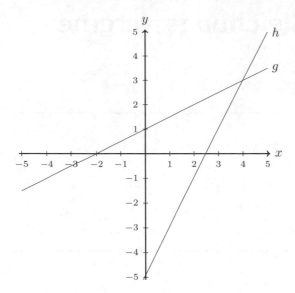

Abb. 10.1: Einander schneiden-
de Geraden g und h

Der Skizze entnehmen wir, dass die zwei Geraden einander in genau einem Punkt schneiden. Unser Ziel ist es, den Schnittpunkt genau zu berechnen. Auf „Mathematisch" heißt das: Wir suchen ein Zahlenpaar $(x_1, x_2) \in \mathbb{R}^2$, welches die Gleichungen der Geraden g und h beide erfüllt. Um dieses Zahlenpaar zu bestimmen, verwenden wir eine Methode, die in der Schule als „Einsetzungsverfahren" bezeichnet wird. Dazu lösen wir zunächst die erste Gleichung nach x_1 auf und erhalten:

$$x_1 = -2 + 2x_2$$

Setzen wir dieses Ergebnis in die zweite Gleichung ein, so ergibt sich:

$$2\left(-2 + 2x_2\right) - x_2 = 5$$

Diese Gleichung lösen wir nun nach x_2 auf und bekommen:

$$x_2 = 3$$

Mit diesem Wissen können wir schließlich den Wert der Unbekannten x_1 bestimmen, denn setzen wir $x_2 = 3$ in die Gleichung $x_1 = -2 + 2x_2$ ein, so erhalten wir:

$$x_1 = 4$$

Damit haben wir das einzige Paar $(x_1, x_2) \in \mathbb{R}^2$ bestimmt, welches die zwei obigen Gleichungen erfüllt:

$$(x_1, x_2) = (4,3)$$

Interpretieren wir das Lösungspaar als Koordinaten eines Punktes in der Ebene $\mathbb{R}^2$, so besitzen die Geraden g und h also genau einen Schnittpunkt mit den Koordinaten (4,3).

Hiermit haben wir schon unser erstes lineares Gleichungssystem gelöst!

Mit der Fähigkeit, Schnittpunkte von Geraden berechnen zu können, erfasst man natürlich nicht die eigentliche Bedeutung der linearen Gleichungssysteme, aber an diesem Beispiel können wir beobachten, wie schon einfache Probleme auf solche Gleichungssysteme führen.

10.2.2 Definitionen

Bevor wir zu den grundlegenden Definitionen kommen, machen wir noch eine Bemerkung vorneweg: Im Folgenden formulieren wir die Theorie der linearen Gleichungssysteme für beliebige Körper K. Der wichtigste Fall ist hier allerdings $K = \mathbb{R}$, sodass man sich durchaus stets den Körper der reellen Zahlen für K vorstellen darf.

Definition 10.1 (Lineare Gleichungssysteme)

Es sei K ein Körper, $n, m \in \mathbb{N}$ und es seien Zahlen $a_{i,j}$ $(i \in \{1, \ldots, m\}, j \in \{1, \ldots, n\})$ aus K vorgegeben, welche wir *Koeffizienten* nennen. Ferner seien $b_1, \ldots, b_m \in K$. Unter einem *linearen Gleichungssystem* verstehen wir ein System von m Gleichungen mit n Unbekannten $x_1, \ldots, x_n$ der Form:

$$a_{1,1}\, x_1 + a_{1,2}\, x_2 + \ldots + a_{1,n}\, x_n = b_1$$
$$a_{2,1}\, x_1 + a_{2,2}\, x_2 + \ldots + a_{2,n}\, x_n = b_2$$
$$\vdots$$
$$a_{m,1}\, x_1 + a_{m,2}\, x_2 + \ldots + a_{m,n}\, x_n = b_m$$

Ferner nennen wir ein solches Gleichungssystem *homogen*, wenn für alle $i \in \{1, \ldots, m\}$ gilt: $b_i = 0$. Andernfalls nennen wir das Gleichungssystem *inhomogen*.

Unter einer *Lösung* verstehen wir ein n-Tupel $(x_1, \ldots, x_n)$ mit Einträgen aus K, welches alle m Gleichungen des Systems zugleich erfüllt. Die Menge aller Lösungen nennen wir *Lösungsmenge*. ♦

Um uns diese Definition zu veranschaulichen, betrachten wir nochmals das Problem aus dem einführenden Beispiel. Gesucht war eine Lösung $(x_1, x_2) \in \mathbb{R}^2$ des Systems:

$$x_1 - 2x_2 = -2$$
$$2x_1 - x_2 = 5$$

Setzen wir also $K = \mathbb{R}$, $n = m = 2$, $a_{1,1} = 1, a_{1,2} = -2, a_{2,1} = 2, a_{2,2} = -1, b_1 = -2$ und $b_2 = 5$, so sehen wir, dass es sich bei unserem System tatsächlich um ein inhomogenes lineares Gleichungssystem handelt. Wie wir schon berechnet haben, besitzt dieses System genau eine Lösung, nämlich das Zahlenpaar (4,3).

Im Allgemeinen werden wir uns also mit der Frage beschäftigen, ob ein gegebenes lineares Gleichungssystem überhaupt lösbar ist, und wenn ja, wie sich alle Lösungen bestimmen lassen.

10.2.3 Darstellung mit Matrizen

Die Schreibweise für lineare Gleichungssysteme in der Definition ist recht sperrig. Nehmen wir uns jedoch die Sprache der Matrizen zu Hilfe, so können wir die linke Seite des Systems aus Definition 10.1 als Matrix-Vektorprodukt auffassen:

$$
\begin{pmatrix} a_{1,1}\, x_1 + a_{1,2}\, x_2 + \ldots + a_{1,n}\, x_n \\ a_{2,1}\, x_1 + a_{2,2}\, x_2 + \ldots + a_{2,n}\, x_n \\ \vdots \\ a_{m,1}\, x_1 + a_{m,2}\, x_2 + \ldots + a_{m,n}\, x_n \end{pmatrix} = \begin{pmatrix} a_{1,1} & \cdots & a_{1,n} \\ \vdots & \ddots & \vdots \\ a_{m,1} & \cdots & a_{m,n} \end{pmatrix} \begin{pmatrix} x_1 \\ x_2 \\ \vdots \\ x_n \end{pmatrix}
$$

Fassen wir nun die rechte Seite des Systems in Definition 10.1 als Spaltenvektor auf, so können wir das lineare Gleichungssystem schreiben als:

$$
\begin{pmatrix} a_{1,1} & \cdots & a_{1,n} \\ \vdots & \ddots & \vdots \\ a_{m,1} & \cdots & a_{m,n} \end{pmatrix} \begin{pmatrix} x_1 \\ \vdots \\ x_n \end{pmatrix} = \begin{pmatrix} b_1 \\ \vdots \\ b_m \end{pmatrix}
$$

Die linke Matrix nennen wir *Koeffizientenmatrix* und die rechte Seite bezeichnen wir auch als *Ergebnisspalte*. Wir können also ein lineares Gleichungssystem mit Koeffizientenmatrix A und Ergebnisspalte b kurz und prägnant schreiben als:

$$
Ax = b
$$

Erweitern wir die Koeffizientenmatrix A durch einfaches Anfügen der Spalte b, so erhalten wir die sogenannte *erweiterte Koeffizientenmatrix* $A \mid b$:

$$
\left(\begin{array}{ccc|c} a_{1,1} & \cdots & a_{1,n} & b_1 \\ \vdots & \ddots & \vdots & \vdots \\ a_{m,1} & \cdots & a_{m,n} & b_m \end{array} \right)
$$

Unser oben beispielhaft betrachtetes lineare Gleichungssystem können wir nun schreiben als:

$$
\begin{pmatrix} 1 & -2 \\ 2 & -1 \end{pmatrix} \begin{pmatrix} x_1 \\ x_2 \end{pmatrix} = \begin{pmatrix} -2 \\ 5 \end{pmatrix},
$$

und die zugehörige erweiterte Koeffizientenmatrix lautet:

$$\left(\begin{array}{cc|c} 1 & -2 & -2 \\ 2 & -1 & 5 \end{array}\right)$$

10.3 Lösung linearer Gleichungssysteme

Wir wissen jetzt, was lineare Gleichungssysteme sind und wie man sie notieren kann. Wir hätten gern die Möglichkeit, die Lösungsmenge jedes linearen Gleichungssystems zu bestimmen. Schon in der Schule lernt man dafür verschiedene Verfahren, wie zum Beispiel das „Einsetzungsverfahren", das „Gleichsetzungsverfahren" und das „Additionsverfahren". Für größere Gleichungssysteme wird das Lösen mittels dieser Verfahren jedoch zu aufwändig, um sie in der Praxis einsetzen zu können. Eine Möglichkeit besteht nun darin, das Additionsverfahren zu erweitern und so zu formalisieren, dass seine Anwendung auf ein lineares Gleichungssystem die zugehörige Lösungsmenge liefert, wobei der benötigte Aufwand vertretbar bleibt. Der Begriff „Formalisierung" bedeutet hierbei, dass jeder Schritt des Verfahrens allgemein festgelegt ist, sodass es sogar von einer Maschine durchgeführt werden kann. Das Verfahren, welches wir im Folgenden erläutern, wird auch *Gaußsches Eliminationsverfahren* oder *Gaußscher Algorithmus* genannt.

10.3.1 Der Gaußsche Algorithmus

Es sei ein beliebiges lineares Gleichungssystem mit Koeffizientenmatrix A und rechter Seite b vorgegeben, sagen wir:

$$\begin{pmatrix} a_{1,1} & \cdots & a_{1,n} \\ \vdots & \ddots & \vdots \\ a_{m,1} & \cdots & a_{m,n} \end{pmatrix} \begin{pmatrix} x_1 \\ \vdots \\ x_n \end{pmatrix} = \begin{pmatrix} b_1 \\ \vdots \\ b_m \end{pmatrix}$$

Wir bearbeiten im Folgenden die erweiterte Koeffizientenmatrix dieses Systems, also die Matrix:

$$\left(\begin{array}{ccc|c} a_{1,1} & \cdots & a_{1,n} & b_1 \\ \vdots & \ddots & \vdots & \vdots \\ a_{m,1} & \cdots & a_{m,n} & b_m \end{array}\right)$$

Auf dem Weg zu unserer Lösungsmethode machen wir zunächst drei Beobachtungen:

1. Die Lösungsmenge des Gleichungssystems ändert sich nicht, wenn wir die Reihenfolge der Zeilen innerhalb der erweiterten Koeffizientenmatrix vertauschen,

denn es spielt keine Rolle, in welcher Reihenfolge die ursprünglichen Gleichungen angeordnet werden. Wichtig ist nur, dass sie am Ende durch ein Lösungstupel alle „gleichzeitig" erfüllt werden.

2. Die Lösungsmenge ändert sich nicht, wenn wir eine Zeile der erweiterten Koeffizientenmatrix mit einem von null verschiedenen Körperelement $\lambda \in K \setminus \{0\}$ multiplizieren, denn ein n-Tupel $(x_1, \ldots, x_n)$ löst die Gleichung $a_1 x_1 + \ldots + a_n x_n = b$ genau dann, wenn es die Gleichung $\lambda a_1 x_1 + \ldots + \lambda a_n x_n = \lambda b$ löst.

3. Die Lösungsmenge ändert sich auch dann nicht, wenn wir ein Vielfaches einer Zeile zu einer anderen Zeile hinzuaddieren. Um das zu verdeutlichen nehmen wir zwei Gleichungen und ein $\lambda \in K$ her. Ein n-Tupel $(x_1, \ldots, x_n)$ löst gleichzeitig die beiden Gleichungen

$$a_{1,1} x_1 + a_{1,2} x_2 + \ldots + a_{1,n} x_n = b_1$$
$$a_{2,1} x_1 + a_{2,2} x_2 + \ldots + a_{2,n} x_n = b_2$$

genau dann, wenn es gleichzeitig die folgenden zwei Gleichungen löst:

$$a_{1,1} x_1 + a_{1,2} x_2 + \ldots + a_{1,n} x_n = b_1$$
$$(\lambda a_{1,1} + a_{2,1}) x_1 + (\lambda a_{1,2} + a_{2,2}) x_2 + \ldots + (\lambda a_{1,n} + a_{2,n}) x_n = \lambda b_1 + b_2$$

Hierbei entsteht die zweite Gleichung aus der Summe des λ-fachen der ersten Zeile und der zweiten Zeile.

Diese drei „Operationen" wollen wir unter dem Begriff *elementare Zeilenumformungen* zusammenfassen. Wir können also ein lineares Gleichungssystem durch elementare Zeilenumformungen in ein anderes Gleichungssystem überführen, ohne dabei die Lösungsmenge zu verändern. Die Idee des Gaußschen Algorithmus besteht darin, das zu lösende lineare Gleichungssystem schrittweise durch elementare Zeilenumformungen in eine gleichwertige Gestalt zu bringen, an der man die Lösungen einfach ablesen kann. Diese Gestalt werden wir später *Zeilenstufenform* nennen. Es ist etwas umständlich, das Verfahren allgemein zu formulieren, wobei sich die praktische Anwendung glücklicherweise als einfacher erweist, als es auf den ersten Blick aussieht.

Aber jetzt schreiten wir zur Tat: Wir bezeichnen die Spalten der Koeffizientenmatrix A angefangen von links mit $A_1, \ldots, A_n$. Im ersten Schritt sorgen wir gegebenenfalls durch Vertauschung zweier Zeilen dafür, dass der oberste Eintrag der Spalte A_1 nicht null ist. Falls das nicht funktionieren sollte, müssen schon alle Koeffizienten in der Spalte A_1 null sein, und in diesem Fall kommt die Unbekannte x_1 in dem zu lösenden Gleichungssystem gar nicht vor. Theoretisch spielt es keine große Rolle, welche Zeilen man zum Vertauschen auswählt, Hauptsache ist, dass am Ende das oberste Element nicht null ist. In der Praxis erweist es sich jedoch als günstig, stets das betragsmäßig größte Element nach oben zu bringen, da dann die Berechnungen numerisch weniger aufwändig sind. Wir können also ab jetzt $a_{1,1} \neq 0$ annehmen. Unser Ziel ist es nun, alle Einträge der Spalte A_1 unterhalb

von $a_{1,1}$ durch elementare Zeilenumformungen „zu null zu machen". Das errei-
chen wir, indem wir zunächst das $-\frac{a_{2,1}}{a_{1,1}}$-fache der ersten Zeile zur zweiten Zeile
addieren. Anschließend addieren wir das $-\frac{a_{3,1}}{a_{1,1}}$-fache der ersten Zeile zur dritten
Zeile, und auf diese Weise fahren wir fort, bis wir das $-\frac{a_{m,1}}{a_{1,1}}$-fache der ersten
Zeile zur letzten Zeile addiert haben. Nach diesem Schritt besitzt die erweiterte
Koeffizientenmatrix folgende Gestalt:

$$\left(\begin{array}{cccc|c} a_{1,1} & a_{1,2} & \cdots & a_{1,n} & b_1 \\ 0 & a'_{2,2} & \cdots & a'_{2,n} & b'_2 \\ \vdots & \vdots & \ddots & \vdots & \vdots \\ 0 & a'_{m,2} & \cdots & a'_{m,n} & b'_m \end{array} \right)$$

Die mit Strich versehenen Koeffizienten bedeuten, dass sich die Einträge an diesen
Stellen geändert haben können.

Der zweite Schritt besteht im Wesentlichen aus einer Anwendung des ersten Schrittes auf die verbleibende erweiterte Koeffizientenmatrix, wenn wir die erste Zeile
und die erste Spalte vorübergehend „vergessen". Das heißt, wir verfahren wie im
ersten Schritt für die Teilmatrix:

$$A'|b' = \left(\begin{array}{ccc|c} a'_{2,2} & \cdots & a'_{2,n} & b'_2 \\ \vdots & \ddots & \vdots & \vdots \\ a'_{m,2} & \cdots & a'_{m,n} & b'_m \end{array} \right)$$

Dabei bezeichnen wir die Spalten von A' mit $A'_2, \ldots, A'_n$ und die rechte Seite mit
b' (Vorsicht: Die Spalten werden von 2 bis n durchnummeriert, und nicht etwa von
1 bis $n-1$, damit die Nummerierung mit den Spaltenindizes der gesamten Koeffizientenmatrix übereinstimmt). Jetzt müssen wir ein paar Fälle unterscheiden:

Sind alle Spalten $A'_2, \ldots, A'_n$ Nullspalten, so sind wir fertig (hier wird die rechte
Seite b nicht beachtet). Andernfalls gibt es einen kleinsten Index $j \in \{2, \ldots, n\}$
sodass die Spalte A'_j keine Nullspalte ist (das heißt, wir suchen die erste Spalte
von links, welche keine Nullspalte ist).

Unsere Matrix $A'|b'$ hat also folgende Gestalt:

$$A'|b' = \left(\begin{array}{cccccc|c} 0 & \cdots & 0 & a'_{2,j} & \cdots & a'_{2,n} & b'_2 \\ \vdots & \ddots & \vdots & \vdots & \ddots & \vdots & \vdots \\ 0 & \cdots & 0 & a'_{m,j} & \cdots & a'_{m,n} & b'_m \end{array} \right)$$

Jetzt können wir wieder durch eventuelle Zeilenvertauschung erreichen, dass der
obere Eintrag der Spalte Nummer j nicht null ist. Durch elementare Umformun-

gen machen wir anschließend wie im ersten Schritt alle Einträge unterhalb dieses Elements zu null, was uns auf folgende gesamte Matrix führt:

$$
\left(
\begin{array}{cccccc|c}
a_{1,1} & \cdots & a_{1,j-1} & a_{1,j} & a_{1,j+1} & \cdots & a_{1,n} & b_1 \\
0 & \cdots & 0 & a'_{2,j} & a'_{2,j+1} & \cdots & a'_{2,n} & b'_2 \\
\vdots & \ddots & \vdots & 0 & \tilde{a}_{3,j+1} & \cdots & \tilde{a}_{3,n} & \tilde{b}_3 \\
\vdots & \ddots & \vdots & \vdots & \vdots & \ddots & \vdots & \vdots \\
0 & \cdots & 0 & 0 & \tilde{a}_{m,j+1} & \cdots & \tilde{a}_{m,n} & \tilde{b}_m
\end{array}
\right)
$$

Der nächste Schritt entspricht jetzt einer Wiederholung des zweiten Schrittes angewandt auf die nächste kleinere Teilmatrix, welche aus der letzten Matrix durch „Vergessen" der zwei ersten Zeilen und Spalten entsteht:

$$
\left(
\begin{array}{cccccc|c}
0 & \cdots & 0 & \tilde{a}_{3,j+1} & \cdots & \tilde{a}_{3,n} & \tilde{b}_3 \\
\vdots & \ddots & \vdots & \vdots & \ddots & \vdots & \vdots \\
0 & \cdots & 0 & \tilde{a}_{m,j+1} & \cdots & \tilde{a}_{m,n}| & \tilde{b}_m
\end{array}
\right)
$$

Pro Schritt werden die behandelten Teilmatrizen also stets kleiner. Bei der praktischen Durchführung schreiben wir jedoch nicht nur die Teilmatrizen auf, sondern immer die gesamte Matrix.

Dieses Verfahren führen wir solange fort, bis entweder eine der entstehenden Teilmatrizen nur noch Nullspalten besitzt, oder wir bei der letzten Zeile beziehungsweise bei der letzten Spalte angekommen sind, sodass wir nicht fortfahren können. Wir sind mit elementaren Zeilenumformungen fertig, wenn jede Zeile der gesamten Koeffizientenmatrix (ohne die rechte Seite b), welche keine Nullzeile ist, mit mehr Nullen beginnt, als die vorherige. Für eine erweiterte Koeffizientenmatrix dieser Gestalt sagen wir, dass sie *Zeilenstufenform* besitzt. Das erste Element einer Zeile, welches ungleich null ist, wird auch *Pivotelement* genannt. Der Begriff der Zeilenstufenform lässt sich von Matrizen auf lineare Gleichungssysteme übertragen: Wir sagen, ein lineares Gleichungssystem besitzt Zeilenstufenform, wenn die zugehörige erweiterte Koeffizientenmatrix allein durch Zeilenvertauschungen in Zeilenstufenform gebracht werden kann.

Der Name „Eliminationsverfahren" kommt übrigens daher, dass die Unbekannten schrittweise aus den Gleichungen eliminiert werden.

Zugegeben, das klingt bis jetzt alles recht kompliziert, aber wir werden bald an Beispielen sehen, dass es eigentlich nicht schwer ist.

Haben wir erst einmal die Zeilenstufenform eines linearen Gleichungssystems erzeugt, so gibt diese Aufschluss über die Lösbarkeit des Systems und ermöglicht die Ermittlung der Lösungsmenge. Falls es nämlich auf der rechten Seite der Zeilenstufenform einen Eintrag $b_i \neq 0$ gibt, wobei alle links stehenden Einträge dieser

Zeile null sind, so existiert keine Lösung des Systems, das heißt die Lösungsmenge
ist leer. Das liegt daran, dass in diesem Fall die Gleichung $0\,x_1 + \ldots + 0\,x_n = b_i$
von keinem n-Tupel $(x_1, \ldots, x_n)$ erfüllt werden kann. Verschwinden andererseits
alle rechten Seiten in den Nullzeilen, so ist die Lösungsmenge nicht leer. In diesem Fall möchten wir diese Lösungsmenge genau bestimmen. Aber anstatt diesen
Vorgang hier für den allgemeinen Fall zu formulieren, schauen wir uns lieber die
Verhältnisse an konkreten Beispielen an.

10.3.2 Beispiel 1: Eindeutige Lösung

Wie wir schon am einführenden Beispiel beobachten konnten, kann es vorkommen, dass ein lineares Gleichungssystem genau eine Lösung besitzt. Diesen Fall
möchten wir an einem weiteren Beispiel untersuchen und herausstellen, wie man
diese Situation an der Zeilenstufenform erkennen kann. Wir betrachten den Fall
$K = \mathbb{R}$ und suchen reelle Lösungen (x_1, x_2, x_3) des folgenden Systems:

$$
\begin{array}{rrrcr}
2\,x_1 & -\tfrac{1}{2}\,x_2 & +\tfrac{1}{2}\,x_3 & = & \tfrac{7}{2} \\
3\,x_1 & +x_2 & -\,x_3 & = & 0 \\
5\,x_1 & +2\,x_2 & +x_3 & = & -3 \\
& 3\,x_2 & +3\,x_3 & = & -13
\end{array}
$$

Schreiben wir das System in der üblichen Weise als erweiterte Koeffizientenmatrix,
so erhalten wir:

$$
A \,|\, b = \left(
\begin{array}{ccc|c}
2 & -\tfrac{1}{2} & \tfrac{1}{2} & \tfrac{7}{2} \\
3 & 1 & -1 & 0 \\
5 & 2 & 1 & -3 \\
0 & 3 & 3 & -13
\end{array}
\right)
$$

Diese Matrix wollen wir nun durch Anwendung des Gaußschen Algorithmus auf
Zeilenstufenform bringen. Bevor wir diesen jedoch starten, multiplizieren wir die
erste Zeile mit der Zahl 2. Das ändert die Lösungsmenge bekanntlich nicht, besei-
tigt aber die Brüche, was das Rechnen etwas angenehmer macht:

$$
\left(
\begin{array}{ccc|c}
4 & -1 & 1 & 7 \\
3 & 1 & -1 & 0 \\
5 & 2 & 1 & -3 \\
0 & 3 & 3 & -13
\end{array}
\right)
$$

Nun fangen wir mit der Elimination an und halten uns dabei genau an das allgemeine Verfahren von oben. Im ersten Schritt überprüfen wir, ob der oberste
Eintrag der ersten Spalte ungleich null ist. Da dies der Fall ist, müssen keine Zeilen vertauscht werden und wir können in der ersten Spalte Nullen erzeugen. Dafür
addieren wir das $-\tfrac{3}{4}$-fache der ersten Zeile zur zweiten Zeile, und das $-\tfrac{5}{4}$-fache

der ersten Zeile zur dritten Zeile. Zur vierten Zeile müssen wir nichts addieren, denn da steht ja schon eine Null. Wir erhalten also:

$$\begin{pmatrix} 4 & -1 & 1 & 7 \\ 0 & \frac{7}{4} & -\frac{7}{4} & -\frac{21}{4} \\ 0 & \frac{13}{4} & -\frac{1}{4} & -\frac{47}{4} \\ 0 & 3 & 3 & -13 \end{pmatrix}$$

Bevor wir den zweiten Schritt des Verfahrens starten, vereinfachen wir uns die Rechnerei, indem wir die zweite Zeile mit $\frac{4}{7}$ und die dritte Zeile mit 4 multiplizieren:

$$\begin{pmatrix} 4 & -1 & 1 & 7 \\ 0 & 1 & -1 & -3 \\ 0 & 13 & -1 & -47 \\ 0 & 3 & 3 & -13 \end{pmatrix}$$

Zu Beginn des zweiten Schrittes betrachten wir vorübergehend die Teilmatrix, welche aus obiger Matrix durch „Vergessen" der ersten Zeile und der ersten Spalte entsteht. Da die erste Spalte dieser Teilmatrix keine Nullspalte ist, überprüfen wir, ob der oberste Eintrag dieser Spalte von null verschieden ist. In unserem Fall hat dieser Eintrag den Wert 1, also müssen wir keine Zeilenvertauschung durchführen. Um die Einträge unterhalb dieser 1 zu eliminieren, addieren wir das -13-fache der zweiten Zeile zur dritten Zeile und das -3-fache der zweiten Zeile zur letzten Zeile (mit „i-te Zeile" meinen wir hier und im Folgenden immer die i-te Zeile der gesamten Matrix, nicht der Teilmatrix). Damit bekommen wir:

$$\begin{pmatrix} 4 & -1 & 1 & 7 \\ 0 & 1 & -1 & -3 \\ 0 & 0 & 12 & -8 \\ 0 & 0 & 6 & -4 \end{pmatrix}$$

Noch ist die Zeilenstufenform nicht erreicht, denn die letzte Zeile ist keine Nullzeile, aber sie fängt auch nicht mit mehr Nullen an als die vorletzte Zeile. Wir benötigen also einen weiteren Schritt. Dazu betrachten wir jetzt die Teilmatrix, die durch Vergessen der zwei ersten Zeilen und Spalten aus der letzten Matrix entsteht (das ist nur noch eine (2,2)-Matrix). Deren linker oberer Eintrag hat den Wert 12. Wir benötigen wieder keine Zeilenvertauschungen und erzeugen in dieser Spalte unter der 12 eine Null, indem wir das $-\frac{1}{2}$-fache der dritten Zeile zur letzten Zeile addieren (wobei sich die Nummerierung natürlich wieder auf die gesamte Matrix bezieht, nicht auf die Teilmatrix).

Wir erhalten also:

$$\tilde{A}|\tilde{b} := \begin{pmatrix} 4 & -1 & 1 & 7 \\ 0 & 1 & -1 & -3 \\ 0 & 0 & 12 & -8 \\ 0 & 0 & 0 & 0 \end{pmatrix}$$

Damit haben wir die ursprüngliche erweiterte Koeffizientenmatrix

$$A \mid b = \begin{pmatrix} 2 & -\frac{1}{2} & \frac{1}{2} & \frac{7}{2} \\ 3 & 1 & -1 & 0 \\ 5 & 2 & 1 & -3 \\ 0 & 3 & 3 & -13 \end{pmatrix}$$

auf Zeilenstufenform $\tilde{A}|\tilde{b}$ gebracht. Übersetzen wir uns das aus der Sprache der Matrizen wieder in die Sprache der linearen Gleichungssysteme zurück, so können wir das ursprüngliches System also lösen, indem wir das folgende gleichwertige System in Zeilenstufenform lösen:

$$\begin{aligned} 4\,x_1 & - x_2 & + x_3 & = & 7 \\ & x_2 & - x_3 & = & -3 \\ & & 12\,x_3 & = & -8 \end{aligned}$$

Wichtig zu beobachten ist folgendes: Die letzte Zeile der Matrix $\tilde{A}|\tilde{b}$ spielt überhaupt keine Rolle mehr, sie taucht im zugehörigen linearen Gleichungssystem gar nicht mehr auf, denn die Gleichung $0\,x_1 + 0\,x_2 + 0\,x_3 = 0$ ist immer erfüllt. Das erscheint völlig trivial, aber eigentlich hatten wir nur Glück, dass die rechte Seite dieser Zeile beim Überführen in Zeilenstufenform zu null wurde. Wären die Koeffizienten auf der linken Seite alle null geworden, aber die rechte Seite zum Beispiel hätte den Wert 1 erhalten, dann hätte die Zeilenstufenform so ausgesehen:

$$\begin{pmatrix} 4 & -1 & 1 & 7 \\ 0 & 1 & -1 & -3 \\ 0 & 0 & 12 & -8 \\ 0 & 0 & 0 & 1 \end{pmatrix}$$

In diesem Fall würde die letzte Zeile jedoch nicht wegfallen bei der Übersetzung in das zugehörige lineare Gleichungssystem, und wir bekämen dort eine zusätzliche Gleichung der Form $0\,x_1 + 0\,x_2 + 0\,x_3 = 1$. Diese ist jedoch nicht zu erfüllen, und somit wäre die Lösungsmenge unseres gesamten Systems leer. Ein solches Beispiel untersuchen wir als Nächstes, aber vorher kehren wir noch einmal zu dem Gleichungssystem zurück, das wir eigentlich lösen wollten:

$$\begin{aligned} 4\,x_1 & - x_2 & + x_3 & = & 7 \\ & x_2 & - x_3 & = & -3 \\ & & 12\,x_3 & = & -8 \end{aligned}$$

Der große Vorteil der Zeilenstufenform besteht darin, dass wir die Lösung jetzt durch *Rücksubstitution* schrittweise berechnen können:

Aus der letzten Gleichung folgt sofort der einzige Wert für die dritte Unbekannte: $x_3 = -\frac{2}{3}$. Das können wir in die zweite Gleichung einsetzen und erhalten:

$$x_2 + \frac{2}{3} = -3$$

Daraus ermitteln wir den Wert der zweiten Unbekannten: $x_2 = -\frac{11}{3}$. Die Werte für x_2 und x_3 setzen wir schließlich in die noch verbleibende erste Gleichung ein:

$$4\,x_1 + \frac{11}{3} - \frac{2}{3} = 7$$

Stellen wir das nach der ersten Unbekannten um, so erhalten wir als eindeutige Lösung unseres Systems: $(x_1, x_2, x_3) = (1, -\frac{11}{3}, -\frac{2}{3})$. Wir können das auch anders formulieren: Die einelementige Lösungsmenge ist gegeben durch $\left\{(1, -\frac{11}{3}, -\frac{2}{3})\right\}$.

Diese Beobachtung können wir allgemein festhalten:

Besteht die Zeilenstufenform eines linearen Gleichungssystems (ohne Nullzeilen) aus genauso vielen Gleichungen wie Unbekannten, so besitzt das System genau eine Lösung.

10.3.3   Beispiel 2: Keine Lösung

Es sei ein reelles lineares Gleichungssystem gegeben durch folgende erweiterte Koeffizientenmatrix:

$$\left(\begin{array}{ccc|c} 0 & 2 & 2 & 3 \\ 1 & 1 & 1 & 1 \\ 2 & 1 & 1 & 1 \end{array} \right)$$

Wir möchten diese Matrix in Zeilenstufenform bringen.

Der oberste Eintrag der ersten Spalte ist null, demnach vertauschen wir (zum Beispiel) die ersten beiden Zeilen:

$$\left(\begin{array}{ccc|c} 1 & 1 & 1 & 1 \\ 0 & 2 & 2 & 3 \\ 2 & 1 & 1 & 1 \end{array} \right)$$

Als nächstes erzeugen wir in der ersten Spalte unterhalb des ersten Eintrags Nullen, indem wir das -2-fache der ersten Zeile zur dritten Zeile addieren:

$$\left(\begin{array}{ccc|c} 1 & 1 & 1 & 1 \\ 0 & 2 & 2 & 3 \\ 0 & -1 & -1 & -1 \end{array} \right)$$

Für den zweiten Schritt betrachten wir vorübergehend die Teilmatrix, welche durch „Vergessen" der ersten Zeile und der ersten Spalte entsteht:

$$\left(\begin{array}{cc|c} 2 & 2 & 3 \\ -1 & -1 & -1 \end{array} \right)$$

Schon die erste Spalte ist keine Nullspalte und wir benötigen keine Zeilenvertauschung, da der obere Eintrag den Wert 2 ($\neq 0$) besitzt. Durch Addition des $\frac{1}{2}$-fachen der zweiten Zeile zur letzten Zeile erzeugen wir unter der 2 eine null (wobei sich die Zeilennummern wieder auf die ursprüngliche Matrix beziehen):

$$\left(\begin{array}{ccc|c} 1 & 1 & 1 & 1 \\ 0 & 2 & 2 & 3 \\ 0 & 0 & 0 & \frac{1}{2} \end{array} \right)$$

Damit haben wir die Zeilenstufenform erreicht. Übersetzen wir das zurück in die Sprache der linearen Gleichungssysteme, so erhalten wir ein System, welches zu unserem ursprünglichen System gleichwertig ist:

$$
\begin{array}{rrrcl}
x_1 & +x_2 & +x_3 & = & 1 \\
 & 2\,x_2 & +2\,x_3 & = & 3 \\
0\,x_1 & +0\,x_2 & +0\,x_3 & = & \frac{1}{2}
\end{array}
$$

Jetzt ist genau das eingetreten, was wir in Beispiel 1 schon kurz angedeutet hatten: Das System besitzt eine Gleichung, welche niemals erfüllt werden kann. Das bedeutet, dass unser gesamtes System keine Lösung besitzt, oder anders formuliert: Die Lösungsmenge ist leer.

Allgemein können wir festhalten:

> Gibt es in der Zeilenstufenform eines linearen Gleichungssystems mindestens eine Gleichung der Form $0 = a$, wobei a ein von null verschiedener Wert ist, so besitzt das System keine Lösung.

10.3.4 Beispiel 3: Unendlich viele Lösungen

Bis jetzt haben wir Beispiele linearer Gleichungssysteme kennen gelernt, die entweder keine oder genau eine Lösung besitzen. Es kann aber noch mehr Lösungen geben, sogar unendlich viele! An dieser Stelle kommt es darauf an, ob wir Gleichungssysteme über endlichen Körpern betrachten, oder ob wir Körper der Charakteristik Null betrachten (die Körper der reellen und der komplexen Zahlen besitzen Charakteristik Null, aber wir wollen auf diesen Begriff nicht weiter eingehen). Im ersten Fall kann es nur höchstens endliche viele Lösungen geben, jedoch im zweiten (wichtigeren) Fall besitzt ein System schon unendlich viele Lösungen, wenn es zwei verschiedene Lösungen gibt. Wir betrachten das durch folgende erweiterte Koeffizientenmatrix gegebene reelle Gleichungssystem:

$$\left(\begin{array}{ccccc|c} 2 & 1 & -2 & 4 & 3 & 13 \\ 10 & 5 & -8 & 27 & 23 & 66 \\ 4 & 2 & -6 & -1 & 2 & 27 \\ 8 & 4 & -4 & 36 & 16 & 48 \end{array} \right)$$

Wir starten den ersten Schritt des Eliminationsverfahrens: Der oberste Eintrag der ersten Spalte ist nicht null, demnach erzeugen wir unter diesem Eintrag Nullen. Wir addieren das -5-fache der ersten Zeile zur zweiten Zeile, das -2-fache der ersten Zeile zur dritten Zeile und das -4-fache der ersten Zeile zur letzten Zeile und erhalten:

$$\left(\begin{array}{ccccc|c} 2 & 1 & -2 & 4 & 3 & 13 \\ 0 & 0 & 2 & 7 & 8 & 1 \\ 0 & 0 & -2 & -9 & -4 & 1 \\ 0 & 0 & 4 & 20 & 4 & -4 \end{array} \right)$$

Im zweiten Schritt „vergessen" wir vorübergehend die erste Zeile und die erste Spalte dieser Matrix und betrachten:

$$\left(\begin{array}{cccc|c} 0 & 2 & 7 & 8 & 1 \\ 0 & -2 & -9 & -4 & 1 \\ 0 & 4 & 20 & 4 & -4 \end{array} \right)$$

Die erste Spalte besteht komplett aus Nullen, was bedeutet, dass wir dem allgemeinen Verfahren nach die erste Spalte (von links) der Teilmatrix suchen müssen, welche keine Nullspalte ist. In diesem Fall hier wäre das die zweite Spalte (das entspricht der dritten Spalte der gesamten Koeffizientenmatrix!), wobei schon der oberste Eintrag dieser Spalte nicht null ist. Es bedarf also keiner Zeilenvertauschung und wir können die darunter liegenden Einträge eliminieren. Für die folgenden Zeilennummerierungen betrachten wir wieder die gesamte Matrix und nicht etwa nur die Teilmatrix. Wir addieren die zweite Zeile zur dritten Zeile und anschließend addieren wir das -2-fache der zweiten Zeile zur vierten Zeile:

$$\left(\begin{array}{ccccc|c} 2 & 1 & -2 & 4 & 3 & 13 \\ 0 & 0 & 2 & 7 & 8 & 1 \\ 0 & 0 & 0 & -2 & 4 & 2 \\ 0 & 0 & 0 & 6 & -12 & -6 \end{array} \right)$$

Noch ist die Zeilenstufenform nicht erreicht. Im dritten Schritt betrachten wir vorübergehend die Teilmatrix

$$\left(\begin{array}{ccc|c} 0 & -2 & 4 & 2 \\ 0 & 6 & -12 & -6 \end{array} \right)$$

und sehen, dass die erste Spalte eine Nullspalte ist. Also bestimmen wir die erste Spalte (von links), welche keine Nullspalte ist (hier in dem Fall die zweite Spalte, was der vierten Spalte der gesamten Koeffizientenmatrix entspricht), und bringen eventuell durch Zeilenvertauschungen ein Element nach oben, welches nicht null ist. Der letzte Schritt ist hier jedoch nicht nötig, und so können wir anfangen zu eliminieren: Wir addieren das 3-fache der dritten Zeile zur vierten Zeile (natürlich wieder auf die gesamte Koeffizientenmatrix bezogen) und erhalten:

$$\left(\begin{array}{ccccc|c} 2 & 1 & -2 & 4 & 3 & 13 \\ 0 & 0 & 2 & 7 & 8 & 1 \\ 0 & 0 & 0 & -2 & 4 & 2 \\ 0 & 0 & 0 & 0 & 0 & 0 \end{array} \right)$$

In die Sprache der linearen Gleichungssysteme zurück übersetzt bekommen wir ein System in Zeilenstufenform:

$$\begin{array}{rcrcrcrcrcl} 2\,x_1 & +x_2 & -2\,x_3 & +4\,x_4 & +3\,x_5 & = & 13 \\ & & 2\,x_3 & +7\,x_4 & +8\,x_5 & = & 1 \\ & & & -2\,x_4 & +4\,x_5 & = & 2 \end{array}$$

An dieser Zeilenstufenform erkennen wir, dass die Fälle „keine Lösung" und „eindeutige Lösung" nicht eintreten. Es muss also mehrere Lösungen geben, und diese wollen wir in systematischer Weise durch Rücksubstitution ermitteln.

Wir gehen von der letzten Gleichung $-2\,x_4 + 4\,x_5 = 2$ aus. Nun stellen wir diese Gleichung nach derjenigen Unbekannten mit dem kleinsten Index um, in unserem Fall also nach x_4:

$$x_4 = -1 + 2\,x_5$$

Allen Unbekannten auf der rechten Seite (hier haben wir lediglich eine Unbekannte auf der rechten Seite) geben wir der Reihe nach eine neue Bezeichnung. Das hat mathematisch keine Auswirkungen, bringt aber später eine bessere Übersicht mit sich. Wir setzen dafür $x_5 = \lambda_1$, und falls weitere Unbekannte vorhanden wären, zum Beispiel x_6 und x_7, dann würden wir zusätzlich $x_6 = \lambda_2$ und $x_7 = \lambda_3$ setzen. Damit verwandelt sich die letzte Gleichung in:

$$x_4 = -1 + 2\,\lambda_1$$

Wir bewegen uns nun schrittweise in der Zeilenstufenform von Gleichung zu Gleichung nach oben. Die nächsthöhere Gleichung lautet $2\,x_3 + 7\,x_4 + 8\,x_5 = 1$. Die Unbekannte x_5 haben wir ja schon λ_1 genannt, und für x_4 setzen wir obigen Term ein:

$$2\,x_3 + 7\,(-1 + 2\,\lambda_1) + 8\,\lambda_1 = 1$$

Wir stellen wieder nach der Unbekannten mit dem kleinsten Index (also x_3) um:

$$x_3 = 4 - 11\,\lambda_1$$

Auf der rechten Seite kommen keine Unbekannten x_i vor, sodass wir keine neuen Bezeichnungen festsetzen müssen. Also auf zur nächsten Gleichung, welche lautet: $2\,x_1 + x_2 - 2\,x_3 + 4\,x_4 + 3\,x_5 = 13$. Hier setzen wir für x_3, x_4 und x_5 die schon bekannten Informationen und Bezeichnungen ein und erhalten:

$$2\,x_1 + x_2 - 2\,(4 - 11\,\lambda_1) + 4\,(-1 + 2\,\lambda_1) + 3\,\lambda_1 = 13$$

Das Ganze stellen wir wie gewohnt nach der Unbekannten mit dem kleinsten Index um:

$$x_1 = \frac{25}{2} - \frac{1}{2}\,x_2 - \frac{33}{2}\,\lambda_1$$

Hier haben wir die Unbekannte x_2 auf der rechten Seite, deshalb setzen wir $x_2 = \lambda_2$ und die Gleichung verwandelt sich in:

$$x_1 = \frac{25}{2} - \frac{1}{2}\,\lambda_2 - \frac{33}{2}\,\lambda_1$$

Wir können also beobachten, dass die Unbekannten $x_1, \ldots, x_5$ von den *Parametern* λ_1 und λ_2 abhängen. Um die Lösungsmenge vernünftig formulieren zu können, schreiben wir die erhaltenen Gleichungen für die Unbekannten untereinander auf:

$$
\begin{array}{rcll}
x_1 & = & \frac{25}{2} \quad -\frac{33}{2}\,\lambda_1 & -\frac{1}{2}\,\lambda_2 \\[4pt]
x_2 & = & & \lambda_2 \\[4pt]
x_3 & = & 4 \quad -11\,\lambda_1 & \\[4pt]
x_4 & = & -1 \quad +2\,\lambda_1 & \\[4pt]
x_5 & = & \lambda_1 & .
\end{array}
$$

In „Vektorschreibweise" sieht das folgendermaßen aus:

$$
\begin{pmatrix} x_1 \\ x_2 \\ x_3 \\ x_4 \\ x_5 \end{pmatrix}
=
\begin{pmatrix} \frac{25}{2} \\ 0 \\ 4 \\ -1 \\ 0 \end{pmatrix}
+ \lambda_1
\begin{pmatrix} -\frac{33}{2} \\ 0 \\ -11 \\ 2 \\ 1 \end{pmatrix}
+ \lambda_2
\begin{pmatrix} -\frac{1}{2} \\ 1 \\ 0 \\ 0 \\ 0 \end{pmatrix}
$$

Jede beliebige Wahl der Parameter $\lambda_1, \lambda_2 \in \mathbb{R}$ ergibt also eine Lösung unseres linearen Gleichungssystems. Unser System besitzt folglich unendlich viele Lösungen. Die Lösungsmenge, nennen wir sie L, können wir nun so aufschreiben:

$$
L = \left\{
\begin{pmatrix} x_1 \\ x_2 \\ x_3 \\ x_4 \\ x_5 \end{pmatrix}
\in \mathbb{R}^5 :
\begin{pmatrix} x_1 \\ x_2 \\ x_3 \\ x_4 \\ x_5 \end{pmatrix}
=
\begin{pmatrix} \frac{25}{2} \\ 0 \\ 4 \\ -1 \\ 0 \end{pmatrix}
+ \lambda_1
\begin{pmatrix} -\frac{33}{2} \\ 0 \\ -11 \\ 2 \\ 1 \end{pmatrix}
+ \lambda_2
\begin{pmatrix} -\frac{1}{2} \\ 1 \\ 0 \\ 0 \\ 0 \end{pmatrix}
, \lambda_1, \lambda_2 \in \mathbb{R}
\right\}
$$

Dabei schreiben wir die Lösungstupel hier nur wegen der Übersichtlichkeit als Spalten anstatt als Zeilen (wie es in der Definition 10.1 geschieht).

Allgemein halten wir fest:

Ist ein reelles lineares Gleichungssystem (oder allgemeiner: ein Gleichungssystem über einem Körper der Charakteristik Null) lösbar, aber nicht eindeutig lösbar, so besitzt es schon unendlich viele Lösungen.

10.4 Rangbestimmung einer Matrix

Das Gaußsche Eliminationsverfahren lässt sich nicht nur zur Lösung linearer Gleichungssysteme verwenden. Wir wollen abschließend kurz auf eine weitere wichtige Anwendung eingehen.

Es sei K ein Körper, n und m seien natürliche Zahlen und A eine (m, n)-Matrix mit Einträgen aus K. Fassen wir die Zeilen der Matrix A als Elemente des Vektorraums K^n auf und fassen wir Spalten als Elemente des Vektorraums K^m auf, so verstehen wir unter dem *Zeilenraum* denjenigen Unterraum des K^n, welcher von den Zeilen erzeugt wird, und unter dem *Spaltenraum* verstehen wir denjenigen Unterraum des K^m, welcher von den Spalten erzeugt wird. Man kann nun zeigen, dass diese Räume im Allgemeinen zwar verschieden sind, jedoch ihre Dimensionen sind stets gleich.

Unter dem *Rang* der Matrix A verstehen wir die Dimension des Zeilenraums (=Dimension des Spaltenraums). Der Gaußsche Algorithmus liefert ein effektives Verfahren zur Rangbestimmung von Matrizen. Mehr noch, er liefert sogar eine Basis des Zeilenraums. Dazu bringen wir die Matrix A mit dem Gaußschen Eliminationsverfahren auf Zeilenstufenform, wobei der einzige Unterschied zur obigen Situation darin besteht, dass wir keine erweiternde Spalte b mitführen. Die Gesamtheit der Zeilen der Zeilenstufenform, welche nicht zu Nullzeilen geworden sind, bildet eine Basis des Zeilenraums. Daraus folgt direkt, dass sich der Rang der Matrix aus der Anzahl dieser Zeilen ergibt. Das illustrieren wir an einem von oben bekannten Beispiel. Wir möchten den Rang der folgenden Matrix berechnen:

$$\begin{pmatrix} 2 & -\frac{1}{2} & \frac{1}{2} \\ 3 & 1 & -1 \\ 5 & 2 & 1 \\ 0 & 3 & 3 \end{pmatrix}$$

Die zugehörige Zeilenstufenform haben wir schon berechnet, sie lautet:

$$\begin{pmatrix} 4 & -1 & 1 \\ 0 & 1 & -1 \\ 0 & 0 & 12 \\ 0 & 0 & 0 \end{pmatrix}$$

Die drei ersten Zeilen bilden also eine Basis des Zeilenraums, woran wir sofort ablesen können, dass der Rang der Matrix 3 sein muss.

Thorsten Neuschel, Dipl.-Math., promoviert an der Uni Trier

11 Lineare Abbildungen und ihre darstellenden Matrizen

11.1 Einführung

In diesem Abschnitt wollen wir uns mit einem oft zu Unrecht als „kompliziert"
verschrieenen Thema der Linearen Algebra befassen. Wie schon an der Überschrift
zu erkennen ist, soll es um lineare Abbildungen (Homomorphismen, strukturerhaltende Abbildungen) zwischen (endlichdimensionalen) Vektorräumen und ihre
verschiedenen Darstellungsformen gehen. Es soll und kann hiermit kein Lehrbuch
und keine Vorlesung ersetzt werden, da hier die Priorität nicht auf formale Beweis-
führung gesetzt wird. Das Ziel ist es stattdessen, dem mathematischen Anfänger
zu einem freundschaftlichen Verhältnis zur Linearen Algebra zu verhelfen. Dafür
seien die Begriffe Vektorraum, Basis, Dimension, Matrix, Matrixmultiplikation,
Transposition, sowie injektiv, surjektiv und bijektiv als bekannt vorausgesetzt.

11.2   Lineare Abbildungen

Wir starten mit der grundlegenden Definition der linearen Abbildung:

Definition 11.1 (Lineare Abbildung)

Eine Abbildung $f : V \to W$ zwischen den Vektorräumen V und W über dem Körper K heißt *linear*, wenn sie *additiv* und *homogen* ist, sie muss also die zwei folgenden Axiome erfüllen:

$$f(x + y) = f(x) + f(y) \quad \text{für alle } x, y \in V \quad \text{(Additivität)}$$

$$f(\lambda x) = \lambda f(x) \quad \text{für alle } \lambda \in K \text{ und } x \in V \quad \text{(Homogenität)}$$

$\blacklozenge$

Aus diesen Axiomen folgt, dass eine lineare Abbildung $f : V \to W$ den Nullvektor 0_V des Vektorraums V immer auf den Nullvektor 0_W des Vektorraums W abbildet, denn wir können Folgendes rechnen:

$$f(0_V) = f(0_V + 0_V) = f(0_V) + f(0_V)$$

Jetzt addieren wir auf beiden Seiten das additive Inverse des Elements $f(0_V)$ (man könnte auch sagen, wir subtrahieren $f(0_V)$ auf beiden Seiten) und erhalten:

$$0_W = f(0_V)$$

Hierbei haben wir lediglich das erste Axiom, also die Additivität, ausgenutzt. Wir hätten die Gleichung $0_W = f(0_V)$ aber genauso gut aus der Homogenität erhalten, falls wir für den Skalar λ das Nullelement 0_K des Körpers K eingesetzt hätten.

Die obige Definition einer linearen Abbildung findet man auch häufig in einer „komprimierten" Form. Anstatt Additivität und Homogenität separat durch zwei Axiome zu fordern, kann man auch nur ein Axiom formulieren, welches beide Begriffe umfasst:

$$f(\lambda x + \mu y) = \lambda f(x) + \mu f(y) \quad \text{für alle } \lambda, \mu \in K \text{ und alle } x, y \in V$$

Bevor wir weiter gehen, ist vielleicht eine kleine Warnung hinsichtlich des Namens „linear" nützlich: In der Schulmathematik lernt man, dass Funktionen $f : \mathbb{R} \to \mathbb{R}$ linear heißen, wenn ihr Graph eine Gerade beschreibt. Solche Funktionen sind von der Form $f(x) = mx + b$, wobei die reelle Konstante m die Steigung und b den sogenannten „y-Achsenabschnitt" beschreibt. Diese Definition stimmt nicht mit unserer Definition einer linearen Abbildung überein (wobei wir den Quell- und Zielbereich $\mathbb{R}$ als eindimensionalen $\mathbb{R}$-Vektorraum auffassen), denn im Falle $b \neq 0$

wird die Null von f nicht auf die Null abgebildet, was bei linearen Abbildungen im Sinne der Linearen Algebra jedoch immer passieren muss. Tatsächlich kann man sich überlegen, dass alle (in unserem Sinne) linearen Abbildungen $f : \mathbb{R} \to \mathbb{R}$ genau den Ursprungsgeraden entsprechen.

So weit, so gut. Wir kennen also jetzt die Definition linearer Abbildungen und wissen, dass die Null von einer solchen Abbildung immer auf die Null abgebildet wird. Darüber hinaus sind wir uns bewusst, dass man zwischen verschiedenen Linearitätsbegriffen unterscheiden muss. Die Frage ist nun: Warum betrachten wir überhaupt diese linearen Abbildungen?

Das ist eine gute Frage. Dazu schauen wir uns einmal die Verknüpfungen im Quellraum V an. Durch die Addition $+$ wird zwei Vektoren x, y aus V in eindeutiger Weise ein weiterer Vektor, nämlich ihre Summe $x + y$, zugeordnet. Betrachten wir nun eine lineare Abbildung $f : V \to W$, so bedeutet die Additivität gerade, dass es keine Rolle spielt, ob wir die Vektoren x und y zuerst in V addieren, und dann nach W abbilden (dann sind wir bei $f(x + y)$), oder ob wir erst x und y abbilden, und anschließend ihre Bilder addieren (dann sind wir bei $f(x) + f(y)$). Und die Homogenität bedeutet gerade, dass es keine Rolle spielt, ob man einen Skalar $\lambda \in K$ zuerst mit einem Vektor x aus V multipliziert und dann abbildet, also $f(\lambda x)$ betrachtet, oder ob man x erst nach W abbildet und dann mit dem Skalar multipliziert (also $\lambda f(x)$ betrachtet). Die Abbildung f respektiert demnach gewissermaßen die innere Struktur des Vektorraums V und bildet diese nach W ab. Aufgrund dieser Eigenschaft nennt sich eine lineare Abbildung auch *Homomorphismus*. Das Wort *homomorph* stammt aus dem Griechischen und bedeutet soviel wie *strukturerhaltend*.

11.3   Bild und Kern einer linearen Abbildung

Nun kommen wir zu ein paar wichtigen Begriffen und Eigenschaften linearer Abbildungen. Im Folgenden seien V und W Vektorräume über dem Körper K und $f : V \to W$ linear.

Diejenige Teilmenge des Vektorraums W, welche von der Abbildung f erfasst wird, wollen wir mit Bild(f) bezeichnen. Leicht anders formuliert: Bild(f) besteht aus genau den Elementen von W, die von der Abbildung f getroffen werden. Ist Bild(f) schon der ganze Raum W, so ist f surjektiv. Der Bildbereich Bild(f) einer linearen Abbildung f ist jedoch nicht bloß eine Teilmenge von W, sondern er besitzt etwas mehr Struktur: Er ist ein Untervektorraum von W (was man leicht mithilfe des Unterraumkriteriums nachrechnen kann). Dies verträgt sich gut mit der Interpretation einer linearen Abbildung als strukturerhaltende Abbildung, denn die Vektorraumstruktur des Raums V wird erhalten und spiegelt sich in Bild(f) wider. Formal formulieren wir:

Definition 11.2 (Bild einer linearen Abbildung)
Der Bildbereich einer linearen Abbildung $f : V \to W$ zwischen den K-Vektorräumen V und W wird mit Bild(f) bezeichnet. Bild(f) ist ein Untervektorraum vom Zielraum W, weswegen man auch vom *Bildraum* spricht. Gelegentlich findet sich für Bild(f) auch die Bezeichnung im(f) (engl.: image = Bild). In Symbolen:

$$\text{Bild}(f) := \{w \in W \mid \exists v \in V : f(v) = w\}$$

◆

Eine weitere wichtige Teilmenge, und zwar diesmal nicht vom Zielraum W, sondern vom Definitionsraum V, ist der Kern(f). Diese Teilmenge besteht aus der Nullstellenmenge von f, also aus allen Vektoren v aus V, die von f auf den Nullvektor 0_W des Zielraums W abgebildet werden. Wiederum lässt sich leicht mithilfe des Unterraumkriteriums zeigen, dass es sich bei Kern(f) um einen Unterraum des Definitionsraums V handelt. Formal notieren wir:

Definition 11.3 (Kern einer linearen Abbildung)
Die Nullstellenmenge einer linearen Abbildung $f : V \to W$ zwischen den K-Vektorräumen V und W wird mit Kern(f) bezeichnet. Kern(f) ist ein Untervektorraum vom Definitionsraum V, weswegen man auch vom *Nullraum* spricht. In Symbolen:

$$\text{Kern}(f) := \{v \in V \mid f(v) = 0_W\}$$

◆

Wir wissen schon, dass der Nullvektor 0_V im Kern einer linearen Abbildung $f : V \to W$ liegen muss. Besteht der Kern jedoch nur aus dem Nullvektor, so ist die Abbildung f schon injektiv, denn aus $f(v) = f(w)$ folgt aufgrund der Linearität $f(v-w) = 0_W$, und das bedeutet per Definition, dass der Vektor $v-w$ ein Element des Kerns ist. Da dieser aber nur den Nullvektor enthält, folgt $v - w = 0_V$, also $v = w$.

11.4   Dimensionsformel und weitere Eigenschaften

Ein sehr nützliches Hilfsmittel im praktischen Umgang mit linearen Abbildungen ist die *Dimensionsformel*. Sie zeigt den genauen Zusammenhang zwischen den Dimensionen der Vektorräume V, Kern(f) und Bild(f).

Satz 11.4 (Dimensionsformel für lineare Abbildungen)

Sei $f : V \to W$ eine lineare Abbildung zwischen den K-Vektorräumen V und W. Dann gilt:

$$\dim V = \dim \operatorname{Kern}(f) + \dim \operatorname{Bild}(f)$$

Für den Beweis gibt es verschiedene Möglichkeiten, es gibt kurze elegante Argumente mithilfe von Quotientenvektorräumen, man kann es aber auch über den Basisergänzungssatz beweisen. Hierfür verweisen wir auf entsprechende Lehrbücher.

Der in der Dimensionsformel ausgedrückte Zusammenhang gibt einen Hinweis darauf, dass man weitere interessante Zusammenhänge dieser Art finden kann. Zum Beispiel: Der Vektorraum Bild(f) ist „im Wesentlichen" schon vollständig im Vektorraum V enthalten (ja, in V, denn in W liegt er als Teilmenge ja sowieso!). Das sei hier aber nur am Rande bemerkt.

Nun können wir eine weitere bemerkenswerte Eigenschaft linearer Abbildungen formulieren:

Satz 11.5

Sei $f : V \to W$ eine lineare Abbildung zwischen den K-Vektorräumen V und W, wobei der Vektorraum V endlichdimensional vorausgesetzt sei, und es gelte $\dim V = \dim W$. Dann gilt:

$$f \text{ ist injektiv} \iff f \text{ ist surjektiv}$$

Der Beweis folgt aus der Dimensionsformel und den beiden Äquivalenzen:

$$f \text{ ist injektiv} \iff \operatorname{Kern}(f) = \{0_V\}$$
$$f \text{ ist surjektiv} \iff \operatorname{Bild}(f) = W$$

Das folgende Ergebnis, welches später für uns wichtig sein wird, beschreibt einen Zusammenhang zwischen einer Basis des Raums V und linearen Abbildungen $f : V \to W$.

Satz 11.6

Es seien V und W K-Vektorräume, wobei der Vektorraum V endlichdimensional vorausgesetzt sei mit $\dim V = n$ *für ein* $n \in \mathbb{N}$. *Ferner sei* $\{v_1, ..., v_n\}$ *eine Basis von V und* $w_1, w_2, ..., w_n$ *seien beliebig gewählte Vektoren aus W. Dann existiert genau eine lineare Abbildung* $f : V \to W$ *mit der Eigenschaft* $f(v_i) = w_i$ *für alle* $i = 1, ..., n$.

Die Theorie der linearen Abbildungen hat natürlich noch mehr zu bieten, dafür verweisen wir jedoch auf die einschlägige Lehrbuchliteratur.

11.5 Lineare Abbildung am Beispiel

Gut, wir wissen also jetzt theoretisch, was lineare Abbildungen sind, und ein paar Eigenschaften kennen wir auch schon, aber wir haben bisher noch keine einzige vernünftige lineare Abbildung konkret gesehen. Das soll sich ändern! Neben dem „trivialen" Beispiel der Nullabbildung wird es demnach Zeit für ein erstes „nichttriviales" einfaches Beispiel.

Wir betrachten $V = W = \mathbb{R}^3$ als Vektorräume über $\mathbb{R}$ und schauen uns die folgende, explizit definierte Abbildung an:

$$f : \mathbb{R}^3 \to \mathbb{R}^3, \quad f \begin{pmatrix} x_1 \\ x_2 \\ x_3 \end{pmatrix} := \begin{pmatrix} x_1 + x_2 \\ x_2 \\ x_3 \end{pmatrix}$$

Ist diese Abbildung überhaupt linear? Nun ja, nachprüfen!

An der Null kann es schon mal nicht scheitern, denn der Nullvektor wird offensichtlich auf den Nullvektor abgebildet. Das ist zwar kein offiziell nachzuprüfendes Axiom, doch kann man in manchen Fällen schnell die Nicht-Linearität verifizieren, falls eben die Null nicht auf die Null abgebildet wird!

Okay, also zur Additivität: Seien $x = \begin{pmatrix} x_1 \\ x_2 \\ x_3 \end{pmatrix}$ und $y = \begin{pmatrix} y_1 \\ y_2 \\ y_3 \end{pmatrix}$ zwei beliebig gewählte Vektoren aus dem $\mathbb{R}^3$. Es soll gelten: $f(x) + f(y) = f(x + y)$. Wir setzen an:

$$f(x) + f(y) = \begin{pmatrix} x_1 + x_2 \\ x_2 \\ x_3 \end{pmatrix} + \begin{pmatrix} y_1 + y_2 \\ y_2 \\ y_3 \end{pmatrix} = \begin{pmatrix} x_1 + x_2 + y_1 + y_2 \\ x_2 + y_2 \\ x_3 + y_3 \end{pmatrix} = f(x + y)$$

Also ist unser f schon mal additiv.

Nun zur Homogenität: Dazu wählen wir $\lambda \in \mathbb{R}$ und $x \in \mathbb{R}^3$ beliebig und wollen prüfen, ob gilt: $f(\lambda x) = \lambda f(x)$. Also los:

$$f(\lambda x) = \begin{pmatrix} \lambda x_1 + \lambda x_2 \\ \lambda x_2 \\ \lambda x_3 \end{pmatrix} = \lambda \begin{pmatrix} x_1 + x_2 \\ x_2 \\ x_3 \end{pmatrix} = \lambda f(x)$$

Damit haben wir die Abbildung f als linear nachgewiesen! Damit können wir die Unterräume Kern(f) und Bild(f) betrachten, aber wie „berechnet" man diese konkret, das heißt, wie gelangt man zu Basen oder Erzeugendensystemen?

11.6 Darstellungen linearer Abbildungen am Beispiel

Obige Fragestellung führt uns in natürlicher Weise auf verschiedene *Darstellungsformen* linearer Abbildungen. Wir betrachten unsere im letzten Abschnitt definierte lineare Abbildung f. Möchten wir den Kern von f bestimmen, so müssen wir alle $x \in \mathbb{R}$ bestimmen, für die gilt: $f(x) = 0$ (wobei 0 in diesem Kontext natürlich den Nullvektor des Vektorraums $\mathbb{R}^3$ bezeichnet). Konkret für unser f lautet diese Gleichung

$$\begin{pmatrix} x_1 + x_2 \\ x_2 \\ x_3 \end{pmatrix} = \begin{pmatrix} 0 \\ 0 \\ 0 \end{pmatrix}$$

und diese führt uns auf das folgende *homogene lineare Gleichungssystem*:

$$x_1 + x_2 = 0$$
$$x_2 = 0$$
$$x_3 = 0$$

Hier in diesem einfachen Fall kann man die Lösung(en) natürlich mit bloßem Auge bestimmen, aber im allgemeinen Fall hat man ein eventuell sehr großes lineares Gleichungssystem zu lösen, und spätestens dann benötigt man dafür entsprechende *Lösungsverfahren* (siehe auch das Kapitel 10 „Lineare Gleichungssysteme").

Wir haben also gesehen: Wenn wir eine lineare Abbildung in einer solchen *expliziten* Darstellung vorliegen haben, dann kann man daran sofort ein lineares Gleichungssystem ablesen, dessen Lösung auf den Kern der Abbildung führt.

Was passiert jedoch, wenn wir uns für das Bild von f interessieren? In diesem Fall liefert uns die explizite Darstellung zunächst erstmal keine konkreten Anhaltspunkte, aber wir überlegen uns folgende Darstellung:

$$f\begin{pmatrix} x_1 \\ x_2 \\ x_3 \end{pmatrix} = \begin{pmatrix} x_1 + x_2 \\ x_2 \\ x_3 \end{pmatrix} = x_1 \begin{pmatrix} 1 \\ 0 \\ 0 \end{pmatrix} + x_2 \begin{pmatrix} 1 \\ 1 \\ 0 \end{pmatrix} + x_3 \begin{pmatrix} 0 \\ 0 \\ 1 \end{pmatrix} = \begin{pmatrix} 1 & 1 & 0 \\ 0 & 1 & 0 \\ 0 & 0 & 1 \end{pmatrix} \begin{pmatrix} x_1 \\ x_2 \\ x_3 \end{pmatrix}$$

Das rechts stehende Produkt einer Matrix und eines Vektors ist hierbei als gewöhnliche Matrixmultiplikation zu verstehen, wobei wir den Vektor als einspaltige Matrix auffassen. An dieser (Matrix-)Darstellung können wir jetzt ablesen, wie das Bild von f zustande kommt: Nämlich als Erzeugnis der Spaltenvektoren der Matrix! Das heißt genauer:

$$\text{Bild}(f) = \left\{ x_1 \begin{pmatrix} 1 \\ 0 \\ 0 \end{pmatrix} + x_2 \begin{pmatrix} 1 \\ 1 \\ 0 \end{pmatrix} + x_3 \begin{pmatrix} 0 \\ 0 \\ 1 \end{pmatrix} \mid x_1, x_2, x_3 \in \mathbb{R} \right\}$$

Wir beobachten demnach: Um zu einer Beschreibung des Unterraums $\text{Bild}(f)$ zu gelangen, haben wir die explizite Darstellung in eine Matrixdarstellung umgewandelt, wobei die Spalten dieser Matrix ein Erzeugendensystem von $\text{Bild}(f)$ bilden. Um eine Basis zu finden, müsste man nun eine maximale linear unabhängige Teilmenge dieser (Spalten-)Vektoren bestimmen.

An dieser Stelle wollen wir eine Bemerkung machen: Für die Bestimmung des Erzeugendensystems von $\text{Bild}(f)$ ist es natürlich nicht unbedingt nötig, die explizite Darstellung in eine Matrixdarstellung zu bringen, denn wir hätten die erzeugenden Vektoren ja auch direkt an der Zerlegung:

$$f\begin{pmatrix} x_1 \\ x_2 \\ x_3 \end{pmatrix} = x_1 \begin{pmatrix} 1 \\ 0 \\ 0 \end{pmatrix} + x_2 \begin{pmatrix} 1 \\ 1 \\ 0 \end{pmatrix} + x_3 \begin{pmatrix} 0 \\ 0 \\ 1 \end{pmatrix}$$

ablesen können. Aber die Möglichkeit der Schreibweise von $f(x)$ als Matrix-Vektorprodukt bringt viele Vorteile mit sich, denn anhand solcher Darstellungen können wichtige Informationen über die Abbildung sehr bequem ermittelt werden. Mit Hilfe dieser Schreibweise können wir nun auch das oben angesprochene lineare Gleichungssystem zur Bestimmung des Kerns in die (übliche) Form $Ax = 0$ bringen, wobei A obige Matrix bezeichnet.

11.7   Darstellungsmatrizen linearer Abbildungen

Im vorigen Abschnitt haben wir am konkreten Beispiel einer linearen Abbildung beobachtet, dass man sie in natürlicher Weise durch eine Matrix darstellen konnte.

Nun widmen wir uns der Frage, ob das im Allgemeinen funktioniert. Dabei wird sich unsere Beobachtung als interessanter Spezialfall herausstellen.

Im Folgenden betrachten wir (beliebige) endlichdimensionale Vektorräume V und W über dem Körper K und eine lineare Abbildung $f : V \to W$. Um die folgenden Überlegungen etwas anschaulicher darstellen zu können, nehmen wir einfach mal $\dim V = \dim W = 3$ an. Dadurch soll aber nicht der Eindruck entstehen, dass im allgemeinen Fall die Vektorräume die gleiche Dimension besitzen müssen: Alle nachfolgenden Überlegungen gelten auch für beliebige Vektorräume endlicher Dimension, nur den gleichen Grundkörper K müssen sie besitzen (sonst könnte man ja keine linearen Abbildungen zwischen ihnen betrachten!).

Wir betrachten zwei beliebig, aber fest gewählte Basen: $BV = (v_1, v_2, v_3)$ sei eine Basis von V, und $BW = (w_1, w_2, w_3)$ sei eine Basis von W. Dabei schreiben wir eine Basis als *Familie* von Vektoren, anstatt als eine Menge von Vektoren, da es im Folgenden auf die Reihenfolge der Basisvektoren ankommt. Nun machen wir von der Eigenschaft einer Basis Gebrauch, dass man jeden Vektor des Raums in *eindeutiger* Weise als Linearkombination der Basisvektoren darstellen kann. Bilden wir den ersten Basisvektor v_1 aus BV durch f nach W ab, so können wir den Vektor $f(v_1)$ in W eindeutig als Linearkombination der Basisvektoren w_1, w_2, w_3 darstellen und erhalten

$$f(v_1) = \alpha_1 w_1 + \alpha_2 w_2 + \alpha_3 w_3,$$

wobei die Skalare α_1, α_2 und α_3 eindeutig bestimmt sind. Das machen wir auch für die zwei verbleibenden Basisvektoren v_2 und v_3 und erhalten so

$$f(v_2) = \beta_1 w_1 + \beta_2 w_2 + \beta_3 w_3,$$

$$f(v_3) = \gamma_1 w_1 + \gamma_2 w_2 + \gamma_3 w_3,$$

wobei auch hier die Koeffizienten β_1, β_2 und β_3 bzw. γ_1, γ_2 und γ_3 eindeutig bestimmt sind. Aus diesen Koeffizienten basteln wir uns nun spaltenweise eine Matrix:

$$\begin{pmatrix} \alpha_1 & \beta_1 & \gamma_1 \\ \alpha_2 & \beta_2 & \gamma_2 \\ \alpha_3 & \beta_3 & \gamma_3 \end{pmatrix}$$

Diese Matrix nennen wir *Darstellungsmatrix* der linearen Abbildung f bezüglich der Basen BV und BW und wir bezeichnen sie mit ${}_{BV}M_{BW}(f)$. Wählen wir andere Basen, so ändert sich natürlich auch die Darstellungsmatrix entsprechend. Eine wichtige allgemeine Beobachtung ist nun, dass die zu einer linearen Abbildung f gehörige Darstellungsmatrix bei fest gewählten Basen nach obiger Konstruktion eindeutig existiert. Gibt man sich umgekehrt bei festen Basen eine (m, n)-Matrix vor (wobei $\dim V = n$ und $\dim W = m$ gelte), so bestimmt diese Matrix eindeutig eine lineare Abbildung, denn durch sie sind die Bilder auf einer Basis festgelegt und nach Satz 11.6 ist damit eine lineare Abbildung schon vollständig bestimmt. Eigentlich gar nicht so schwierig, oder?

Wir fassen noch einmal die Konstruktion der Darstellungsmatrix von f bezüglich der fest gewählten Basen $BV = (v_1, v_2, ..., v_n)$ und $BW = (w_1, w_2, ..., w_m)$ zusammen und halten allgemein fest:

Die k-te Spalte der Darstellungsmatrix $_{BV}M_{BW}(f)$ entsteht aus dem Bild des k-ten Basisvektors $f(v_k)$. Genauer: Der i-te Eintrag $\lambda_{i,k}$ der k-ten Spalte ist der i-te Koeffizient der eindeutigen Linearkombination $f(v_k) = \lambda_{1,k}w_1 + \lambda_{2,k}w_2 + ... + \lambda_{m,k}w_m$, für $1 \leq i \leq m$ und $1 \leq k \leq n$.

Wir bemerken an dieser Stelle noch (ohne Beweis) eine allgemeine und sehr wichtige Eigenschaft von Darstellungsmatrizen. Dafür betrachten wir drei K-Vektorräume U, V und W mit zugehörigen Basen BU, BV und BW. Ferner seien zwei lineare Abbildungen $g : U \to V$ und $f : V \to W$ gegeben, dann gilt für die Darstellungsmatrizen folgender Zusammenhang:

$$_{BU}M_{BW}(f \circ g) = {}_{BV}M_{BW}(f) \cdot {}_{BU}M_{BV}(g)$$

Das bedeutet salopp formuliert: Die Darstellungsmatrix der Hintereinanderausführung entspricht dem Matrixprodukt der Darstellungsmatrizen von f und g. Dieser Zusammenhang macht deutlich, warum die Definition der Matrixmultiplikation tatsächlich sinnvoll ist.

11.8 Berechnung einer Darstellungsmatrix am Beispiel

Nach all der theoretischen Konstruktion wollen wir uns das Ganze an einem konkreten Beispiel veranschaulichen. Dazu nehmen wir wieder unsere Abbildung von oben:

$$f : \mathbb{R}^3 \to \mathbb{R}^3, \quad f \begin{pmatrix} x_1 \\ x_2 \\ x_3 \end{pmatrix} = \begin{pmatrix} x_1 + x_2 \\ x_2 \\ x_3 \end{pmatrix}$$

Als Basis des Definitionsraums $V = \mathbb{R}^3$ wählen wir:

$$BV = \left(\begin{pmatrix} 2 \\ 1 \\ 0 \end{pmatrix}, \begin{pmatrix} 3 \\ 0 \\ 2 \end{pmatrix}, \begin{pmatrix} 0 \\ 5 \\ 6 \end{pmatrix} \right)$$

und als Basis des Zielraums $W = \mathbb{R}^3$ wählen wir:

$$BW = \left(\begin{pmatrix} 5 \\ 0 \\ 1 \end{pmatrix}, \begin{pmatrix} 0 \\ 3 \\ 1 \end{pmatrix}, \begin{pmatrix} 0 \\ 1 \\ 1 \end{pmatrix} \right)$$

Wie sieht die Darstellungsmatrix $_{BV}M_{BW}(f)$ jetzt aus?

Um die erste Spalte zu ermitteln, müssen wir also das Bild des ersten Basisvektors durch eine Linearkombination der Vektoren aus BW darstellen:

$$f\begin{pmatrix}2\\1\\0\end{pmatrix} = \begin{pmatrix}3\\1\\0\end{pmatrix} = \frac{3}{5}\begin{pmatrix}5\\0\\1\end{pmatrix} + \frac{4}{5}\begin{pmatrix}0\\3\\1\end{pmatrix} - \frac{7}{5}\begin{pmatrix}0\\1\\1\end{pmatrix}$$

Wenn die Koeffizienten (so wie hier) nicht auf Anhieb ersichtlich sind, so berechnet man diese als Lösung eines linearen Gleichungssystems, zum Beispiel mit Hilfe des Gaußschen Algorithmus (siehe Kapitel 10 „Lineare Gleichungssysteme"). Die erste Spalte unserer Darstellungsmatrix lautet dann so:

$$\begin{pmatrix}\frac{3}{5} & * & *\\ \frac{4}{5} & * & *\\ -\frac{7}{5} & * & *\end{pmatrix}$$

In gleicher Weise gehen wir für die anderen Basisvektoren vor und erhalten

$$f\begin{pmatrix}3\\0\\2\end{pmatrix} = \begin{pmatrix}3\\0\\2\end{pmatrix} = \frac{3}{5}\begin{pmatrix}5\\0\\1\end{pmatrix} - \frac{7}{10}\begin{pmatrix}0\\3\\1\end{pmatrix} + \frac{21}{10}\begin{pmatrix}0\\1\\1\end{pmatrix}$$

und

$$f\begin{pmatrix}0\\5\\6\end{pmatrix} = \begin{pmatrix}5\\5\\6\end{pmatrix} = 1\begin{pmatrix}5\\0\\1\end{pmatrix} + 0\begin{pmatrix}0\\3\\1\end{pmatrix} + 5\begin{pmatrix}0\\1\\1\end{pmatrix}.$$

Damit haben wir unsere Darstellungsmatrix bestimmt:

$$_{BV}M_{BW}(f) = \begin{pmatrix}\frac{3}{5} & \frac{3}{5} & 1\\ \frac{4}{5} & -\frac{7}{10} & 0\\ -\frac{7}{5} & \frac{21}{10} & 5\end{pmatrix}$$

Eine interessante Frage ist: Was geschieht, wenn man die Darstellungsmatrix von f bezüglich der Standardbasen des $\mathbb{R}^3$ berechnet? Wir betrachten also die Familie

$$S = \left(\begin{pmatrix}1\\0\\0\end{pmatrix}, \begin{pmatrix}0\\1\\0\end{pmatrix}, \begin{pmatrix}0\\0\\1\end{pmatrix}\right)$$

als Basis des Definitions- und des Zielraums der Abbildung f und möchten die Matrix $_SM_S(f)$ berechnen.

Wir bilden also den ersten Basisvektor ab, stellen das Bild als Linearkombination der Standardbasis dar, und tragen die auftretenden Koeffizienten in die erste Spalte ein:

$$f \begin{pmatrix} 1 \\ 0 \\ 0 \end{pmatrix} = \begin{pmatrix} 1 \\ 0 \\ 0 \end{pmatrix} = 1 \begin{pmatrix} 1 \\ 0 \\ 0 \end{pmatrix} + 0 \begin{pmatrix} 0 \\ 1 \\ 0 \end{pmatrix} + 0 \begin{pmatrix} 0 \\ 0 \\ 1 \end{pmatrix}$$

Die erste Spalte lautet somit:

$$\begin{pmatrix} 1 & * & * \\ 0 & * & * \\ 0 & * & * \end{pmatrix}$$

Das machen wir nun auch mit dem zweiten und dem dritten Basisvektor

$$f \begin{pmatrix} 0 \\ 1 \\ 0 \end{pmatrix} = \begin{pmatrix} 1 \\ 1 \\ 0 \end{pmatrix} = 1 \begin{pmatrix} 1 \\ 0 \\ 0 \end{pmatrix} + 1 \begin{pmatrix} 0 \\ 1 \\ 0 \end{pmatrix} + 0 \begin{pmatrix} 0 \\ 0 \\ 1 \end{pmatrix}$$

$$f \begin{pmatrix} 0 \\ 0 \\ 1 \end{pmatrix} = \begin{pmatrix} 0 \\ 0 \\ 1 \end{pmatrix} = 0 \begin{pmatrix} 1 \\ 0 \\ 0 \end{pmatrix} + 0 \begin{pmatrix} 0 \\ 1 \\ 0 \end{pmatrix} + 1 \begin{pmatrix} 0 \\ 0 \\ 1 \end{pmatrix}$$

Und das beschert uns schließlich folgende Matrix:

$$_S M_S(f) = \begin{pmatrix} 1 & 1 & 0 \\ 0 & 1 & 0 \\ 0 & 0 & 1 \end{pmatrix}$$

Und diese Matrix kommt uns schon bekannt vor, denn in Abschnitt 11.6 hatten wir diese Matrix schon verwendet, um die Abbildung f als Matrix-Vektorprodukt zu schreiben:

$$f \begin{pmatrix} x_1 \\ x_2 \\ x_3 \end{pmatrix} = \begin{pmatrix} 1 & 1 & 0 \\ 0 & 1 & 0 \\ 0 & 0 & 1 \end{pmatrix} \begin{pmatrix} x_1 \\ x_2 \\ x_3 \end{pmatrix}$$

Das bedeutet: Haben wir eine lineare Abbildung in solch einer expliziten Darstellung wie in Abschnitt 11.6 gegeben, dann können wir die Darstellungsmatrix bezüglich der Standardbasen direkt ablesen, ohne etwas zu rechnen! Ferner können wir das Bild eines gegebenen Vektors x berechnen, indem wir ihn einfach mit der Darstellungsmatrix bezüglich der Standardbasen multiplizieren. Das funktioniert jedoch nicht mehr so einfach, wenn man f durch eine Darstellungsmatrix bezüglich Basen gegeben hat, die sich von der Standardbasis unterscheiden.

11.9   Abbilden mit einer darstellenden Matrix

Die Frage, die sich uns nun stellt, lautet: Es seien V und W endlichdimensionale K-Vektorräume, und wir haben eine lineare Abbildung $f : V \to W$ durch eine Darstellungsmatrix $_{BV}M_{BW}(f)$ bezüglich irgendwelcher Basen $BV = (v_1, v_2, ..., v_n)$ und $BW = (w_1, w_2, ..., w_m)$ gegeben. Wie ermittelt man das Bild (oder den „Funktionswert") $f(v)$ eines beliebigen Vektors $v \in V$? Da die Abbildung durch die Matrix vollständig bestimmt ist, müssen die dafür notwendigen Informationen irgendwie „kodiert" in der Matrix zu finden sein. Diese Kodierung haben wir schon untersucht: Die Matrix beschreibt die Bilder der Abbildung auf einer Basis. Wir formulieren die Vorgehensweise in einer festen Schrittfolge:

1. Der abzubildende Vektor v muss als Linearkombination der Basisvektoren aus BV geschrieben werden:

$$v = \lambda_1 v_1 + \lambda_2 v_2 + ... + \lambda_n v_n$$

2. Die Koeffizienten $\lambda_1, \lambda_2, ..., \lambda_n$ dieser Linearkombination fassen wir selbst als Vektor aus dem Raum K^n auf:

$$\lambda := \begin{pmatrix} \lambda_1 \\ \vdots \\ \lambda_n \end{pmatrix}$$

3. Dieser „transformierte" Vektor λ wird jetzt mit der Darstellungsmatrix $_{BV}M_{BW}(f)$ multipliziert und wir erhalten als Bildvektor μ ein Element aus dem Raum K^m:

$$\mu = \begin{pmatrix} \mu_1 \\ \vdots \\ \mu_m \end{pmatrix} := {}_{BV}M_{BW}(f) \begin{pmatrix} \lambda_1 \\ \vdots \\ \lambda_n \end{pmatrix}$$

4. Das Bild μ des transformierten Vektors fassen wir als „Koeffizientenvektor" einer Linearkombination der Basisvektoren aus BW auf und erhalten endlich unser $f(v)$:

$$f(v) = \mu_1 w_1 + \mu_2 w_2 + ... + \mu_m w_m$$

Zu kompliziert? Das Rechnen auf diesem Wege mit Darstellungsmatrizen erscheint schon relativ aufwändig, aber der hier allgemein behandelte Fall kommt in der Praxis meist in abgeschwächter Form vor, denn oft hat man es nicht mit beliebigen K-Vektorräumen zu tun, sondern schon mit Räumen der Form K^n (oder schon $\mathbb{R}^n$).

Dann gilt nämlich: Ist die Darstellungsmatrix schon bezüglich der Standardbasen gegeben, so reduziert sich das obige Verfahren lediglich auf die Matrix-Vektormultiplikation aus Schritt 3. Aus dieser Matrixdarstellung kann man ferner auch eine explizite Darstellung ablesen. Ist lediglich die Basis BV des Definitionsraums die Standardbasis, so entfällt die erste „Transformation", man kann dann direkt mit Schritt 3 anfangen. Ist andererseits nur die Basis BW des Zielraums die Standardbasis, so entfällt die zweite „Transformation", und man ist schon nach dem dritten Schritt fertig.

11.10   Beispiel zum Basiswechsel

Zur Illustration des obigen 4-Schritt-Verfahrens zur Auswertung linearer Abbildungen mit Hilfe von Darstellungsmatrizen wollen wir es in folgender Situation anwenden: Gegeben sei wieder unsere lineare Abbildung $f : \mathbb{R}^3 \to \mathbb{R}^3$, diesmal aber durch die in Abschnitt 11.8 aufgestellte Darstellungsmatrix:

$$_{BV}M_{BW}(f) = \begin{pmatrix} \frac{3}{5} & \frac{3}{5} & 1 \\ \frac{4}{5} & -\frac{7}{10} & 0 \\ -\frac{7}{5} & \frac{21}{10} & 5 \end{pmatrix},$$

wobei die Basen gegeben sind durch:

$$BV = \left(\begin{pmatrix} 2 \\ 1 \\ 0 \end{pmatrix}, \begin{pmatrix} 3 \\ 0 \\ 2 \end{pmatrix}, \begin{pmatrix} 0 \\ 5 \\ 6 \end{pmatrix} \right) \quad \text{und} \quad BW = \left(\begin{pmatrix} 5 \\ 0 \\ 1 \end{pmatrix}, \begin{pmatrix} 0 \\ 3 \\ 1 \end{pmatrix}, \begin{pmatrix} 0 \\ 1 \\ 1 \end{pmatrix} \right)$$

Ferner seien zwei weitere Basen gegeben, und zwar:

$$BV' = \left(\begin{pmatrix} 13 \\ 7 \\ 9 \end{pmatrix}, \begin{pmatrix} 0 \\ 1 \\ 0 \end{pmatrix}, \begin{pmatrix} -9 \\ 3 \\ 3 \end{pmatrix} \right) \quad \text{und} \quad BW' = \left(\begin{pmatrix} 1 \\ -2 \\ 3 \end{pmatrix}, \begin{pmatrix} 2 \\ 0 \\ 1 \end{pmatrix}, \begin{pmatrix} -1 \\ 1 \\ 0 \end{pmatrix} \right)$$

Wir wollen jetzt, ausgehend von der Darstellung durch $_{BV}M_{BW}(f)$, die Darstellungsmatrix $_{BV'}M_{BW'}(f)$ bestimmen, das heißt, wir wechseln die Basen der Darstellungsmatrix.

Dazu erinnern wir uns: Die Spalten der Darstellungsmatrix $_{BV'}M_{BW'}(f)$ entstehen dadurch, dass man die Bilder der Basisvektoren aus BV' durch Linearkombinationen von Basisvektoren aus BW' ausdrückt. Zuallererst müssen wir demnach die Basisvektoren aus BV' abbilden, und dafür verwenden wir gerade das obige Schema:

Der erste Basisvektor aus BV' lässt sich folgendermaßen darstellen (die Koeffizienten ermittelt man wieder durch Lösung eines linearen Gleichungssystems):

$$\begin{pmatrix} 13 \\ 7 \\ 9 \end{pmatrix} = \frac{121}{38} \begin{pmatrix} 2 \\ 1 \\ 0 \end{pmatrix} + \frac{42}{19} \begin{pmatrix} 3 \\ 0 \\ 2 \end{pmatrix} + \frac{29}{38} \begin{pmatrix} 0 \\ 5 \\ 6 \end{pmatrix}$$

Nun müssen wir den „transformierten Koeffizientenvektor" $\begin{pmatrix} \frac{121}{38} \\ \frac{42}{19} \\ \frac{29}{38} \end{pmatrix}$ mit der Dar-

stellungsmatrix $_{BV}M_{BW}(f)$ multiplizieren (siehe Schritt 3) und erhalten:

$$
\begin{pmatrix} \frac{3}{5} & \frac{3}{5} & 1 \\ \frac{4}{5} & -\frac{7}{10} & 0 \\ -\frac{7}{5} & \frac{21}{10} & 5 \end{pmatrix} \begin{pmatrix} \frac{121}{38} \\ \frac{42}{19} \\ \frac{29}{38} \end{pmatrix} = \begin{pmatrix} 4 \\ 1 \\ 4 \end{pmatrix}
$$

Mit den Komponenten dieses Vektors bilden wir jetzt die entsprechende Linearkombination aus den Vektoren aus BW und erhalten schließlich:

$$
f \begin{pmatrix} 13 \\ 7 \\ 9 \end{pmatrix} = 4 \begin{pmatrix} 5 \\ 0 \\ 1 \end{pmatrix} + 1 \begin{pmatrix} 0 \\ 3 \\ 1 \end{pmatrix} + 4 \begin{pmatrix} 0 \\ 1 \\ 1 \end{pmatrix} = \begin{pmatrix} 20 \\ 7 \\ 9 \end{pmatrix}
$$

Dieses Bild des ersten Basisvektors aus BV' haben wir durch eine Linearkombination von Basisvektoren aus BW' auszudrücken:

$$
\begin{pmatrix} 20 \\ 7 \\ 9 \end{pmatrix} = -\frac{9}{7} \begin{pmatrix} 1 \\ -2 \\ 3 \end{pmatrix} + \frac{90}{7} \begin{pmatrix} 2 \\ 0 \\ 1 \end{pmatrix} + \frac{31}{7} \begin{pmatrix} -1 \\ 1 \\ 0 \end{pmatrix}
$$

und wir erhalten die erste Spalte der gesuchten Matrix:

$$
_{BV'}M_{BW'}(f) = \begin{pmatrix} -\frac{9}{7} & * & * \\ \frac{90}{7} & * & * \\ \frac{31}{7} & * & * \end{pmatrix}
$$

Wenden wir dieses Verfahren analog auf die verbleibenden Basisvektoren an, so erhalten wir schließlich:

$$
_{BV'}M_{BW'}(f) = \begin{pmatrix} -\frac{9}{7} & -\frac{2}{7} & \frac{9}{7} \\ \frac{90}{7} & \frac{6}{7} & \frac{6}{7} \\ -\frac{31}{7} & \frac{3}{7} & \frac{39}{7} \end{pmatrix}
$$

Wir sehen also, dass unsere Abbildung f durch zwei völlig verschiedene Matrizen repräsentiert wird, und da der Raum $\mathbb{R}^3$ unendlich viele verschiedene Basen besitzt, gibt es im Allgemeinen auch unendlich viele verschiedene Darstellungsmatrizen ein und derselben linearen Abbildung.

Abschließend wollen wir hier noch eine Randbemerkung machen, welche an dieser Stelle nicht verheimlicht werden soll, und die als Ausblick dienen kann. Die Berechnung solcher Basiswechsel, von denen wir gerade ein Beispiel gesehen haben, lässt sich durch sogenannte *Basis-Transformationsmatrizen* in gewisser Weise „automatisieren", das soll heißen, dass man die Darstellungsmatrix bezüglich der neuen Basen erhält, indem man die alte Darstellungsmatrix mit den entsprechenden Basis-Transformationsmatrizen multipliziert.

Thorsten Neuschel, Dipl.-Math., promoviert an der Uni Trier.

12 Determinanten

12.1 Einführung

Der Begriff der *Determinante* hat seine historischen Wurzeln im Versuch, Lösungsformeln für lineare Gleichungssysteme zu finden. Wie so oft in der Mathematik stellte sich das auf diese Weise gefundene „mathematische Objekt" insofern als goldrichtig heraus, dass es nicht nur zu den gewünschten Lösungsformeln führt, sondern in vielen völlig verschiedenen Situationen ein wichtiges mathematisches Handwerkszeug darstellt. Beispiele für solche Situationen findet man unter anderem in der Untersuchung von linearen Abbildungen, in der Volumenberechnung, in der Eigenwerttheorie und in der Theorie der Polynome. Das Ziel dieses Abschnitts ist es jedoch nicht, die breite Anwendungsfreundlichkeit zu demonstrieren, sondern dem mathematischen Anfänger das Handwerksmittel selbst vorzustellen. Die dafür üblichen rigorosen Vorgehensweisen der Lehrbücher oder Vorlesungen zur Einführung von Determinanten klären zunächst deren eindeutige Existenz, bevor zum Beispiel auf Möglichkeiten zur Berechnung eingegangen wird. Ein solcher Weg ist aus strenger mathematischer Sicht sicherlich immer zu bevorzugen, jedoch werden schon zu Anfang viele technische Begriffe benötigt. Um diese Schwierigkeiten zunächst zu vermeiden, wollen wir dem Determinantenbegriff erst einmal behutsam näher kommen, bevor wir uns der allgemeinen Theorie widmen.

12.2   Determinante: Was ist das?

Die Frage aus der Überschrift ist im Prinzip leicht zu beantworten: Eine Determinante ist eine Abbildung, die jeder quadratischen Matrix einen gewissen Wert zuordnet. Dieser Wert gibt Auskunft über verschiedene Eigenschaften der Matrix. Das wollen wir uns jetzt ganz genau anschauen.

Noch eine Bemerkung vorweg: Die gesamte Determinantentheorie wird allgemein für (quadratische) Matrizen mit Einträgen aus einem beliebigen Körper K formuliert. Es ist gut, sich an diese allgemeine Situation zu gewöhnen. Wer aber mag, der kann sich unter K stets den Körper der reellen Zahlen $\mathbb{R}$ vorstellen; dabei sollte er jedoch im Hinterkopf behalten, dass das Ganze auch für beliebige Körper funktioniert. Aber jetzt geht's los:

Definition 12.1 (Determinante)

Es sei K ein Körper, n eine natürliche Zahl und $M(n, K)$ bezeichne die Menge aller (n, n)-Matrizen mit Einträgen aus dem Körper K. Eine *Determinante* ist eine Abbildung det : $M(n, K) \to K$, welche die folgenden Eigenschaften besitzt:

(D1) Der n-dimensionalen Einheitsmatrix $E_n \in M(n, K)$ wird der Wert 1 zugeordnet, das heißt:
$$\det(E_n) = 1$$

(D2) Die Abbildung det ist linear in jeder Spalte.

(D3) Ist der Rang der Matrix $A \in M(n, K)$ kleiner als n, so gilt $\det(A) = 0$.
♦

Diese Definition wollen wir ein wenig erläutern. Streng genommen müssten wir die Abhängigkeit einer Determinante vom „Parameter" n in ihrer Bezeichnung kenntlich machen. Das könnten wir beispielsweise erreichen, indem wir tatsächlich immer $\det_n$ schreiben würden. Aber im praktischen Umgang besteht keine Verwechslungsgefahr, wenn wir den Parameter n in der Notation unterdrücken, denn dieser ergibt sich ja zwangsläufig aus der Größe der betrachteten Matrix.

Die erste Eigenschaft wird auch *Normiertheit* genannt, wobei mit dem „Wert 1" das üblicherweise mit dem Symbol 1 bezeichnete neutrale Element des Körpers K bezüglich der Multiplikation gemeint ist.

Was aber bedeutet „linear in jeder Spalte"? Das machen wir uns am besten an einem Beispiel klar: Wir betrachten eine (3,3)-Matrix, wobei die linke und die rechte Spalte aus beliebigen fest gewählten Einträgen besteht, und die mittlere Spalte sehen wir als eine Variable an. Das bedeutet, wir können folgende Abbildung betrachten:

$$f : K^3 \to K, \quad f \begin{pmatrix} x_1 \\ x_2 \\ x_3 \end{pmatrix} := \det \begin{pmatrix} * & x_1 & * \\ * & x_2 & * \\ * & x_3 & * \end{pmatrix}$$

Von dieser Abbildung f wird nun Linearität gefordert, es soll also für alle Skalare $\lambda, \mu \in K$ und für alle Vektoren $x = \begin{pmatrix} x_1 \\ x_2 \\ x_3 \end{pmatrix}, y = \begin{pmatrix} y_1 \\ y_2 \\ y_3 \end{pmatrix} \in K^3$ gelten:

$$\det \begin{pmatrix} * & \lambda x_1 + \mu y_1 & * \\ * & \lambda x_2 + \mu y_2 & * \\ * & \lambda x_3 + \mu y_3 & * \end{pmatrix} = \lambda \det \begin{pmatrix} * & x_1 & * \\ * & x_2 & * \\ * & x_3 & * \end{pmatrix} + \mu \det \begin{pmatrix} * & y_1 & * \\ * & y_2 & * \\ * & y_3 & * \end{pmatrix}$$

Im allgemeinen Fall soll das nun mit jeder Spalte funktionieren, wenn man die restlichen $n-1$ Spalten festhält. Deswegen werden Determinanten auch als *multilineare Abbildungen* bezeichnet.

Die dritte Eigenschaft bedeutet, dass einer Matrix mit linear abhängigen Spalten der Wert 0 zugewiesen wird, wobei mit 0 das so üblicherweise bezeichnete neutrale Element des Körpers K bezüglich der Addition gemeint ist.

Wichtig zu bemerken ist folgendes: Unsere Definition sagt lediglich aus, dass eine Determinante eine Abbildung ist, welche die geforderten drei Eigenschaften erfüllt. Damit sind zwei fundamentale Dinge noch lange nicht klar, nämlich:

1. Gibt es denn so eine Abbildung überhaupt? Es könnte ja sein, dass sich die drei Forderungen widersprechen.
2. Wenn es solche Abbildungen tatsächlich gibt, wie viele verschiedene kann es geben?

Es wird sich herausstellen, dass für jedes $n \in \mathbb{N}$ genau eine eindeutig bestimmte Abbildung existiert, welche die drei obigen Bedingungen erfüllt. Damit ist es dann gerechtfertigt, dass wir in Zukunft nur noch von *der* Determinante einer Matrix sprechen. Um die eindeutige Existenz allgemein zu beweisen, bedarf es jedoch einiger technischer Hilfsmittel, womit wir uns jetzt aber noch nicht rumschlagen wollen. Stattdessen werden wir uns zunächst ein paar wichtige Spezialfällen widmen, um uns langsam an die Determinanten zu gewöhnen.

12.3   Spezialfälle

12.3.1   Der Fall $n = 1$

Wir fangen klein an und wenden uns als erstes dem Fall $n = 1$ zu. Das bedeutet, wir haben es mit (1,1)-Matrizen zu tun, welche wir (um Verwechslungen zu vermeiden) mit eckigen Klammern in der Form $[a]$ schreiben. Wir suchen also eine Abbildung $\det : M(1, K) \to K$ mit folgenden Eigenschaften:

1. Der Matrix $E_1 = [1]$ wird die 1 zuordnet, das heißt:

$$\det([1]) = 1$$

2. Die Abbildung det ist linear (es gibt ja nur eine Spalte!).

3. Einer Matrix, deren Rang kleiner als 1 ist, wird der Wert 0 zugeordnet. Aufgrund der Tatsache, dass eine Matrix, deren Rang kleiner als 1 ist, schon die Nullmatrix sein muss, können wir diese Bedingung auch folgendermaßen formulieren: Der (1,1)-Matrix, deren einziger Eintrag 0 ist, also $[0]$, wird die 0 zugeordnet.

Für eine beliebige lineare Abbildung $f : M(1, K) \to K$ können wir stets folgendes rechnen:

$$f([a]) = f([1a]) = f(a[1]) = af([1]) = f([1])a,$$

für alle Matrizen $[a] \in M(1, K)$.

Da unsere Abbildung det eine solche lineare Abbildung ist, und die erste Bedingung besagt, dass sie der Matrix $[1]$ den Wert 1 zuordnen muss, haben wir genau eine passende Abbildungsvorschrift gefunden, nämlich:

$$\det : M(1, K) \to K, \quad \det([a]) = a$$

Damit haben wir die eindeutige Existenz der Determinante im Fall $n = 1$ bewiesen. Es wird aber viel interessanter, wenn wir uns dem ersten wirklich relevanten Fall $n = 2$ zuwenden.

12.3.2 Der Fall $n = 2$

In diesem Fall sind wir auf der Suche nach einer Abbildung $\det : M(2, K) \to K$, welche die obigen drei Axiome (D1) bis (D3) erfüllt. Unsere Taktik ist folgendermaßen: Wir nehmen zunächst einmal an, es gibt eine solche Abbildung det (was wir streng genommen noch nicht wissen!) und leiten aus den Axiomen Eigenschaften her, die diese Abbildung dann besitzen muss. Zuerst zeigen wir, dass sich eine Determinante nicht ändert, falls man ein skalares Vielfaches einer Spalte zu einer anderen Spalte hinzuaddiert. Für einen Skalar $\lambda \in K$ und eine beliebige (2,2)-Matrix gilt

$$\det \begin{pmatrix} a & b \\ c & d \end{pmatrix} = \det \begin{pmatrix} a & b \\ c & d \end{pmatrix} + \det \begin{pmatrix} a & \lambda a \\ c & \lambda c \end{pmatrix},$$

da die letzte Determinante aufgrund der dritten Determinantenbedingung den Wert 0 besitzt. Aus der Linearität (in der zweiten Spalte) folgt:

$$\det \begin{pmatrix} a & b \\ c & d \end{pmatrix} = \det \begin{pmatrix} a & b + \lambda a \\ c & d + \lambda c \end{pmatrix}$$

Diese Rechnung funktioniert übrigens genauso im allgemeinen Fall für alle $n \in \mathbb{N}$ und gilt natürlich auch für jede andere Spalte. Unter Ausnutzung dieser Tatsache rechnen wir weiter:

$$\det \begin{pmatrix} 0 & 1 \\ 1 & 0 \end{pmatrix} = \det \begin{pmatrix} 1 & 1 \\ 1 & 0 \end{pmatrix} = \det \begin{pmatrix} 1 & 0 \\ 1 & -1 \end{pmatrix} = \det \begin{pmatrix} 1 & 0 \\ 0 & -1 \end{pmatrix} = -\det \begin{pmatrix} 1 & 0 \\ 0 & 1 \end{pmatrix}$$
$$= -1$$

Bei dieser Rechnung passiert folgendes: Im ersten Schritt haben wir die zweite Spalte zur ersten addiert, im zweiten Schritt wurde das (-1)-fache der ersten Spalte zur zweiten addiert, im dritten Schritt wurde wieder die zweite Spalte zur ersten addiert, und im vierten Schritt haben wir nur die Linearität in der zweiten Spalte ausgenutzt.

Jetzt sind wir bereit zum „finalen" Schritt: Für eine beliebige (2,2)-Matrix folgt unter Ausnutzung der Linearität:

$$\det \begin{pmatrix} a & b \\ c & d \end{pmatrix} = a \det \begin{pmatrix} 1 & b \\ 0 & d \end{pmatrix} + c \det \begin{pmatrix} 0 & b \\ 1 & d \end{pmatrix}$$
$$= a \left(b \det \begin{pmatrix} 1 & 1 \\ 0 & 0 \end{pmatrix} + d \det \begin{pmatrix} 1 & 0 \\ 0 & 1 \end{pmatrix} \right) + c \left(b \det \begin{pmatrix} 0 & 1 \\ 1 & 0 \end{pmatrix} + d \det \begin{pmatrix} 0 & 0 \\ 1 & 1 \end{pmatrix} \right)$$

Aufgrund des dritten Axioms haben $\det \begin{pmatrix} 1 & 1 \\ 0 & 0 \end{pmatrix}$ und $\det \begin{pmatrix} 0 & 0 \\ 1 & 1 \end{pmatrix}$ den Wert 0, woraus schließlich folgt (beachte obige Rechnung):

$$\det \begin{pmatrix} a & b \\ c & d \end{pmatrix} = ad - bc$$

Damit haben wir aus den drei Forderungen eine explizite Formel für eine Abbildung det im Falle $n = 2$ gewonnen.

Das hat zur Konsequenz: *Falls* es eine Determinantenabbildung gibt, dann muss ihre Zuordnungsvorschrift schon von dieser Gestalt sein. Mit anderen Worten: Wir haben damit die Eindeutigkeit bewiesen, aber noch nicht die Existenz. Aufgrund der expliziten Formel kennen wir nun aber den einzigen in Frage kommenden Kandidaten für die Existenz, folglich müssen wir noch nachprüfen, dass die Abbildung

$$f : M(2, K) \to K, \qquad \begin{pmatrix} a & b \\ c & d \end{pmatrix} \mapsto ad - bc$$

die drei geforderten Bedingungen auch wirklich erfüllt (wir nennen diese Abbildung f, da wir sie formal erst dann mit det bezeichnen dürfen, wenn wir sichergestellt haben, dass die Bedingungen erfüllt sind).

Die zweidimensionale Einheitsmatrix wird sicherlich auf 1 abgebildet, also gilt zunächst die erste Bedingung. Die Linearität rechnen wir exemplarisch für die erste Spalte nach (für die zweite Spalte funktioniert das völlig analog). Wir stellen uns also auf den Standpunkt, wir bilden eine Matrix ab, deren zweite Spalte aus den beliebig fest gewählten Körperelementen b und d besteht. Für beliebige $\lambda, \mu \in K$ und Vektoren $x = \begin{pmatrix} x_1 \\ x_2 \end{pmatrix}, y = \begin{pmatrix} y_1 \\ y_2 \end{pmatrix} \in K^2$ gilt dann:

$$f \begin{pmatrix} \lambda x_1 + \mu y_1 & b \\ \lambda x_2 + \mu y_2 & d \end{pmatrix} = (\lambda x_1 + \mu y_1)d - b(\lambda x_2 + \mu y_2)$$

$$= \lambda(x_1 d - x_2 b) + \mu(y_1 d - y_2 b)$$

$$= \lambda f \begin{pmatrix} x_1 & b \\ x_2 & d \end{pmatrix} + \mu f \begin{pmatrix} y_1 & b \\ y_2 & d \end{pmatrix}$$

Um die dritte Eigenschaft zu beweisen, verwenden wir folgende Tatsache: Wenn der Rang der Matrix $\begin{pmatrix} a & b \\ c & d \end{pmatrix}$ kleiner als 2 ist, dann sind die Spaltenvektoren linear abhängig, und damit ist eine der Spalten das skalare Vielfache der anderen Spalte. Das bedeutet, entweder gibt es ein $\lambda \in K$ mit

$$\begin{pmatrix} a \\ c \end{pmatrix} = \lambda \begin{pmatrix} b \\ d \end{pmatrix},$$

oder es gibt ein $\mu \in K$ mit:

$$\begin{pmatrix} b \\ d \end{pmatrix} = \mu \begin{pmatrix} a \\ c \end{pmatrix}$$

Angenommen, der erste Fall tritt ein, dann folgt:

$$f \begin{pmatrix} a & b \\ c & d \end{pmatrix} = f \begin{pmatrix} \lambda b & b \\ \lambda d & d \end{pmatrix} = \lambda bd - \lambda bd = 0$$

Im verbleibenden Fall folgt analog, dass die Matrix durch f auf 0 abgebildet wird.

Damit haben wir gezeigt, dass unser konkretes f alle drei Eigenschaften aus Definition 12.1 erfüllt, und somit haben wir die eindeutige Existenz der Determinante im Fall $n = 2$ bewiesen. Mehr noch, wir können eine explizite Formel zur Berechnung angeben, nämlich:

$$\det \begin{pmatrix} a & b \\ c & d \end{pmatrix} = ad - bc$$

12.3.3 Der Fall $n = 3$

Der Fall $n = 3$ ist der letzte Fall, den wir „zu Fuß" erledigen wollen, bei dem wir aber auch etwas für den allgemeinen Fall lernen werden. Dabei unterstellen wir zunächst wieder (wie im Fall $n = 2$) die Existenz einer solchen Determinantenabbildung und rechnen munter drauflos. Für eine beliebige (3,3)-Matrix mit den Einträgen $a_{i,j} \in K$ $(i, j \in \{1,2,3\})$ erhalten wir aus der geforderten Linearität:

$$\det \begin{pmatrix} a_{1,1} & a_{1,2} & a_{1,3} \\ a_{2,1} & a_{2,2} & a_{2,3} \\ a_{3,1} & a_{3,2} & a_{3,3} \end{pmatrix} = a_{1,1} \det \begin{pmatrix} 1 & a_{1,2} & a_{1,3} \\ 0 & a_{2,2} & a_{2,3} \\ 0 & a_{3,2} & a_{3,3} \end{pmatrix}$$

$$+ a_{2,1} \det \begin{pmatrix} 0 & a_{1,2} & a_{1,3} \\ 1 & a_{2,2} & a_{2,3} \\ 0 & a_{3,2} & a_{3,3} \end{pmatrix} + a_{3,1} \det \begin{pmatrix} 0 & a_{1,2} & a_{1,3} \\ 0 & a_{2,2} & a_{2,3} \\ 1 & a_{3,2} & a_{3,3} \end{pmatrix}$$

Jede Determinante auf der rechten Seite kann man auf die gleiche Weise durch Ausnutzung der Linearität zerlegen. Wir schauen uns das exemplarisch für die erste Determinante (der rechten Seite) an:

$$\det \begin{pmatrix} 1 & a_{1,2} & a_{1,3} \\ 0 & a_{2,2} & a_{2,3} \\ 0 & a_{3,2} & a_{3,3} \end{pmatrix} = a_{1,2} \det \begin{pmatrix} 1 & 1 & a_{1,3} \\ 0 & 0 & a_{2,3} \\ 0 & 0 & a_{3,3} \end{pmatrix}$$

$$+ a_{2,2} \det \begin{pmatrix} 1 & 0 & a_{1,3} \\ 0 & 1 & a_{2,3} \\ 0 & 0 & a_{3,3} \end{pmatrix} + a_{3,2} \det \begin{pmatrix} 1 & 0 & a_{1,3} \\ 0 & 0 & a_{2,3} \\ 0 & 1 & a_{3,3} \end{pmatrix}$$

Nach der dritten geforderten Eigenschaft in Definition 12.1 besitzt die erste Determinante der rechten Seite den Wert null. Die restlichen Determinanten können wir erneut (jetzt aber zum letzten Mal!) zerlegen, zum Beispiel ergibt sich für diejenige im letzten Summanden:

$$\det \begin{pmatrix} 1 & 0 & a_{1,3} \\ 0 & 0 & a_{2,3} \\ 0 & 1 & a_{3,3} \end{pmatrix}$$

$$= a_{1,3} \det \begin{pmatrix} 1 & 0 & 1 \\ 0 & 0 & 0 \\ 0 & 1 & 0 \end{pmatrix} + a_{2,3} \det \begin{pmatrix} 1 & 0 & 0 \\ 0 & 0 & 1 \\ 0 & 1 & 0 \end{pmatrix} + a_{3,3} \det \begin{pmatrix} 1 & 0 & 0 \\ 0 & 0 & 0 \\ 0 & 1 & 1 \end{pmatrix}$$

$$= a_{2,3} \det \begin{pmatrix} 1 & 0 & 0 \\ 0 & 0 & 1 \\ 0 & 1 & 0 \end{pmatrix},$$

wobei im letzten Schritt wieder zwei Summanden wegfallen (aufgrund des dritten Axioms). Zerlegen wir also alle auftretenden Determinanten auf diese Weise so weit wie möglich, dann erhalten wir:

$$\det \begin{pmatrix} a_{1,1} & a_{1,2} & a_{1,3} \\ a_{2,1} & a_{2,2} & a_{2,3} \\ a_{3,1} & a_{3,2} & a_{3,3} \end{pmatrix}$$

$$= a_{1,1}\, a_{2,2}\, a_{3,3} \det \begin{pmatrix} 1 & 0 & 0 \\ 0 & 1 & 0 \\ 0 & 0 & 1 \end{pmatrix} + a_{1,1}\, a_{3,2}\, a_{2,3} \det \begin{pmatrix} 1 & 0 & 0 \\ 0 & 0 & 1 \\ 0 & 1 & 0 \end{pmatrix}$$

$$+ a_{2,1}\, a_{1,2}\, a_{3,3} \det \begin{pmatrix} 0 & 1 & 0 \\ 1 & 0 & 0 \\ 0 & 0 & 1 \end{pmatrix} + a_{2,1}\, a_{3,2}\, a_{1,3} \det \begin{pmatrix} 0 & 0 & 1 \\ 1 & 0 & 0 \\ 0 & 1 & 0 \end{pmatrix}$$

$$+ a_{3,1}\, a_{1,2}\, a_{2,3} \det \begin{pmatrix} 0 & 1 & 0 \\ 0 & 0 & 1 \\ 1 & 0 & 0 \end{pmatrix} + a_{3,1}\, a_{2,2}\, a_{1,3} \det \begin{pmatrix} 0 & 0 & 1 \\ 0 & 1 & 0 \\ 1 & 0 & 0 \end{pmatrix}$$

Wir konnten also unter Ausnutzung der zweiten und der dritten Eigenschaft in Definition 12.1 die Berechnung der Determinante einer allgemeinen (3,3)-Matrix auf die Berechnung ganz bestimmter Determinanten zurückführen. Um diese speziellen Fälle weiter zu untersuchen, machen wir eine allgemeine Beobachtung. Schon im Fall $n = 2$ haben wir gesehen, dass man innerhalb der Matrix ein skalares Vielfaches einer Spalte zu einer anderen Spalte addieren kann, ohne den Wert der Determinante zu ändern. Daraus folgt eine weitere wichtige Eigenschaft: Vertauscht man zwei Spalten, so ändert die Determinante lediglich ihr Vorzeichen. Um das einzusehen, betrachten wir eine (3,3)-Matrix mit den Spalten A_1, A_2 und A_3, wobei wir die erste und die zweite Spalte tauschen möchten.
Es gilt:

$$\det(A_1, A_2, A_3) = \det(A_1, A_1 + A_2, A_3) = \det(-A_2, A_1 + A_2, A_3)$$
$$= \det(-A_2, A_1, A_3) = -\det(A_2, A_1, A_3).$$

Im ersten Schritt haben wir die erste Spalte zur zweiten Spalte addiert, im zweiten Schritt wurde das (-1)-fache der zweiten Spalte zur ersten Spalte addiert, im dritten Schritt wurde wieder die erste Spalte zur zweiten addiert, und anschließend haben wir die Linearität in der ersten Spalte ausgenutzt.

Diese Eigenschaft gilt nicht nur für (3,3)-Matrizen, sondern für beliebige (n,n)-Matrizen und natürlich für beliebige Spalten, weshalb Determinanten auch als *alternierend* bezeichnet werden.

Jetzt können wir die obigen speziellen Determinanten berechnen, indem wir sie durch Vertauschen der Spalten auf die Determinante der Einheitsmatrix zurückführen. Es ergibt sich durch Vertauschen der zweiten mit der dritten Spalte:

$$\det \begin{pmatrix} 1 & 0 & 0 \\ 0 & 0 & 1 \\ 0 & 1 & 0 \end{pmatrix} = -\det \begin{pmatrix} 1 & 0 & 0 \\ 0 & 1 & 0 \\ 0 & 0 & 1 \end{pmatrix} = -1$$

Entsprechend bekommen wir jeweils:

$$\det \begin{pmatrix} 0 & 1 & 0 \\ 1 & 0 & 0 \\ 0 & 0 & 1 \end{pmatrix} = -1 \quad \text{und} \quad \det \begin{pmatrix} 0 & 0 & 1 \\ 0 & 1 & 0 \\ 1 & 0 & 0 \end{pmatrix} = -1,$$

und durch zweimalige Vertauschung erhalten wir jeweils:

$$\det \begin{pmatrix} 0 & 0 & 1 \\ 1 & 0 & 0 \\ 0 & 1 & 0 \end{pmatrix} = 1 \quad \text{und} \quad \det \begin{pmatrix} 0 & 1 & 0 \\ 0 & 0 & 1 \\ 1 & 0 & 0 \end{pmatrix} = 1.$$

Damit haben wir eine explizite Formel für die Determinante hergeleitet (falls eine solche überhaupt existiert!):

$$\det \begin{pmatrix} a_{1,1} & a_{1,2} & a_{1,3} \\ a_{2,1} & a_{2,2} & a_{2,3} \\ a_{3,1} & a_{3,2} & a_{3,3} \end{pmatrix} = a_{1,1}\, a_{2,2}\, a_{3,3} + a_{1,2}\, a_{2,3}\, a_{3,1} + a_{1,3}\, a_{2,1}\, a_{3,2}$$

$$- a_{1,3}\, a_{2,2}\, a_{3,1} - a_{1,1}\, a_{2,3}\, a_{3,2} - a_{1,2}\, a_{2,1}\, a_{3,3}$$

Die Eindeutigkeit ist damit auch hier gezeigt. Den Nachweis der Existenz führt man analog zum Fall $n = 2$, indem man nun nachweist, dass der gerade gefundene Kandidat die drei in Definition 12.1 geforderten Eigenschaften besitzt.

Die gefundene Formel für die Determinante einer (3,3)-Matrix wird auch als *Regel von Sarrus* bezeichnet. Um sich die Formel besser merken zu können, kann man sich die auftretenden Summanden folgendermaßen veranschaulichen. Wir erweitern die ursprüngliche Matrix, indem wir die ersten zwei Spalten noch einmal rechts daneben schreiben:

$$
\begin{array}{ccccc}
\overset{+}{a_{1,1}} & \overset{+}{a_{1,2}} & \overset{+}{a_{1,3}} & \overset{-}{a_{1,1}} & \overset{-}{a_{1,2}} \\
a_{2,1} & a_{2,2} & a_{2,3} & a_{2,1} & a_{2,2} \\
a_{3,1} & a_{3,2} & a_{3,3} & a_{3,1} & a_{3,2}
\end{array}
$$

Der erste Summand unserer Formel entsteht als das Produkt der Elemente auf der (Haupt-)Diagonalen, also $a_{1,1}\,a_{2,2}\,a_{3,3}$. Verschieben wir diese Diagonale um eine Spalte nach rechts, so entsteht der zweite Summand $a_{1,2}\,a_{2,3}\,a_{3,1}$ als das Produkt der dort liegenden Elemente. Ein erneutes Verschieben der Diagonalen um eine Spalte nach rechts verschafft uns den Term $a_{1,3}\,a_{2,1}\,a_{3,2}$. Die Summanden mit negativem Vorzeichen entstehen in ähnlicher Weise, nämlich indem wir die Diagonale von links unten anstatt von links oben starten lassen (der erste negative Summand ist $-a_{1,3}\,a_{2,2}\,a_{3,1}$) und schrittweise nach rechts verschieben.

12.4   Der allgemeine Fall

An den vorangegangenen Spezialfällen für kleine $n \in \mathbb{N}$ konnten wir beobachten, dass sich aus den in Definition 12.1 geforderten Eigenschaften explizite Formeln zur Berechnung der Determinanten herleiten lassen. Damit ist die Eindeutigkeit der jeweiligen Determinantenabbildung gesichert und der Existenznachweis kann dann geführt werden, indem für die gefundene Berechnungsvorschrift nachgewiesen wird, dass sie die gewünschten Eigenschaften tatsächlich besitzt. Jedoch stellt sich heraus, dass es schon ab dem Fall $n = 4$ sehr unpraktisch ist, explizite Formeln anzugeben, da die Anzahl der Summanden mit n stark zunimmt. Um trotzdem eine Berechnungsvorschrift für den allgemeinen Fall formulieren zu können, benötigen wir ein paar Hilfsmittel.

Definition 12.2 (Permutationen, Transpositionen)
Sei n eine natürliche Zahl.

1. Unter einer *Permutation* verstehen wir eine bijektive Abbildung

$$\pi : \{1, \ldots, n\} \to \{1, \ldots, n\}.$$

   Die Menge aller solcher Permutationen bezeichnen wir mit S_n.
2. Unter einer *Transposition* τ verstehen wir eine Permutation, welche genau zwei Elemente der Menge $\{1, \ldots, n\}$ vertauscht, und alle anderen Elemente an ihrem Platz lässt.

◆

Eine Permutation kann man sich ohne weiteres als eine Vertauschung der Anordnung der Zahlen 1 bis n vorstellen. In der Kombinatorik zeigt man, dass die Menge S_n genau $n!$ Elemente besitzt. Die *identische Abbildung* definiert durch $\mathrm{id} : \{1, \ldots, n\} \to \{1, \ldots, n\}$, $i \mapsto i$ ist natürlich immer ein Element von S_n.

Es gibt verschiedene Möglichkeiten Permutationen darzustellen, wir wählen hier eine Darstellungsform, welche sich für unsere Situation als nützlich erweist.

Definition 12.3 (Permutationsmatrizen)
Es sei n eine natürliche Zahl. Eine (n,n)-Matrix nennen wir *Permutations-matrix*, falls in jeder Spalte und in jeder Zeile genau eine 1 steht und die restlichen Einträge 0 sind. Die Menge aller (n,n)-Permutationsmatrizen bezeichnen wir mit P_n. ♦

Zwischen Permutationen und Permutationsmatrizen besteht ein sehr enger Zusammenhang. Haben wir nämlich eine beliebige Permutation $\pi \in S_n$ gegeben, so können wir daraus eine Matrix basteln, indem wir in der i-ten Zeile genau an der Stelle $\pi(i)$ eine 1 setzen und die restliche Zeile mit 0 auffüllen. Diese Matrix bezeichnen wir dann mit $M(\pi)$. Formal bedeutet das: Die Einträge $a_{i,j}$ mit $i,j \in \{1,\ldots,n\}$ der Matrix $M(\pi)$ werden folgendermaßen gebildet:

$$a_{i,j} = \begin{cases} 1 & j = \pi(i) \\ 0 & \text{sonst} \end{cases}$$

Man kann nun zeigen, dass diese Zuordnung eine Bijektion der Menge S_n auf die Menge P_n ist. Also lässt sich jeder Permutation $\pi \in S_n$ eindeutig ihre Permutationsmatrix $M(\pi)$ zuordnen und umgekehrt.

Dazu betrachten wir zwei Beispiele:

1. Die Permutationsmatrix der identischen Abbildung

$$\text{id} : \{1,\ldots,n\} \to \{1,\ldots,n\}, \ i \mapsto i$$

ist natürlich die n-dimensionale Einheitsmatrix.

2. Es sei $n = 4$ und die Permutation $\pi \in S_4$ sei definiert durch

$$\pi(1) = 2, \ \pi(2) = 1, \ \pi(3) = 4, \ \pi(4) = 3.$$

Dann gilt für die zugehörige Permutationsmatrix:

$$M(\pi) = \begin{pmatrix} 0 & 1 & 0 & 0 \\ 1 & 0 & 0 & 0 \\ 0 & 0 & 0 & 1 \\ 0 & 0 & 1 & 0 \end{pmatrix}.$$

Eine kleine Beobachtung können wir an dieser Stelle leicht machen: Jede Permutation $\pi \in S_n$ kann man als Hintereinanderausführung von Transpositionen schreiben. Stellen wir uns nämlich die Permutationsmatrix $M(\pi)$ vor, so können wir diese schrittweise durch Vertauschung zweier Spalten in die Einheitsmatrix überführen. Diese Spaltenvertauschungen können wir als Transpositionen auffassen, und wenn man diesen Vorgang rückwärts ablaufen lässt, so erhalten wir aus der Identität id durch schrittweises Anwenden dieser Transpositionen gerade unsere Permutation π.

Definition 12.4 (Fehlstand, Signum)
Es sei n eine natürliche Zahl und $\pi \in S_n$ eine Permutation. Wir nennen ein Paar (i,j) mit $1 \leq i < j \leq n$ einen *Fehlstand* von π, wenn $\pi(i) > \pi(j)$ gilt. Die Gesamtanzahl an Fehlständen der Permutation π bezeichnen wir mit $F(\pi)$. Das *Vorzeichen* oder *Signum* einer Permutation π definieren wir durch:

$$\mathrm{sign}(\pi) = (-1)^{F(\pi)}$$

Eine Permutation π nennen wir *gerade*, falls ihr Signum den Wert 1 besitzt, andernfalls nennen wir sie *ungerade*. ◆

Zur Illustration schauen wir uns die Fehlstände schon bekannter Beispiele an:

1. Die Identität id $\in S_n$ besitzt keine Fehlstände, demnach ist sie eine gerade Permutation.

2. Es sei $n = 4$ und die Permutation $\pi \in S_4$ sei wie oben definiert durch:

$$\pi(1) = 2, \ \pi(2) = 1, \ \pi(3) = 4, \ \pi(4) = 3$$

Die Fehlstände von π sind die Paare $(1,2)$ und $(3,4)$, weshalb es sich um eine gerade Permutation handelt.

Nun nehmen wir für ein natürliches n an, es gibt eine Determinantenabbildung det mit den in Definition 12.1 geforderten Eigenschaften.

Satz 12.5
Es sei $\pi \in S_n$, dann gilt:

$$\det(M(\pi)) = \mathrm{sign}(\pi)$$

Bevor wir diesen Zusammenhang beweisen, müssen wir eine kleine formale Bemerkung zur behaupteten Identität machen. In der Definition der Permutationsmatrizen sowie auch in der Definition des Signums haben wir lediglich von den „Werten 0 und 1" gesprochen. Da wir die Theorie aber für beliebige Körper formulieren möchten, hängen die Werte 0 und 1 als neutrale Elemente bezüglich der jeweiligen Operationen streng genommen natürlich vom betrachteten Körper K ab. Deshalb lesen wir (wie auch schon oben) die Symbole 0 und 1 eben stets als diese neutralen Elemente des Körpers K und nicht notwendigerweise als die reellen Zahlen 0 und 1. Jetzt aber zum Beweis.

Beweis: Wir wissen schon, dass jede Permutation als Hintereinanderausführung von Transpositionen geschrieben werden kann. Eine Transposition selbst kann aber leicht als Hintereinanderausführung von sogenannten *Nachbarvertauschungen* geschrieben werden, wobei wir unter einer *Nachbarvertauschung* eine Transposition verstehen, welche benachbarte Zahlen vertauscht. Wir zeigen jetzt, dass für eine beliebige Permutation σ und eine Nachbarvertauschung τ gilt:

$$\text{sign}(\tau \circ \sigma) = -\text{sign}(\sigma)$$

Dazu betrachten wir die Anzahl an Fehlständen von σ. Schalten wir eine Nachbarvertauschung hinter σ, dann hebt sich entweder genau ein Fehlstand auf, oder es entsteht genau ein neuer. Damit ändert sich die Anzahl der Fehlstände um genau 1, was bedeutet, dass sich das Vorzeichen des Signums beim Übergang von σ zu $\tau \circ \sigma$ ändert.

Jetzt nutzen wir aus, dass sich eine Determinante bei Spaltenvertauschungen auch lediglich durch einen Vorzeichenwechsel ändert. Sei also π eine Permutation aus S_n, welche wir uns durch die Hintereinanderausführung von lauter Nachbarvertauschungen geschrieben denken. Wegen $M(\text{id}) = E_n$ und des ersten Axioms aus Definition 12.1 gilt:

$$\det(M(\text{id})) = \text{sign}(\text{id})$$

Wir überführen jetzt die identische Abbildung id schrittweise durch Anwendung von Nachbarvertauschungen in unsere Permutation π. Das bedeutet in jedem Schritt eine Vertauschung zweier Spalten der Permutationsmatrizen linker Hand, was zur Konsequenz hat, dass sich die linke Seite bei jedem Schritt genau durch einen Vorzeichenwechsel ändert. Die rechte Seite reagiert jedoch in jedem Schritt exakt genauso, also erhalten wir die Behauptung. □

Jetzt sind wir in der Lage, aus der Annahme der Existenz einer Determinantenabbildung det mit den in Definition 12.1 geforderten Eigenschaften eine allgemeine explizite Darstellung zu gewinnen. Dazu geben wir uns eine beliebige Matrix aus $M(n, K)$ vor und betrachten:

$$\det \begin{pmatrix} a_{1,1} & \cdots & a_{1,n} \\ \vdots & \ddots & \vdots \\ a_{n,1} & \cdots & a_{n,n} \end{pmatrix}$$

Stellen wir jede Spalte der Matrix als Linearkombination bezüglich der Standardbasis dar und nutzen die geforderte Linearität der Determinante aus, so erhalten wir zunächst eine große Summe von n^n Summanden. Wie wir im Spezialfall $n = 3$ schon beobachten konnten, verschwinden alle diejenigen Summanden, in denen die Determinante einer Matrix zu berechnen ist, deren Rang kleiner als n ist (aufgrund des dritten Axioms). Übrig bleiben also genau die Summanden, in denen die Determinante einer Matrix vorkommt, welche in jeder Spalte und jeder Zeile genau eine 1 besitzt. Und das sind gerade alle Permutationsmatrizen!

Wir erhalten schließlich:

$$\det \begin{pmatrix} a_{1,1} & \cdots & a_{1,n} \\ \vdots & \ddots & \vdots \\ a_{n,1} & \cdots & a_{n,n} \end{pmatrix} = \sum_{\pi \in S_n} \det(M(\pi)) a_{1,\pi(1)} a_{2,\pi(2)} \cdots a_{n,\pi(n)},$$

wobei die Summation über alle Permutationen π aus S_n ausgeführt wird.

Wegen des in Satz 12.5 gezeigten Zusammenhangs können wir das umschreiben in:

$$\det \begin{pmatrix} a_{1,1} & \cdots & a_{1,n} \\ \vdots & \ddots & \vdots \\ a_{n,1} & \cdots & a_{n,n} \end{pmatrix} = \sum_{\pi \in S_n} \text{sign}(\pi) a_{1,\pi(1)} a_{2,\pi(2)} \cdots a_{n,\pi(n)}$$

Dies ist die berühmte *Leibnizsche Determinantenformel*. Damit haben wir die Eindeutigkeit und eine konkrete Gestalt für die Zuordnungsvorschrift für allgemeines $n \in \mathbb{N}$ hergeleitet. Den Nachweis der Existenz einer Determinantenabbildung kann man jetzt anhand dieser Formel wie in den Spezialfällen führen (auf diesen Beweis verzichten wir an dieser Stelle, dafür sei auf entsprechende Lehrbücher verwiesen.)

Als zentrales Ergebnis formulieren wir das nochmals in einem Satz:

Satz 12.6 (Leibnizsche Determinantenformel)

Es sei K ein Körper und n eine natürliche Zahl. Dann existiert genau eine Abbildung $\det : M(n, K) \to K$ mit den in Definition 12.1 geforderten Eigenschaften. Diese ist für eine Matrix $A = (a_{i,j}) \in M(n, K)$ gegeben durch:

$$\det A = \sum_{\pi \in S_n} \text{sign}(\pi) a_{1,\pi(1)} a_{2,\pi(2)} \cdots a_{n,\pi(n)}$$

Zur Illustration der Leibnizschen Determinantenformel wollen wir nun die Determinante einer (2,2)-Matrix berechnen. Die einzigen Permutationen der Menge $\{1,2\}$ sind die identische Abbildung id und die Abbildung, welche die Elemente 1 und 2 vertauscht. Erstere ist eine gerade und letztere ist eine ungerade Permutation. Nach Satz 12.6 erhalten wir (was wir natürlich schon wussten):

$$\det \begin{pmatrix} a_{1,1} & a_{1,2} \\ a_{2,1} & a_{2,2} \end{pmatrix} = a_{1,1}\, a_{2,2} - a_{1,2}\, a_{2,1}$$

Bevor wir uns weitere Möglichkeiten zur praktischen Berechnung von Determinanten anschauen, stellen wir der Vollständigkeit halber die wichtigsten Eigenschaften zusammen. Einige davon haben wir bereits hergeleitet, die restlichen Eigenschaften lassen sich daraus mehr oder weniger schnell ableiten. Für die Beweise sei auf entsprechende Literatur verwiesen.

Satz 12.7 (Eigenschaften)

Es sei K ein Körper und n sei eine natürliche Zahl.

1. *Für jede Matrix $A \in M(n, K)$ gilt $\det A = \det A^T$, wobei A^T die transponierte Matrix von A bezeichnet.*
2. *Für alle Skalare $\lambda \in K$ und Matrizen $A \in M(n, K)$ gilt $\det(\lambda A) = \lambda^n \det(A)$.*
3. *Für $A \in M(n, K)$ ist $\det A = 0$ genau dann, wenn $\operatorname{Rang}(A) < n$.*
4. *Für obere Dreiecksmatrizen ist die Determinante durch das Produkt der Elemente auf der Hauptdiagonalen gegeben.*
5. *Vertauscht man zwei Zeilen oder Spalten einer Matrix, so wechselt die Determinante der Matrix lediglich das Vorzeichen.*
6. *Überführt man eine Matrix A durch Addition eines skalaren Vielfachen einer Zeile zu einer anderen Zeile in die Matrix B, so gilt $\det(A) = \det(B)$.*
7. *Für zwei Matrizen $A, B \in M(n, K)$ gilt der Multiplikationssatz: $\det(AB) = \det(A)\det(B)$.*

Hinweis: Man *transponiert* eine quadratische Matrix, indem man die Elemente an der Hauptdiagonalen spiegelt. Beispiel:

$$\begin{pmatrix} a_{1,1} & a_{1,2} \\ a_{2,1} & a_{2,2} \end{pmatrix}^T = \begin{pmatrix} a_{1,1} & a_{2,1} \\ a_{1,2} & a_{2,2} \end{pmatrix}$$

12.5 Praktische Berechnung von Determinanten

Wir wissen nun, dass für jede natürliche Zahl $n \in \mathbb{N}$ eine eindeutige Determinantenabbildung existiert, welche jeder (n, n)-Matrix A mit Einträgen aus dem Körper K eine Zahl $\det A \in K$ zuordnet. Für den Fall $n \in \{1,2,3\}$ haben wir brauchbare explizite Formeln zur Berechnung an der Hand, jedoch für $n \geq 4$ stellt die Leibnizsche Determinantenformel aufgrund der hohen Summandenanzahl von $n!$ kein effektives Werkzeug zur konkreten Berechnung mehr dar. Die Frage nach weiteren Möglichkeiten zur Auswertung von Determinanten drängt sich auf. Wir schauen uns zwei dieser Möglichkeiten an.

12.5.1 Der Gaußsche Algorithmus

Die vierte, fünfte und sechste Eigenschaft aus Satz 12.7 versetzt uns in die Lage, Determinanten zu berechnen, indem wir die Matrix schrittweise durch elementare Zeilenumformungen auf Zeilenstufenform bringen. Dabei muss die Anzahl der

Zeilenvertauschungen beachtet werden, denn pro Vertauschung wechselt die Determinante das Vorzeichen. Haben wir schließlich Zeilenstufenform erreicht, so ergibt sich die Determinante als das Produkt der Einträge auf der Hauptdiagonalen, denn die Matrix ist dann eine obere Dreiecksmatrix. Wir führen das am besten an einem Beispiel durch. Wir möchten folgende Determinante einer (4,4)-Matrix A aus $M(4,\mathbb{R})$ berechnen:

$$\det(A) = \det \begin{pmatrix} 0 & 1 & 0 & 9 \\ 2 & 2 & 3 & 7 \\ -4 & 5 & -1 & -3 \\ 0 & 3 & 0 & 2 \end{pmatrix}$$

Zunächst vertauschen wir die erste und die dritte Zeile, um zu erreichen, dass der linke obere Eintrag nicht null ist. Dabei ändert sich das Vorzeichen der Determinante und wir erhalten:

$$\det(A) = -\det \begin{pmatrix} -4 & 5 & -1 & -3 \\ 2 & 2 & 3 & 7 \\ 0 & 1 & 0 & 9 \\ 0 & 3 & 0 & 2 \end{pmatrix}$$

Jetzt müssen wir in der ersten Spalte Nullen erzeugen, wir addieren also das $\frac{1}{2}$-fache der 1. Zeile zur 2. Zeile. Dabei ändert sich die Determinante aufgrund der Eigenschaft 6 aus Satz 12.7 nicht:

$$\det(A) = -\det \begin{pmatrix} -4 & 5 & -1 & -3 \\ 0 & \frac{9}{2} & \frac{5}{2} & \frac{11}{2} \\ 0 & 1 & 0 & 9 \\ 0 & 3 & 0 & 2 \end{pmatrix}$$

Um Nullen in der zweiten Spalte zu erzeugen, addieren wir das $-\frac{2}{9}$-fache der 2. Zeile zur 3. Zeile und das $-\frac{2}{3}$-fache der 2. Zeile zur 4. Zeile:

$$\det(A) = -\det \begin{pmatrix} -4 & 5 & -1 & -3 \\ 0 & \frac{9}{2} & \frac{5}{2} & \frac{11}{2} \\ 0 & 0 & -\frac{5}{9} & \frac{70}{9} \\ 0 & 0 & -\frac{5}{3} & -\frac{5}{3} \end{pmatrix}$$

Zuletzt addieren wir das (-3)-fache der 3. Zeile zur 4. Zeile und können die Determinante als Produkt der Einträge auf der Hauptdiagonalen ablesen:

$$\det(A) = -\det \begin{pmatrix} -4 & 5 & -1 & -3 \\ 0 & \frac{9}{2} & \frac{5}{2} & \frac{11}{2} \\ 0 & 0 & -\frac{5}{9} & \frac{70}{9} \\ 0 & 0 & 0 & -25 \end{pmatrix} = -(-4)\cdot\frac{9}{2}\cdot\left(-\frac{5}{9}\right)\cdot(-25) = 250$$

12.5.2 Die Laplacesche Entwicklungsformel

Eine weitere Alternative zur Determinantenberechnung stellt die sogenannte *Laplacesche Entwicklungsformel* dar. Diese Methode erlaubt die Zurückführung der Determinante einer (n, n)-Matrix auf Determinanten von $(n-1, n-1)$-Matrizen. Besonders effektiv lässt sich das bei Matrizen anwenden, welche viele Nulleinträge besitzen. Zur Formulierung benötigen wir noch eine Schreibweise:

Es sei n eine natürliche Zahl mit $n \geq 2$ und $A = (a_{i,j}) \in M(n, K)$ eine Matrix. Für zwei Indizes $i, j \in \{1, \ldots, n\}$ bezeichnen wir mit $A_{i,j}$ diejenige $(n-1, n-1)$-Matrix aus $M(n-1, K)$, welche aus A entsteht, indem die i-te Zeile und die j-te Spalte weggelassen werden.

Satz 12.8 (Laplacesche Entwicklungsformel)

Es sei K ein Körper, n eine natürliche Zahl mit $n \geq 2$ und $A = (a_{i,j}) \in M(n, K)$ sei eine Matrix. Dann gilt für jedes $j \in \{1, \ldots, n\}$ die folgende „Entwicklung nach der j-ten Spalte":

$$\det(A) = \sum_{i=1}^{n} (-1)^{i+j} a_{i,j} \det(A_{i,j})$$

Ferner gilt für jedes $i \in \{1, \ldots, n\}$ die folgende „Entwicklung nach der i-ten Zeile":

$$\det(A) = \sum_{j=1}^{n} (-1)^{i+j} a_{i,j} \det(A_{i,j})$$

Zum Beweis sei auf entsprechende Literatur verwiesen. Wir wollen jedoch eine solche „Entwicklung" an einem Beispiel demonstrieren. Dafür betrachten wir folgende Determinante einer $(5,5)$-Matrix A aus $M(5, \mathbb{R})$:

$$\det(A) = \det \begin{pmatrix} 0 & 1 & 0 & 0 & 9 \\ 2 & 2 & 3 & 0 & 7 \\ -4 & 5 & -1 & 0 & -3 \\ -1 & 17 & -3 & 2 & 27 \\ 0 & 3 & 0 & 0 & 2 \end{pmatrix}$$

Eine wichtige Beobachtung ist hier, dass in der vierten Spalte viele Nullen stehen. Entwickeln wir die Determinante also nach dieser Spalte, so bekommen wir:

$$\det(A) = \sum_{i=1}^{5} (-1)^{i+4} a_{i,4} \det(A_{i,4})$$

Diese Summe reduziert sich jedoch auf den vierten Summanden, da alle anderen Summanden den Wert 0 besitzen. Damit folgt:

$$\det(A) = a_{4,4} \det(A_{4,4}) = 2 \det \begin{pmatrix} 0 & 1 & 0 & 9 \\ 2 & 2 & 3 & 7 \\ -4 & 5 & -1 & -3 \\ 0 & 3 & 0 & 2 \end{pmatrix}$$

Diese Determinante könnten wir weiter nach irgendeiner Zeile oder Spalte entwickeln, oder wir berechnen sie durch Überführung in Zeilenstufenform. Da wir genau das jedoch oben schon getan haben, erhalten wir:

$$\det(A) = 2 \cdot 250 = 500$$

Damit sind wir am Ende dieser kleinen Einführung angelangt. Die Theorie der Determinanten hat jedoch noch viele weitere Facetten zu bieten, dazu sei auf entsprechende Literatur im Anhang verwiesen.

Thorsten Neuschel, Dipl.-Math., promoviert an der Uni Trier.

13 Diagonalisierbarkeit

Übersicht

13.1 Einführung

In vielen Situationen ist es nützlich, von komplizierten Objekten eine einfachere Gestalt zu kennen. In dem folgenden Abschnitt wollen wir uns mit der ursprünglich aus der Theorie der Kegelschnitte stammenden Frage beschäftigen, ob beliebige quadratische Matrizen eine solche einfache Form besitzen und wie man diese gegebenenfalls bestimmen kann. Dabei werden uns Begriffe wie zum Beispiel Eigenwert, Eigenvektor und charakteristisches Polynom begegnen.

13.2 Diagonalisierbarkeit: Was ist das?

Auf der Suche nach einer einfachen Darstellungsform müssen wir uns zunächst Klarheit darüber verschaffen, was genau wir unter „einfach" verstehen wollen. Denken wir beispielsweise an die Multiplikation zweier Matrizen, an die Berechnung einer Inversen oder an die Bestimmung des Ranges, so stellt sich der praktische Umgang mit Matrizen oft recht aufwändig dar. Betrachten wir jedoch *Diagonalmatrizen*, also Matrizen, welche nur auf der Hauptdiagonalen von null verschiedene

Einträge besitzen, so reduziert sich der Aufwand erheblich. Zur Illustration geben wir zwei (n, n)-Diagonalmatrizen mit Einträgen aus einem beliebigen Körper vor und schauen uns ihr Produkt an:

$$
\begin{pmatrix} \lambda_1 & 0 & \cdots & 0 \\ 0 & \lambda_2 & \cdots & 0 \\ \vdots & \vdots & \ddots & \vdots \\ 0 & 0 & \cdots & \lambda_n \end{pmatrix} \begin{pmatrix} \mu_1 & 0 & \cdots & 0 \\ 0 & \mu_2 & \cdots & 0 \\ \vdots & \vdots & \ddots & \vdots \\ 0 & 0 & \cdots & \mu_n \end{pmatrix} = \begin{pmatrix} \lambda_1 \mu_1 & 0 & \cdots & 0 \\ 0 & \lambda_2 \mu_2 & \cdots & 0 \\ \vdots & \vdots & \ddots & \vdots \\ 0 & 0 & \cdots & \lambda_n \mu_n \end{pmatrix}
$$

Man kann das Produkt zweier Diagonalmatrizen also unmittelbar ablesen, ohne etwas rechnen zu müssen. Genauso kann man den Rang einer solchen Matrix durch Hinsehen bestimmen und gegebenenfalls lässt sich ihr Inverses sofort hinschreiben.

Vor diesem Hintergrund erscheint es vernünftig, für Matrizen unter „einfacher Gestalt" eine Diagonalform zu verstehen. Die Frage lautet, ob es zu einer beliebigen quadratischen Matrix eine „gleichwertige" Diagonalmatrix gibt, und wie man diese gegebenenfalls bestimmen kann. Dabei müssen wir natürlich noch genau erklären, was eine solche „gleichwertige" Matrix leisten soll. Dazu bedienen wir uns der Sprache der linearen Abbildungen:

Sei K ein Körper, n eine natürliche Zahl und A eine quadratische Matrix mit Einträgen aus K. Dann können wir die Matrix A als Darstellungsmatrix $_S M_S(f_A)$ der linearen Abbildung $f_A : K^n \to K^n, x \mapsto Ax$ auffassen, wobei S die Standardbasis des K^n bezeichnet. Unter einer zu A gleichwertigen Matrix verstehen wir eine Darstellungsmatrix der Abbildung f_A bezüglich einer beliebigen Basis des K^n. Die zu untersuchende Frage können wir nun folgendermaßen formulieren:

Existiert eine Basis $B = (b_1, \ldots, b_n)$ des K-Vektorraums K^n mit der Eigenschaft, dass die Darstellungsmatrix $_B M_B(f_A)$ von f_A bezüglich der Basis B eine Diagonalmatrix ist?

Um diese Frage weiter zu erörtern, stellen wir nun einige Begriffe bereit.

13.3   Eigenwerte und Eigenvektoren

Wir beginnen mit einer grundlegende Definition:

Definition 13.1 (Eigenwert, Eigenvektor, Eigenraum)
Es sei V ein K-Vektorraum und $f : V \to V$ eine lineare Abbildung. Ein Vektor $x \in V \setminus \{0\}$ heißt *Eigenvektor* zum *Eigenwert* $\lambda \in K$ der Abbildung f, wenn gilt:

$$f(x) = \lambda\, x$$

Ist $\lambda \in K$ ein Eigenwert von f, so bezeichnen wir mit

$$\mathrm{Eig}_f(\lambda) := \{x \in V : f(x) = \lambda\, x\}$$

den *Eigenraum* von f zum Eigenwert λ.   ◆

Mit anderen Worten: Ein vom Nullvektor verschiedener Vektor x ist ein Eigenvektor zum Eigenwert λ von f, wenn x unter f auf sein λ-faches abgebildet wird. Den Nullvektor bezeichnen wir niemals als Eigenvektor, obwohl er die Gleichung $f(x) = \lambda\, x$ für jedes $\lambda \in K$ erfüllt.

Ist λ ein Eigenwert von f (das heißt, es existiert ein Vektor $x \neq 0$ mit $f(x) = \lambda\, x$), dann sammeln wir alle Eigenvektoren zu diesem Eigenwert in der Menge $\mathrm{Eig}_f(\lambda)$. Aus der Definition von $\mathrm{Eig}_f(\lambda)$ folgt, dass zusätzlich zu allen Eigenvektoren stets der Nullvektor enthalten ist, was zur Konsequenz hat, dass die Menge $\mathrm{Eig}_f(\lambda)$ einen mindestens eindimensionalen Untervektorraum des Raumes V bildet. Drei weitere wichtige Eigenschaften von Eigenräumen wollen wir (ohne formalen Beweis) in folgendem Satz formulieren:

Satz 13.2
Es sei V ein K-Vektorraum, $f : V \to V$ eine lineare Abbildung und $\lambda, \mu \in K$ seien zwei verschiedene Eigenwerte von f. Dann gilt:

1. $\mathrm{Eig}_f(\lambda) \cap \mathrm{Eig}_f(\mu) = \{0\}$
2. $\mathrm{Eig}_f(\lambda) = \mathrm{Kern}(f - \lambda\, \mathrm{id}_V)$
3. *Eigenvektoren zu verschiedenen Eigenwerten sind linear unabhängig.*

Die zweite Eigenschaft in Satz 13.2 besagt, dass wir einen Eigenraum bestimmen können, indem wir den Kern einer linearen Abbildung ausrechnen. Im Falle eines endlichdimensionalen Vektorraums V führt die Bestimmung eines Eigenraums demnach auf die Lösung eines linearen Gleichungssystems (dafür werden wir später Beispiele sehen).

Jetzt sind wir in der Lage, die zentrale Definition zu formulieren. Im Folgenden verstehen wir unter einem *Endomorphismus* eine lineare Abbildung eines Vektorraums in sich.

Definition 13.3 (Diagonalisierbarkeit eines Endomorphismus)
Es sei V ein K-Vektorraum und $f : V \to V$ eine lineare Abbildung. Die Abbildung f heißt *diagonalisierbar*, wenn der Vektorraum V eine Basis aus Eigenvektoren von f besitzt.   ◆

Bisher haben wir keinerlei Einschränkung bezüglich der Dimension des Vektorraums V benötigt. Da wir jedoch eigentlich Matrizen untersuchen möchten, setzen wir im Folgenden voraus, dass es sich bei V um einen endlichdimensionalen Vektorraum handelt. In diesem Fall sehen wir nämlich leicht ein, was diese Definition mit Diagonalmatrizen zu tun hat:

Sei V ein endlichdimensionaler K-Vektorraum, $f : V \to V$ eine lineare Abbildung, und B sei eine Basis von V bestehend aus Eigenvektoren von f. Dann gilt
$$_B M_B(f) = D,$$
wobei D eine Diagonalmatrix ist. Die Einträge auf der Diagonalen sind in diesem Fall die entsprechenden Eigenwerte. Das nehmen wir zum Anlass zur folgenden Definition:

Definition 13.4 (Diagonalisierbarkeit einer Matrix)
Es sei K ein Körper, n eine natürliche Zahl und A eine quadratische Matrix mit Einträgen aus K. Die Matrix A heißt *diagonalisierbar*, wenn die zugehörige lineare Abbildung $f_A : K^n \to K^n$, $x \mapsto Ax$ diagonalisierbar im Sinne von Definition 13.3 ist.   ◆

Die Diagonalisierbarkeit einer Matrix können wir nun folgendermaßen charakterisieren:

Satz 13.5
Es sei K ein Körper, n eine natürliche Zahl und A eine quadratische Matrix mit Einträgen aus K. Die Matrix A ist genau dann diagonalisierbar, wenn eine invertierbare Matrix T mit Einträgen aus K existiert mit der Eigenschaft

$$T A T^{-1} = D,$$

wobei D eine Diagonalmatrix ist.

Beweis: „$\Rightarrow$": Sei A diagonalisierbar. Dann existiert eine Basis B des Raums K^n mit der Eigenschaft

$$_BM_B(f_A) = D,$$

wobei D eine Diagonalmatrix ist. Wir setzen $T := {}_SM_B(\mathrm{id}_{K^n})$. Dann ist T invertierbar und es gilt (vergleiche auch das Kapitel über lineare Abbildungen, S steht dabei wieder für die Standardbasis):

$$TAT^{-1} =_S M_B(\mathrm{id}_{K^n}) \; {}_SM_S(f_A) \; {}_BM_S(\mathrm{id}_{K^n}) =_B M_B(f_A) = D$$

„$\Leftarrow$": Es existiere ein invertierbares T mit

$$TAT^{-1} = D,$$

wobei D eine Diagonalmatrix ist. Die Spalten der Matrix T^{-1} bilden eine Basis von K^n, welche wir mit B bezeichnen. Dann gilt

$$T^{-1} = {}_BM_S(\mathrm{id}_{K^n}), \quad T = {}_SM_B(\mathrm{id}_{K^n}),$$

und es folgt:

$$_BM_B(f_A) =_S M_B(\mathrm{id}_{K^n}) \; {}_SM_S(f_A) \; {}_BM_S(\mathrm{id}_{K^n}) = TAT^{-1} = D$$

Die Matrix A ist demnach diagonalisierbar. $\qquad\qquad\qquad\qquad$ $\square$

Die Diagonalisierbarkeit einer Matrix oder eines Endomorphismus hängt von der Existenz einer Basis aus Eigenvektoren ab. Die sich nun aufdrängende Frage lautet, wie sich denn entscheiden lässt, ob eine solche Basis existiert. Ein erstes notwendiges Kriterium folgt direkt aus der Definition der Diagonalisierbarkeit und Eigenschaft 3 aus Satz 13.2:

Ein Endomorphismus eines endlichdimensionalen Vektorraums ist genau dann diagonalisierbar, wenn die Summe der Dimensionen aller Eigenräume der Dimension des Vektorraums entspricht.

Bevor wir uns jedoch weiteren Diagonalisierbarkeitskriterien zuwenden, wollen wir uns anschauen, wie man Eigenwerte und Eigenräume eines Endomorphismus bestimmen kann. Dazu formulieren wir zunächst den folgenden wichtigen Satz:

Satz 13.6

Es sei n eine natürliche Zahl, V ein n-dimensionaler K-Vektorraum mit einer beliebigen Basis $B = (b_1, \ldots, b_n)$, $f : V \to V$ eine lineare Abbildung und $A := {}_B M_B(f)$. Für ein Körperelement $\lambda \in K$ gilt:

$$\lambda \text{ ist ein Eigenwert von } f \iff \det(A - \lambda E_n) = 0,$$

wobei E_n die n-dimensionale Einheitsmatrix bezeichnet.

Beweis: „$\Rightarrow$": Es ist λ ein Eigenwert von f genau dann, wenn ein Vektor $x_0 \in V \setminus \{0\}$ existiert mit $f(x_0) = \lambda x_0$. Wir definieren eine lineare Abbildung:

$$\phi_B : V \to K^n, \ x = \sum_{i=1}^n \alpha_i b_i \ \mapsto \ (\alpha_1, \ldots, \alpha_n)$$

Da die Dimensionen der Räume V und K^n gleich sind, und $\phi_B(b_i) = e_i$ für $i = 1, \ldots, n$ gilt (e_i bezeichnet die i-te Spalte der Einheitsmatrix E_n), ist die Abbildung ϕ_B ein Vektorraumisomorphismus. Für die Abbildung ϕ_B gilt (vergleiche auch den Abschnitt über das Abbilden mithilfe einer Darstellungsmatrix im Kapitel über lineare Abbildungen)

$$f(x) = \phi_B^{-1}(A \phi_B(x)), \ x \in V.$$

Setzen wir den Eigenvektor $x = x_0$ ein, dann bekommen wir

$$f(x_0) = \phi_B^{-1}(A \phi_B(x_0)),$$

woraus folgt:

$$\lambda \phi_B(x_0) = \phi_B(\lambda x_0) = \phi_B(f(x_0)) = A \phi_B(x_0)$$

Wegen $\phi_B(x_0) \neq 0$ und $\phi_B(x_0) \in \text{Kern}(A - \lambda E_n)$ gilt:

$$\det(A - \lambda E_n) = 0$$

„$\Leftarrow$": Sei nun $\det(A - \lambda E_n) = 0$ vorausgesetzt. Dann existiert ein Vektor $y_0 \in K^n \setminus \{0\}$ mit $A y_0 = \lambda y_0$. Betrachten wir die Abbildung ϕ_B aus dem vorherigen Beweisteil, so gilt:

$$f(\phi_B^{-1}(y_0)) = \phi_B^{-1}(A y_0) = \lambda \phi_B^{-1}(y_0)$$

Wegen $\phi_B^{-1}(y_0) \neq 0$ folgt daraus, dass λ ein Eigenwert von f ist. $\qquad\square$

Den Ausdruck der Form $\det(A - \lambda E_n)$ können wir als Polynom vom Grade n in der Unbestimmten λ auffassen. Damit liefert Satz 13.6 eine interessante Aussage: Die Bestimmung von Eigenwerten entspricht dem Auffinden der Nullstellen eines Polynoms. Im Falle $K = \mathbb{C}$ liefert der Fundamentalsatz der Algebra somit die Existenz mindestens eines komplexen Eigenwerts, wogegen im Falle $K = \mathbb{R}$ und n ungerade der Zwischenwertsatz für stetige Funktionen die Existenz eines reellen Eigenwertes impliziert.

In Satz 13.6 haben wir eine beliebige Basis des Vektorraums V betrachtet. Man kann nachrechnen, dass das Polynom $\det(A - \lambda E_n)$ nicht davon abhängt, bezüglich welcher Basis man die Darstellungsmatrix A wählt. Aufgrund der Wichtigkeit beim Auffinden von Eigenwerten geben wir diesem Polynom allgemein einen Namen:

Definition 13.7 (Charakteristisches Polynom)
Es sei V ein n-dimensionaler K-Vektorraum, $n \in \mathbb{N}$, B eine Basis von V, $f : V \to V$ eine lineare Abbildung und $A := {}_B M_B(f)$. Das Polynom $\det(A - \lambda E_n)$ nennen wir das *charakteristische Polynom* von f. ◆

13.4 Eigenwerte und Eigenvektoren am Beispiel

Wir haben jetzt alle nötigen Hilfsmittel zusammengetragen, um Eigenwerte und Eigenvektoren zu berechnen. Nun ist es an der Zeit, dass wir uns das Ganze an einem Beispiel anschauen. Wir setzen $K = \mathbb{R}$ und betrachten die lineare Abbildung $f : \mathbb{R}^3 \to \mathbb{R}^3$, welche definiert ist durch:

$$
f\begin{pmatrix} x_1 \\ x_2 \\ x_3 \end{pmatrix} = \begin{pmatrix} 3\,x_1 + 4\,x_2 - 3\,x_3 \\ 2\,x_1 + 7\,x_2 - 4\,x_3 \\ 3\,x_1 + 9\,x_2 - 5\,x_3 \end{pmatrix}
$$

Diese Abbildung möchten wir auf Eigenwerte, Eigenräume und auf Diagonalisierbarkeit untersuchen. Zunächst suchen wir die Eigenwerte von f, wofür wir das charakteristische Polynom bestimmen. Wir benötigen also eine Darstellungsmatrix, wobei es hier am einfachsten ist, die Darstellungsmatrix bezüglich der Standardbasis S des $\mathbb{R}^3$ zu wählen. Diese können wir nämlich direkt an der Definition der Abbildung f ablesen:

$$
A := {}_S M_S(f) = \begin{pmatrix} 3 & 4 & -3 \\ 2 & 7 & -4 \\ 3 & 9 & -5 \end{pmatrix}
$$

Nun rechnen wir das charakteristische Polynom aus:

$$\det(A - \lambda E_n) = \det\left(\begin{pmatrix} 3 & 4 & -3 \\ 2 & 7 & -4 \\ 3 & 9 & -5 \end{pmatrix} - \begin{pmatrix} \lambda & 0 & 0 \\ 0 & \lambda & 0 \\ 0 & 0 & \lambda \end{pmatrix}\right)$$

$$= \det\begin{pmatrix} 3-\lambda & 4 & -3 \\ 2 & 7-\lambda & -4 \\ 3 & 9 & -5-\lambda \end{pmatrix}$$

Diese Determinante können wir mit der Regel von Sarrus berechnen, und wir erhalten:

$$\det(A - \lambda E_n) = \lambda^3 - 5\lambda^2 + 8\lambda - 4$$

Jetzt kommt das theoretisch schwierigste Problem: Das Finden der Nullstellen dieses Polynoms. Im Allgemeinen wird das nicht ohne weiteres möglich sein, hier jedoch ist das Beispiel so gewählt, dass wir das Polynom leicht faktorisieren können:

$$\det(A - \lambda E_n) = (\lambda - 2)^2(\lambda - 1)$$

Die Eigenwerte von f sind demnach $\lambda_1 = 1$ und $\lambda_2 = 2$.

Nun können wir die zugehörigen Eigenräume bestimmen, wobei wir uns zunächst $\text{Eig}_f(\lambda_1)$ anschauen. Nach der zweiten Eigenschaft in Satz 13.2 gilt $\text{Eig}_f(\lambda_1) = \text{Kern}(f - \lambda_1 \, \text{id}_{\mathbb{R}^3})$. Wegen $f(x) = Ax$ gilt $\text{Kern}(f - \lambda_1 \, \text{id}_{\mathbb{R}^3}) = \text{Kern}(A - \lambda_1 E_3)$. Der Eigenraum zum Eigenwert $\lambda_1 = 1$ entspricht demnach der Lösungsmenge des linearen Gleichungssystems:

$$\begin{pmatrix} 2 & 4 & -3 \\ 2 & 6 & -4 \\ 3 & 9 & -6 \end{pmatrix}\begin{pmatrix} x_1 \\ x_2 \\ x_3 \end{pmatrix} = \begin{pmatrix} 0 \\ 0 \\ 0 \end{pmatrix}$$

Bestimmen wir diese Lösungsmenge (zum Beispiel mit dem Gaußschen Eliminationsverfahren), so erhalten wir:

$$\text{Eig}_f(\lambda_1) = \left\{ \begin{pmatrix} x_1 \\ x_2 \\ x_3 \end{pmatrix} \in \mathbb{R}^3 : \begin{pmatrix} x_1 \\ x_2 \\ x_3 \end{pmatrix} = t\begin{pmatrix} 1 \\ 1 \\ 2 \end{pmatrix}, t \in \mathbb{R} \right\}$$

Völlig analog erhalten wir den Eigenraum zum Eigenwert $\lambda_2 = 2$:

$$\text{Eig}_f(\lambda_2) = \left\{ \begin{pmatrix} x_1 \\ x_2 \\ x_3 \end{pmatrix} \in \mathbb{R}^3 : \begin{pmatrix} x_1 \\ x_2 \\ x_3 \end{pmatrix} = t\begin{pmatrix} 1 \\ 2 \\ 3 \end{pmatrix}, t \in \mathbb{R} \right\}$$

Wir beobachten: Die beiden Eigenräume von f sind eindimensionale Unterräume des Raums $\mathbb{R}^3$. Es kann also keine drei linear unabhängigen Eigenvektoren von f geben, was bedeutet, dass wir keine Basis des $\mathbb{R}^3$ aus Eigenvektoren finden können. Die Abbildung f ist demnach nicht diagonalisierbar.

13.5 Diagonalisierbarkeitskriterien

Auf der Suche nach weiteren Kriterien, anhand derer sich die Diagonalisierbarkeit einer Matrix oder eines Endomorphismus entscheiden lässt, stellen sich die Nullstellen des charakteristischen Polynoms und die Eigenräume als wichtige Begriffe heraus. In diesem Zusammenhang ist folgende Definition üblich:

Definition 13.8 (Algebraische und geometrische Vielfachheit)
Es sei V ein endlichdimensionaler K-Vektorraum, $f : V \to V$ eine lineare Abbildung und $\lambda \in K$ ein Eigenwert von f. Dann ist λ eine Nullstelle des charakteristischen Polynoms von f, deren Ordnung wir *algebraische Vielfachheit* des Eigenwerts λ nennen. Darüber hinaus nennen wir die Dimension des zugehörigen Eigenraums $\text{Eig}_f(\lambda)$ *geometrische Vielfachheit* des Eigenwerts λ.
♦

Im obigen Beispiel ist $\lambda_1 = 1$ ein Eigenwert mit algebraischer und geometrischer Vielfachheit 1, wobei der Eigenwert $\lambda_2 = 2$ die algebraische Vielfachheit 2 und die geometrische Vielfachheit 1 besitzt.

In dem Beispiel haben wir gesehen, dass ein Endomorphismus nicht diagonalisierbar ist, falls die Dimensionen der Eigenräume nicht groß genug sind. Eine obere Schranke für die Größe von Eigenräumen liefern die algebraischen Vielfachheiten:

Satz 13.9
Es sei n eine natürliche Zahl, V ein n-dimensionaler K-Vektorraum, $f : V \to V$ eine lineare Abbildung, und $\lambda_0 \in K$ sei ein Eigenwert von f. Dann ist dessen geometrische Vielfachheit kleiner oder gleich der algebraischen Vielfachheit.

Beweis: Es sei $k \in \mathbb{N}$ die geometrische Vielfachheit von λ_0, dann ist $k \le n$. Wir wählen eine Basis des zu λ_0 gehörigen Eigenraums $(b_1, \ldots, b_k)$ und ergänzen diese zu einer Basis B von V. Dann sieht die Darstellungsmatrix von f bezüglich B folgendermaßen aus:

$$_B M_B(f) = \begin{pmatrix} A_1 & A_2 \\ O & A_3 \end{pmatrix}$$

wobei die Blockmatrizen A_2 und A_3 beliebige Einträge haben können, O eine Nullmatrix ist, und $A_1 = \lambda_0 E_k$ gilt. Berechnen wir nun das charakteristische Polynom von f bezüglich dieser Darstellungsmatrix, so muss λ_0 eine Nullstelle sein, welche mindestens die Ordnung k besitzt.   □

Nun kommen wir zum wichtigsten Diagonalisierbarkeitskriterium:

Satz 13.10

Es sei n eine natürliche Zahl, V ein n-dimensionaler K-Vektorraum und $f : V \to V$ eine lineare Abbildung. Genau dann ist f diagonalisierbar, wenn die folgenden zwei Bedingungen gelten:

1. *Das charakteristische Polynom von f zerfällt vollständig in Linearfaktoren.*
2. *Für alle Eigenwerte stimmen die algebraischen Vielfachheiten mit den geometrischen Vielfachheiten überein.*

Beweis: „$\Rightarrow$": Ist f diagonalisierbar, so existiert eine Basis aus Eigenvektoren, bezüglich welcher die Darstellungsmatrix von f eine Diagonalmatrix ist. Das charakteristische Polynom dieser Matrix zerfällt dann offenbar in Linearfaktoren und die Summe der algebraischen Vielfachheiten ergibt die Dimension des Vektorraums, nämlich n. Ferner muss auch die Summe aller geometrischen Vielfachheiten die Dimension des Vektorraums ergeben, womit aufgrund von Satz 13.9 die Behauptung folgt.

„$\Leftarrow$": Aus der ersten Bedingung folgt, dass die Summe aller algebraischen Vielfachheiten die Dimension des Vektorraums ergibt. Die zweite Bedingung impliziert, dass diese Summe mit der Summe der geometrischen Vielfachheiten übereinstimmt, woraus die Existenz einer Basis aus Eigenvektoren folgt.   □

Haben wir dieses Kriterium zur Hand, so müssen wir zur Untersuchung der Diagonalisierbarkeit einer Matrix oder eines Endomorphismus nicht immer notwendig alle Eigenräume bestimmen. Finden wir (wie im obigen Beispiel) auch nur einen Eigenwert, dessen geometrische Vielfachheit nicht mit seiner algebraischen Vielfachheit übereinstimmt, so können wir sofort schließen, dass Diagonalisierbarkeit in diesem Fall nicht vorliegen kann.

Betrachten wir dazu weiteres Beispiel: Sei $f : \mathbb{R}^3 \to \mathbb{R}^3$ gegeben durch:

$$f \begin{pmatrix} x_1 \\ x_2 \\ x_3 \end{pmatrix} = \begin{pmatrix} 1 & -\sqrt{3} & 0 \\ \sqrt{3} & -1 & 0 \\ 0 & 0 & 1 \end{pmatrix} \begin{pmatrix} x_1 \\ x_2 \\ x_3 \end{pmatrix}$$

Wir bestimmen das charakteristische Polynom und haben Glück, dass wir es leicht faktorisieren können:

$$\det \begin{pmatrix} 1 - \lambda & -\sqrt{3} & 0 \\ \sqrt{3} & -1 - \lambda & 0 \\ 0 & 0 & 1 - \lambda \end{pmatrix} = (1 - \lambda)(2 + \lambda^2)$$

Da wir den Körper $\mathbb{R}$ betrachten, zerfällt das charakteristische Polynom nicht vollständig in Linearfaktoren. Damit ist die Abbildung f über $\mathbb{R}$ nach Satz 13.10 nicht diagonalisierbar.

Ein praktischer Spezialfall von Satz 13.10, welchen wir allerdings schon an früherer Stelle hätten formulieren können, lautet:

Satz 13.11

Es sei n eine natürliche Zahl, V ein n-dimensionaler K-Vektorraum und $f : V \to V$ eine lineare Abbildung. Besitzt f genau n paarweise verschiedene Eigenwerte, so ist f diagonalisierbar.

Zur Illustration dieses Kriteriums betrachten wir den Endomorphismus $f : \mathbb{R}^2 \to \mathbb{R}^2$ definiert durch:

$$f \begin{pmatrix} x_1 \\ x_2 \end{pmatrix} = \begin{pmatrix} 0 & -2 \\ 1 & 3 \end{pmatrix} \begin{pmatrix} x_1 \\ x_2 \end{pmatrix}$$

Für das charakteristische Polynom gilt:

$$\det \begin{pmatrix} -\lambda & -2 \\ 1 & 3 - \lambda \end{pmatrix} = \lambda^2 - 3\lambda + 2 = (\lambda - 1)(\lambda - 2)$$

Die Abbildung f besitzt also die (einfachen) Eigenwerte $\lambda_1 = 1$ und $\lambda_2 = 2$ und ist damit nach Satz 13.11 diagonalisierbar. Durch Lösung der entsprechenden linearen Gleichungssysteme erhalten wir die Eigenräume:

$$\mathrm{Eig}_f(\lambda_1) = \left\{ \begin{pmatrix} x_1 \\ x_2 \end{pmatrix} \in \mathbb{R}^2 : \begin{pmatrix} x_1 \\ x_2 \end{pmatrix} = r \begin{pmatrix} -2 \\ 1 \end{pmatrix}, r \in \mathbb{R} \right\}$$

$$\mathrm{Eig}_f(\lambda_2) = \left\{ \begin{pmatrix} x_1 \\ x_2 \end{pmatrix} \in \mathbb{R}^2 : \begin{pmatrix} x_1 \\ x_2 \end{pmatrix} = r \begin{pmatrix} -1 \\ 1 \end{pmatrix}, r \in \mathbb{R} \right\}$$

Damit können wir eine Basis B des $\mathbb{R}^2$ aus Eigenvektoren von f aufstellen:

$$B = \left(\begin{pmatrix} -2 \\ 1 \end{pmatrix}, \begin{pmatrix} -1 \\ 1 \end{pmatrix} \right)$$

Stellen wir die lineare Abbildung f bezüglich dieser Basis dar, so erhalten wir folgende Diagonalmatrix:

$$_BM_B(f) = \begin{pmatrix} 1 & 0 \\ 0 & 2 \end{pmatrix}$$

Abschließend wollen wir konkret die „Transformationsmatrix" T aus Satz 13.5 berechnen, welche die Matrix $A = \begin{pmatrix} 0 & -2 \\ 1 & 3 \end{pmatrix}$ auf Diagonalform transformiert.

Dazu schauen wir noch einmal in den Beweis des Satzes 13.5 und sehen:

$$T = \,_SM_B(\mathrm{id}_{\mathbb{R}^2})$$

Diese Matrix können wir direkt berechnen, oder wir stellen zuerst die inverse Matrix T^{-1} auf, da die Spalten dieser Matrix aus den Basisvektoren von B bestehen:

$$T^{-1} = \,_BM_S(\mathrm{id}_{\mathbb{R}^2}) = \begin{pmatrix} -2 & -1 \\ 1 & 1 \end{pmatrix}$$

Die Matrix T erhalten wir schließlich durch Inversion der Matrix T^{-1}:

$$T = \,_SM_B(\mathrm{id}_{\mathbb{R}^2}) = \begin{pmatrix} -1 & -1 \\ 1 & 2 \end{pmatrix}$$

Dafür können wir die folgende nützliche Formel für das Inverse einer (invertierbaren) (2,2)-Matrix verwenden:

$$\begin{pmatrix} a & b \\ c & d \end{pmatrix}^{-1} = \frac{1}{ad - bc} \begin{pmatrix} d & -b \\ -c & a \end{pmatrix}$$

Damit gilt:

$$\begin{pmatrix} -1 & -1 \\ 1 & 2 \end{pmatrix} \begin{pmatrix} 0 & -2 \\ 1 & 3 \end{pmatrix} \begin{pmatrix} -2 & -1 \\ 1 & 1 \end{pmatrix} = \begin{pmatrix} 1 & 0 \\ 0 & 2 \end{pmatrix}$$

13.6   Eine praktische Anwendung

Zum Abschluss dieses Abschnitts wollen wir eine kleine praktische Anwendung der Diagonalisierbarkeit demonstrieren. Es gibt Situationen, in denen man gern beliebige Potenzen einer quadratischen Matrix berechnen möchte, zum Beispiel bei der Berechnung der Matrix-Exponentialfunktion. Im Allgemeinen ist das ein schwieriges Vorhaben, jedoch wird es ganz einfach, wenn die Matrix diagonalisierbar ist.

Sei A eine quadratische und diagonalisierbare Matrix mit Einträgen aus dem Körper K. Nach Satz 13.5 existiert dann eine Matrix T mit

$$TAT^{-1} = D,$$

wobei D eine Diagonalmatrix ist. Stellen wir die Gleichung nach A um, so erhalten wir:

$$A = T^{-1}DT$$

Ist jetzt n eine beliebige natürliche Zahl, dann können wir die n-te Potenz von A folgendermaßen berechnen:

$$A^n = \left(T^{-1}DT\right)^n = \left(T^{-1}DT\right)\left(T^{-1}DT\right)\ldots\left(T^{-1}DT\right) \quad \text{(n Faktoren)}$$

Aufgrund der Assoziativität der Matrixmultiplikation können wir die Klammern weglassen, und von dem Produkt bleibt nur noch wenig übrig:

$$A^n = T^{-1}D^nT$$

Die n-te Potenz der Diagonalmatrix D kann man aber leicht berechnen, was es uns erlaubt, die Matrix A^n zu bestimmen.

Der ursprüngliche Beitrag wurde im April 2004 auf dem Matheplaneten veröffentlicht.

Thorsten Neuschel, Dipl.-Math., promoviert an der Uni Trier.

Teil III

Analysis

14 Die Standardlösungsverfahren für Polynomgleichungen

Nachdem auf Matroids Matheplanet schon Artikel veröffentlicht wurden, in denen die Lösungsformeln für Gleichungen dritten und vierten Grades hergeleitet wurden, möchte ich euch nun einen umfassenderen Beitrag zu diesem Thema, das mich immer wieder beschäftigt, zugänglich machen. Um einen Überblick zu schaffen, möchte ich hier die üblichen und leichter verständlichen Lösungsverfahren für Polynome erläutern und herleiten.

14.1   Lineare Gleichungen

Diese Art von Gleichungen lernt man schon in der Schule von klein auf (wenn am Anfang auch unbewusst). Die allgemeine Form dieser Gleichung ist, wie bekannt sein dürfte:

$$mx + n = 0,$$

was einfach umgeformt werden kann zu:

$$mx = -n$$
$$x = -\frac{n}{m}$$

Beispiel 14.1

$$5x + 7 = 0$$
$$5x = -7$$
$$x = -\frac{7}{5}$$

∎

Womit wir bereits die erste Gleichungsart gelöst hätten.

14.2   Quadratische Gleichungen

Die allgemeine Form einer quadratischen Gleichung ist

$$ax^2 + bx + c = 0.$$

Bei quadratischen Gleichungen ist es oftmals hilfreich, durch a zu dividieren, bevor man die Gleichung löst. (Man kann davon ausgehen, dass $a \neq 0$ ist, da man ja sonst eine einfache lineare Gleichung hätte). Das verändert natürlich nichts an der Lösungsmenge dieser Gleichung, ist aber sinnvoll, da man sich dann nur noch um zwei Koeffizienten kümmern muss. Daher stelle ich hier nur die Gleichung

$$x^2 + px + q = 0$$

vor.

Die Lösungsverfahren für quadratische Gleichungen werden ebenfalls in der Schule unterrichtet (ab der achten und neunten Klasse). Um sie zu verstehen, ist allerdings schon mehr Vorwissen nötig, z. B. die erste binomische Formel

$$(a + b)^2 = a^2 + 2ab + b^2$$

und das Wissen, wie man radiziert (Wurzeln zieht)

$$x^2 = a \implies x = \pm\sqrt{a}.$$

Dabei muss natürlich beachtet werden, dass das Wurzelziehen nur dann erlaubt ist, wenn a größer oder gleich null ist.

Wenn wir das haben, können wir loslegen, indem wir eine nahe liegende Gleichung lösen:

$$(x + a)^2 = 0$$
$$x + a = \pm 0 = 0$$
$$x = -a$$

Wenn man dieses Prinzip verstanden hat, ist es ein recht kleiner Schritt zur Lösung einer allgemeineren quadratischen Gleichung:

$$(x + d)^2 + e = 0$$

Hier sieht man, dass die Lösung analog zu obiger Gleichung erfolgt:

$$(x + d)^2 = -e$$
$$x + d = \pm\sqrt{-e}$$
$$x = -d \pm \sqrt{-e}$$

Genau wie oben ist zu beachten, dass der Ausdruck $-e$ unter der Wurzel größergleich null sein muss.

Beispiel 14.2

$$(x + 5)^2 - 4 = 0$$
$$(x + 5)^2 = 4$$
$$x + 5 = \pm2$$
$$x = -5 \pm 2$$

∎

Wenn wir diese Gleichung gelöst haben, steht uns der Weg offen, jede quadratische Gleichung zu lösen, denn es ergibt sich aus dieser Gleichung etwas Schönes:

$$(x + d)^2 + e = x^2 + 2xd + d^2 + e$$

Vergleichen wir das nämlich mit $x^2 + px + q$, der Normalform der quadratischen Gleichung, erkennt man:

$$p = 2d$$
$$q = d^2 + e$$

Wenn wir das umstellen, kommen wir zu einer Methode, um aus p und q die entsprechenden e und d zu erhalten:

$$d = \frac{p}{2}$$
$$e = q - d^2$$
$$= q - \left(\frac{p}{2}\right)^2$$

Setzen wir das jetzt in die Lösungsformel mit e und d ein, erhalten wir die p-q-Formel, die sich auch unter dem Namen „Mitternachtsformel" bei Schülern beliebt gemacht hat, da nicht wenige Lehrer sagen, dass man diese Formel auch dann auswendig können muss, wenn man um Mitternacht aus dem Schlaf gerissen wird:

$$x = -d \pm \sqrt{-e}$$

$$= -\frac{p}{2} \pm \sqrt{\left(\frac{p}{2}\right)^2 - q}$$

Dies ist sie, die berüchtigte Formel, mit der man alle quadratischen Gleichungen lösen kann. Falls unter der Wurzel eine negative Zahl steht, also $\left(\frac{p}{2}\right)^2 - q < 0$ ist, so gibt es keine reellen Lösungen.

Beispiel 14.3

$$x^2 + 6x + 8 = 0$$

$$x_{1,2} = -3 \pm \sqrt{9 - 8}$$

$$x_1 = -2$$

$$x_2 = -4$$

14.3 Gleichungen dritten und vierten Grades

Die Arbeit, die in der Herleitung der p-q-Formel steckt, ist allerdings relativ gering, verglichen mit den Lösungsformeln für Gleichungen dritten oder vierten Grades, die allerdings auch schon über den Schulstoff hinausgehen. Deshalb verweise ich auf die beiden Artikel [39] und [40], in denen das schon sehr gut ausgearbeitet wurde. Es ist am besten, wenn man sie in dieser Reihenfolge liest, da der zweite auf die Arbeit des ersten zurückgreift.

14.4 Weitere Lösungsverfahren für Spezialfälle

Hin und wieder kommen Spezialfälle vor, die sich auch sehr einfach lösen lassen, während man sich an anderen Gleichungen die Zähne ausbeißt.

14.4.1 n-te Wurzeln

Eine einfache Art von Polynomgleichungen hat die Form:

$$x^n + a = 0.$$

Durch Wurzelziehen kann man diese Gleichungen für beliebiges n und $a \leq 0$ sofort lösen.

Beispiel 14.4

$$x^4 - 81 = 0$$

$$x^4 = 81$$
$$x = \pm\sqrt[4]{81}$$
$$x = \pm 3$$

∎

14.4.2 Biquadratische Gleichung

Ein Beispiel, das u. U. von Lehrern im Unterricht genommen wird, ist eine solche Gleichung:
$$x^4 + px^2 + q = 0$$
Hier habe ich absichtlich p und q verwendet, da diese Gleichung der Normalform einer quadratischen doch sehr ähnelt. Nicht umsonst, denn wenn wir $z = x^2$ substituieren, erhalten wir tatsächlich eine quadratische Gleichung:

$$z := x^2$$
$$\implies z^2 + pz + q = 0$$
$$\implies z_{1,2} = -\frac{p}{2} \pm \sqrt{\left(\frac{p}{2}\right)^2 - q}$$
$$\implies x_{1,2} = \pm\sqrt{z_1}$$
$$= \pm\sqrt{-\frac{p}{2} + \sqrt{\left(\frac{p}{2}\right)^2 - q}}$$
$$x_{3,4} = \pm\sqrt{z_2}$$
$$= \pm\sqrt{-\frac{p}{2} - \sqrt{\left(\frac{p}{2}\right)^2 - q}}$$

Beispiel 14.5

$$x^4 - 6x^2 + 8 = 0$$
$$z := x^2$$
$$\implies z^2 - 6z + 8 = 0$$
$$\implies z_{1,2} = +3 \pm \sqrt{9 - 8}$$
$$= +3 \pm 1$$
$$\implies x_{1,2} = \pm\sqrt{3 + 1}$$
$$= \pm 2$$
$$x_{3,4} = \pm\sqrt{3 - 1}$$
$$= \pm\sqrt{2}$$

∎

Aufgrund der Verwandtschaft mit der quadratischen Gleichung durch die Substitution von $z = x^2$ wird diese Gleichung auch „biquadratisch" genannt.

14.4.3 Andere durch Substitution lösbare Gleichungen

Ähnlich wie bei den biquadratischen Gleichungen können wir andere Gleichungen lösen, die die folgende Form haben:

$$x^{2n} + px^n + q = 0$$

Auch hier kann man wieder das $z := x^n$ substituieren, sodass eine einfache quadratische Gleichung in z entsteht. Danach muss man dann zurücksubstituieren und durch Wurzelziehen nach x auflösen.

Analog können wir natürlich auch vorgehen, wenn wir die Lösungsformel für Gleichungen dritten und vierten Grades beherrschen:

$$x^{3n} + ax^{2n} + bx^n + c = 0$$

$$x^{4n} + ax^{3n} + bx^{2n} + cx^n + d = 0$$

Auch hier heißt es, $z := x^n$ zu substituieren, nach z aufzulösen, um anschließend zurückzusubstituieren und x auszurechnen.

14.4.4 Ein Spezialfall des Wurzelziehens

Manchmal passiert es, dass man aufgefordert wird, Gleichungen wie diese hier zu lösen:

$$x^5 + x^4 + x^3 + x^2 + x + 1 = 0$$

Für Gleichungen fünften und höheren Grades kann man eigentlich keine Lösungsformeln mehr mit in der Schule gebräuchlichen Mitteln angeben. Trotzdem kann man jede Gleichung lösen, die diese Form hat:

$$x^n + x^{n-1} + x^{n-2} + \ldots + x^2 + x + 1 = \sum_{k=0}^{n} x^k = 0$$

Um dies zu veranschaulichen, bedienen wir uns eines Tricks. Wir stellen die Gleichung anders dar:

$$\frac{x^{n+1} - 1}{x - 1} = 0$$

Das geht, wenn wir uns klarmachen, dass gilt:

$$(x - 1) \cdot (x^n + x^{n-1} + x^{n-2} + \ldots + x^2 + x + 1) = (x - 1) \cdot \sum_{k=0}^{n} x^k$$

$$= \sum_{k=0}^{n} x^{k+1} - \sum_{k=0}^{n} x^k$$

$$= x^{n+1} - 1$$

Der Bruch $\frac{x^{n+1}-1}{x-1}$ wird genau dann null, wenn der Zähler gleich null, der Nenner aber ungleich null ist. Deshalb können wir schlussfolgern, dass alle Lösungen der Gleichung $x^{n+1} = 1$ ausgenommen 1 auch Lösungen von $x^n + x^{n-1} + x^{n-2} + \ldots + x^2 + x + 1 = 0$ sind.

Beispiel 14.6

$$x^5 + x^4 + x^3 + x^2 + x + 1 = 0$$
$$\frac{x^6 - 1}{x - 1} = 0$$
$$x^6 - 1 = 0$$
$$\implies x_1 = +1$$

Wird ausgeschlossen, da der Nenner $\neq 0$ sein muss.

$$x_2 = -1$$

Also ist $x = -1$ die einzige reelle Lösung der Gleichung. ∎

14.4.5 Binom-Gleichungen

Es gibt nicht nur Formeln, um $(a + b)^2$ zu berechnen, sondern es gibt eine Formel für alle natürlichen n, um $(a + b)^n$ auszurechnen. Es gilt für solche Binome:

$$(a + b)^n = a^n + n \cdot a^{n-1} \cdot b + \ldots + n \cdot a \cdot b^{n-1} + b^n = \sum_{k=0}^{n} \binom{n}{k} \cdot a^k \cdot b^{n-k}$$

Falls man also auf ein Polynom stoßen sollte, dessen Koeffizienten verdächtig nach Binomialkoeffizienten aussehen, sollte man sich die Mühe machen, diese Möglichkeit einmal zu prüfen. Denn diese lassen sich dadurch auch sehr einfach lösen:

$$(x + a)^n = 0$$
$$x + a = 0$$
$$x = -a$$

Beispiel 14.7

$$x^4 - 4x^3 + 6x^2 - 4x + 1 = 0$$
$$(x - 1)^4 = 0$$
$$x - 1 = 0$$
$$x = 1$$

∎

14.4.6   Gradreduzierung durch Ausklammern

Für alle Polynome $p(x)$, die wir bisher behandelt haben, könnten wir ein Polynom konstruieren, das wir ebenfalls lösen können, so z. B.

$$x^k \cdot p(x) = 0$$

Da wir wissen, dass ein Produkt genau dann null ist, wenn ein Faktor null ist, können wir schließen, dass ein solcher Ausdruck genau k zusätzliche Nullstellen hat. Wenn wir also ein Polynom vor uns liegen haben, dessen erste k Koeffizienten (vom Absolutglied beginnend gezählt) gleich null sind, können wir x^k ausklammern, sodass wir die Form $x^k \cdot p(x) = 0$ haben. Damit stehen schon k Nullstellen fest, denn die sind alle 0. Die anderen stecken dann im Polynom $p(x)$. Dieses müsste dann mit einer anderen Methode gelöst werden.

Beispiel 14.8

$$x^4 + 2x^3 - 15x^2 = 0$$
$$x^2(x^2 + 2x - 15) = 0$$
$$\implies x_{1,2} = 0$$
$$x^2 + 2x - 15 = 0$$
$$x_{3,4} = -1 \pm \sqrt{1 - (-15)}$$
$$= -1 \pm 4$$
$$\implies x_2 = -5$$
$$\implies x_3 = +3$$

∎

14.4.7   Gradreduzierung durch Polynomdivision

Wenn man eine Nullstelle durch irgendeine Methode gefunden hat, und sei es durch Raten (mehr dazu in 14.5.4), dann kann man Polynomdivision durchführen, um ein Polynom zu erhalten, dessen Grad um eins niedriger ist und so i. d. R. einfacher zu lösen ist.

Besonders in der Schule, wo oft nur ganzzahlige Lösungen für Polynome verwendet werden, ist diese Methode nützlich. Dazu muss man wissen, dass es eine Zerlegung jedes Polynoms in seine „Linearfaktoren" gibt, denn jedes Polynom mit den Nullstellen $x_1, x_2, x_3, \ldots$ kann man in dieser Form darstellen:

$$f(x) = a \cdot (x - x_1) \cdot (x - x_2) \cdot (x - x_3) \cdot \ldots = a \cdot \prod_{i=1}^{n}(x - x_i)$$

Dabei heißen die einzelnen Faktoren „Linearfaktoren", da sie im Prinzip lineare „Teil-Funktionen" sind. Immer, wenn das x nämlich eine der Nullstellen annimmt, wird genau der zugehörige Faktor der Linearfaktorzerlegung null, womit das ganze Polynom null wird.

Wenn man eine Nullstelle x_0 gefunden hat, kann man das ganze Polynom durch $(x - x_0)$ dividieren und man hat ein Polynom, das die übrigen Linearfaktoren (und damit die übrigen Nullstellen) immer noch hat, dessen Grad aber um eins niedriger ist.

Das Prinzip ähnelt dem aus der Grundschule bekannten schriftlichen Dividieren: Man versucht herauszufinden, wie oft der Divisor in den Dividenden maximal „hineinpasst". Anschließend subtrahiert man diesen „hineinpassenden" Anteil. An einem Beispiel kann man das gut veranschaulichen:

Beispiel 14.9

$$
\begin{array}{l}
(x^3 \quad -6x^2 \quad\quad +3x \quad +10 \quad) : (x-5) = x^2 - x - 2 \\
\underline{-(x^3 \quad -5x^2)} \\
\qquad\qquad -x^2 \quad +3x \\
\qquad\quad \underline{-(-x^2 \quad +5x)} \\
\qquad\qquad\qquad\qquad -2x \quad +10 \\
\qquad\qquad\qquad \underline{-(-2x \quad +10)} \\
\qquad\qquad\qquad\qquad\qquad 0
\end{array}
$$

$x - 5$ passt „x^2-mal" in das Polynom hinein, daher ist der erste Summand des Quotientenpolynoms x^2 und es wird im ersten Schritt $x^2 \cdot (x - 5) = x^3 - 5x^2$ subtrahiert.

$x - 5$ passt „$(-x)$-mal" in das Restpolynom $-x^2 + 3x + 10$ hinein, daher ist der zweite Summand des Quotientenpolynoms $-x$ und es wird im zweiten Schritt $(-x) \cdot (x - 5) = -x^2 + 5x$ subtrahiert.

$x - 5$ passt nun genau „(-2)-mal" in das neue Restpolynom $-2x + 10$ hinein, daher ist der dritte Summand des Quotientenpolynoms -2 und es wird $(-2) \cdot (x - 5) = -2x + 10$ subtrahiert.

Dass der letzte Rest null ist, ist immer so, wenn man durch einen Faktor des Polynoms dividiert (in diesem Falle einen Linearfaktor, aber es ginge auch mit einem quadratischen Faktor) und dient gleichzeitig als Kontrolle, ob man richtig gerechnet hat.

Das nun erhaltene Polynom hat auch noch Nullstellen, die man ab hier mit der Lösungsformel für quadratische Gleichungen herausfinden kann. ∎

14.5 Seltene Lösungsmethoden und Approximationen

Dieser Abschnitt soll den Methoden gewidmet sein, die zwar theoretisch immer funktionieren, aber in der Praxis selten zur Anwendung kommen, und solchen, die nur Näherungslösungen liefern können.

Besonders bei Näherungslösungen möchte ich darauf hinweisen:

Es sind **Näherungslösungen**! Für praktische Zwecke sind sie oft gut, aber man sollte es vermeiden, mit ihnen weiterzurechnen, denn die Ungenauigkeit pflanzt sich fort; und man sollte es gleich ganz lassen, eine Polynomdivision mit ihnen durchzuführen.

14.5.1 Methode des Quadrat-Extrems

Wenn man einen Term t quadriert, so wird dieser Term genau da null, wo auch t^2 null wird. Das ist trivial. Da aber ein Quadrat in den reellen Zahlen immer nichtnegativ ist, sind die Nullstellen des Quadrats auch gleichzeitig die Minima des quadrierten Terms. Also kann man, um die Nullstellen eines Polynoms zu bestimmen, auch die Minima des Quadrats dieses Polynoms bestimmen.

Dass man diese Methode wirklich verwenden kann, ist in der Realität in der Tat sehr selten, da man plötzlich statt einer Gleichung n-ten Grades eine $(2n-1)$-ten Grades zu lösen hat, wenn man an die Minima will, nämlich die erste Ableitung der quadrierten Funktion.

14.5.2 Die Newton-Iteration

Diese von Sir Isaac Newton erfundene Näherungsmethode erfordert ebenfalls die Fähigkeit, die gegebene Funktion abzuleiten. Wenn man einen Startwert x_0 (günstigerweise bereits in der Nähe einer vermuteten Nullstelle) wählt, kann man mit Hilfe der Iterationsvorschrift

$$x_{k+1} = x_k - \frac{f(x_k)}{f'(x_k)}$$

beliebig viele weitere Werte bekommen, die sich beliebig genau dem wahren Wert einer Nullstelle annähern können. Welche Nullstelle das ist, hängt vom Startwert ab und ist i. d. R. nicht vorhersehbar, wenn man noch keine Kurvendiskussion durchgeführt hat und dementsprechend abschätzen kann, welcher Startwert welches Ergebnis liefert. Es gibt für diese Methode gewisse Grenzen. Beispielsweise darf ein x_k natürlich keine Extremstelle der Funktion sein, da $f'(x_k)$ an dieser Stelle dann null wäre und wir beim nächsten Iterationsschritt durch null teilen müssten. Für allgemeinere Funktionen gelten zusätzliche Beschränkungen aufgrund von Polstellen etc.

Diese Methode bringt oftmals sehr schnell ein brauchbares Ergebnis und liefert in Ausnahmefällen sogar einen exakten Wert.

Warum diese Methode so gut funktioniert, kann man an der Abbildung 14.1 sehen:

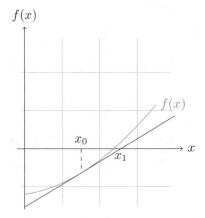

Abb. 14.1: Das Newton-Verfahren

Man legt an die Funktion $f(x)$ eine Tangente bei x_0 an und fasst diese als lineare Funktion auf, von der man die Nullstelle x_1 berechnet. Dieses x_1 wird nun als neuer Startwert genommen, um das Verfahren fortzusetzen.

Die lineare Funktion, die die Tangente an den Startwert x_k beschreibt, kann wie alle linearen Funktionen in die Form $t(x) = mx + n$ gebracht werden, wobei m der Anstieg im Punkt x_k — also $f'(x_k)$ — ist.

Um n herauszubekommen, setzen wir den Punkt $(x_k, f(x_k))$, der ja auf dieser Tangente liegen muss, ein:

$$f(x_k) = t(x_k)$$
$$= f'(x_k) \cdot x_k + n$$
$$n = f(x_k) - f'(x_k) \cdot x_k$$

Wenn wir die Formel $x = -\frac{n}{m}$ für die Nullstelle einer linearen Gleichung einsetzen, lautet unsere Nullstelle

$$x_{k+1} = -\frac{f(x_k) - f'(x_k) \cdot x_k}{f'(x_k)}$$
$$= -\frac{f(x_k)}{f'(x_k)} + x_k$$
$$= x_k - \frac{f(x_k)}{f'(x_k)}.$$

Wir erkennen, dass dabei tatsächlich die Newtonsche Iterationsformel herauskommt.

Beispiel 14.10

$$f(x) := x^4 + 0{,}2x^3 - x^2 + 5x - 7$$
$$\implies f'(x) = 4x^3 + 0{,}6x^2 - 2x + 5$$
$$x_0 := 1$$
$$x_{n+1} = x_n - \frac{x_n^4 + 0{,}2x_n^3 - x_n^2 + 5x_n - 7}{4x_n^3 + 0{,}6x_n^2 - 2x_n + 5}$$
$$\implies x_1 \approx 1{,}2368$$
$$x_2 \approx 1{,}2029$$
$$x_3 \approx 1{,}2020$$
$$x_4 \approx 1{,}2020$$
$$x_5 \approx 1{,}2020$$

Wir haben also eine auf vier Nachkommastellen genaue Nullstelle bei 1,2020. ∎

14.5.3   Regula falsi

Dies ist eine mit dem Newton-Verfahren verwandte, einfachere Näherungsmethode. Hier braucht man 2 Startwerte x_1 und x_2, zwischen denen man eine Nullstelle vermutet, d. h., es muss gelten $f(x_1) \cdot f(x_2) < 0$. Nun kann man mittels der Formel

$$x_3 = x_1 - \frac{x_2 - x_1}{f(x_2) - f(x_1)} \cdot f(x_1)$$

eine neue Näherung x_3 berechnen. Jetzt kann das Verfahren fortgesetzt werden, indem man statt des Paares (x_1, x_2) das Paar (x_1, x_3) bzw. (x_2, x_3) verwendet, je nachdem, ob $f(x_1) \cdot f(x_3) < 0$ oder $f(x_2) \cdot f(x_3) < 0$ gilt.

Zu bemerken ist auf jeden Fall, dass diese Methode i. A. langsamer zur geforderten Genauigkeit führt als die Newton-Iteration.

Wieso dieses Verfahren funktioniert, möchte ich an dieser Zeichnung 14.2 verdeutlichen.

Bei dieser Methode wird statt einer Tangente eine Sekante durch den Graphen von $f(x)$ gelegt, als lineare Funktion aufgefasst und deren Nullstelle als nächster Näherungswert genommen. Auch hier verwenden wir wieder die allgemeine Form der linearen Funktion für die Sekante $s(x) = mx + n$. Hier setzen wir jetzt zwei Punkte ein, nämlich die Punkte $(x_1, f(x_1))$ und $(x_2, f(x_2))$.
Daraus ergeben sich die beiden Gleichungen:

$$f(x_1) = mx_1 + n$$
$$f(x_2) = mx_2 + n$$

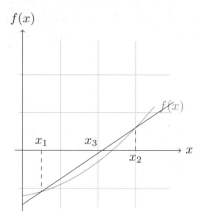

Abb. 14.2: Die Regula falsi

Formen wir eine davon nach m und die andere nach n um, erhalten wir:

$$n = f(x_1) - m \cdot x_1$$
$$m = \frac{f(x_2) - n}{x_2}$$

Wenn wir die erste in die zweite Gleichung einsetzen, erhalten wir:

$$m = \frac{f(x_1) - f(x_2)}{x_1 - x_2} = \frac{\Delta y}{\Delta x}$$

Woraus sich für die Nullstelle nach der Formel $x = -\frac{n}{m}$ das hier ergibt:

$$x_3 = -\frac{f(x_1) - m \cdot x_1}{m}$$
$$= -\frac{f(x_1)}{m} + x_1$$
$$= x_1 - \frac{x_1 - x_2}{f(x_1) - f(x_2)} \cdot f(x_1),$$

was genau unserer Rekursionsformel entspricht.

14.5.4   Das allseits beliebte Raten

Besonders für Schüler geeignet ist natürlich auch die Methode des Erratens, da selten sehr komplizierte Zahlen als Nullstellen genommen werden. Viele Lehrer bevorzugen Funktionen, die ganzzahlige Nullstellen rund um null besitzen. Wenn man außerdem noch weiß, dass in einem solchen Fall ausschließlich Teiler des Absolutglieds Nullstellen sein können, lohnt sich das Raten bei Funktionen dritten und höheren Grades auf jeden Fall und ist in Klassenarbeiten einer aufwändigen Lösungsformel vorzuziehen.

Dass die Nullstellen eines Polynoms Teiler des Absolutglieds sein müssen, falls alle Nullstellen ganzzahlig sind und der höchste Koeffizient gleich 1, folgt aus der Zerlegung des Polynoms in seine Linearfaktoren.

$$f(x) = (x - x_1) \cdot (x - x_2) \cdot (x - x_3) \cdot \ldots \cdot (x - x_n) = \prod_{i=1}^{n} (x - x_i)$$

Wenn man dies ausmultipliziert, stellt man fest, dass das Absolutglied der Funktion $x_1 \cdot x_2 \cdot x_3 \cdot \ldots \cdot x_n$ lautet, die Nullstellen also Teiler dieses Glieds sein müssen. Natürlich funktioniert das nicht immer, da ein Polynom auch Nullstellen haben kann, die nicht ganzzahlig sind, obwohl alle Koeffizienten ganzzahlig sind, z.B. diese Gleichung:

$$x^2 - 2 = 0$$

Sie hat die Lösungen $+\sqrt{2}$ und $-\sqrt{2}$, beides Teiler des Absolutglieds, aber keine ganzen Zahlen und daher beim Probieren in der Regel nicht aufzuspüren. Trotzdem ist es manchmal (gerade bei Gleichungen dritten und vierten Grades) angebracht, erst einmal durch Raten eine Lösung zu finden und dann eine Polynomdivision durchzuführen.

Beispiel 14.11

$$f(x) = x^3 + 6x^2 + 12x + 8$$

Das Absolutglied 8 hat die Teiler ± 1, ± 2, ± 4 und ± 8. Diese testen wir jetzt nacheinander.

Probe mit $x = 1$

$$f(+1) = 27 \neq 0$$

Kein Erfolg.

Probe mit $x = -1$

$$f(-1) = 1 \neq 0$$

Wieder kein Erfolg.

Probe mit $x = +2$

$$f(+2) = 64 \neq 0$$

Ebenfalls nichts.

Probe mit $x = -2$

$$f(-2) = 0$$

Volltreffer! Wenn wir das Polynom durch $(x + 2)$ dividieren, erhalten wir diese Restgleichung:

$$x^2 + 4x + 4 = 0$$

Hier können wir wieder die Lösungsformel anwenden:

$$x_{2,3} = -2 \pm \sqrt{4 - 4} = -2$$

Hier stimmen alle 3 Nullstellen überein. Es gibt eine (dreifache) Nullstelle $x = -2$.

∎

Mit ein wenig mehr Wissen kann man das Raten optimieren und den Rechenaufwand der Polynomdivision reduzieren. Zu diesem Thema empfehle ich den Matheplanet-Artikel [38].

14.5.5 Das „höhere Raten"

Wir wissen schon aus dem Abschnitt über die Polynomdivision, dass es nützlich ist, Faktoren von einem Polynom abzuspalten, weil der Rest einen kleineren Grad als das ursprüngliche Polynom hat und daher einfacher auf Nullstellen zu untersuchen ist.

Man muss natürlich erst einmal wissen, welchen Faktor man abspalten will. Man kann Linearfaktoren finden, indem man eine Nullstelle rät. Faktoren mit einem höheren Grad, also z. B. quadratische oder kubische Faktoren, sind schwerer zu finden.

Es gibt aber in einigen Spezialfällen einen Trick, den man anwenden kann: Man untersucht das Verhältnis von Koeffizienten, die zwei oder drei Potenzen auseinander liegen. Das demonstriert sich am besten an einem Beispiel:

Beispiel 14.12

$$f(x) := x^3 + 2x^2 - 2x - 4$$
$$= (x^3 - 2x) + (2x^2 - 4)$$
$$= x \cdot (x^2 - 2) + 2 \cdot (x^2 - 2)$$
$$= (x + 2) \cdot (x^2 - 2)$$

Damit ergeben sich die Nullstellen -2, $\sqrt{2}$ und $-\sqrt{2}$.   ∎

Ein komplexeres Beispiel:

Beispiel 14.13

$$f(x) := x^8 + 3x^7 + 2x^6 - 2x^5 - 6x^4 - 4x^3 + x^2 + 3x + 2$$
$$= (x^8 - 2x^5 + x^2) + (3x^7 - 6x^4 + 3x) + (2x^6 - 4x^3 + 2)$$
$$= x^2 \cdot (x^6 - 2x^3 + 1) + 3x \cdot (x^6 - 2x^3 + 1) + 2 \cdot (x^6 - 2x^3 + 1)$$
$$= (x^2 + 3x + 2) \cdot (x^6 - 2x^3 + 1)$$

Auf den Faktor $x^2 + 3x + 2$ kann man die Lösungsformel für quadratische Gleichungen anwenden und erhält so die Nullstellen $x_1 = -1$ und $x_2 = -2$.

Der zweite Faktor geht nach der Substitution $z := x^3$ über in die quadratische Gleichung $0 = z^2 - 2z + 1 = (z - 1)^2$, deren Nullstelle $z = 1$ ist. Die letzte reelle Nullstelle von $f(x)$ ist also gleich $x_3 = \sqrt[3]{1} = 1$.   ∎

14.5.6 Symmetrische Koeffizienten

Ein weiterer Trick, um eine Polynomgleichung hohen Grades auf eine kleineren Grades zurückzuführen, besteht darin, Symmetrien in den Koeffizienten auszunutzen.

Wenn man beispielsweise ein Polynom vierten Grades hat, das die spezielle Form

$$x^4 + ax^3 + bx^2 + ax + 1$$

aufweist, dessen Koeffizienten also „spiegelsymmetrisch" sind, dann kann man die dazugehörige Gleichung durch x^2 dividieren. Das ist erlaubt, da $x = 0$ keine Nullstelle ist, wie man durch Einsetzen feststellt. Also erhalten wir:

$$x^4 + ax^3 + bx^2 + ax + 1 = 0$$
$$\implies x^2 + ax + b + a\frac{1}{x} + \frac{1}{x^2} = 0$$
$$\left(x^2 + \frac{1}{x^2}\right) + a \cdot \left(x + \frac{1}{x}\right) + b = 0$$

Jetzt benutzen wir die Gleichung:

$$x^2 + \frac{1}{x^2} = \left(x + \frac{1}{x}\right)^2 - 2.$$

Damit ergibt sich nämlich:

$$\left(x + \frac{1}{x}\right)^2 + a \cdot \left(x + \frac{1}{x}\right) + b - 2 = 0$$

Wenn wir nun $z := x + \frac{1}{x}$ substituieren, erhalten wir eine quadratische Gleichung für z; wir haben den Grad der Ursprungsgleichung also von vier auf zwei halbiert.

$$z^2 + az + b - 2 = 0$$
$$\implies z_1 = -\frac{a}{2} + \sqrt{\left(\frac{a}{2}\right)^2 - b + 2}$$
$$z_2 = -\frac{a}{2} - \sqrt{\left(\frac{a}{2}\right)^2 - b + 2}$$

Anschließend muss nun die Gleichung $z = x + \frac{1}{x}$ wieder nach x aufgelöst werden. Das geht aber einfach, denn wenn wir mit x multiplizieren, erhalten wir erneut eine quadratische Gleichung:

$$z = x + \frac{1}{x}$$
$$zx = x^2 + 1$$
$$0 = x^2 - zx + 1$$
$$\implies x_1 = \frac{z_1}{2} + \sqrt{\left(\frac{z_1}{2}\right)^2 - 1}$$

$$x_2 = \frac{z_1}{2} - \sqrt{\left(\frac{z_1}{2}\right)^2 - 1}$$

$$x_3 = \frac{z_2}{2} + \sqrt{\left(\frac{z_2}{2}\right)^2 - 1}$$

$$x_4 = \frac{z_2}{2} - \sqrt{\left(\frac{z_2}{2}\right)^2 - 1}$$

Das funktioniert nicht nur mit Gleichungen vierten, sondern auch mit solchen höheren Grades. Voraussetzung bleibt aber, dass die Koeffizienten symmetrisch sind:

$$0 = x^6 + ax^5 + bx^4 + cx^3 + bx^2 + ax + 1$$

$$\implies 0 = x^3 + ax^2 + bx + c + b\frac{1}{x} + a\frac{1}{x^2} + \frac{1}{x^3}$$

$$= \left(x^3 + \frac{1}{x^3}\right) + a\left(x^2 + \frac{1}{x^2}\right) + b\left(x + \frac{1}{x}\right) + c$$

Nun nutzen wir wieder die Gleichung

$$x^2 + \frac{1}{x^2} = \left(x + \frac{1}{x}\right)^2 - 2$$

und zusätzlich

$$x^3 + \frac{1}{x^3} = \left(x + \frac{1}{x}\right)^3 - 3 \cdot \left(x + \frac{1}{x}\right),$$

um zu einer Gleichung zu kommen, in der wir $z := x + \frac{1}{x}$ substituieren können. Dann haben wir es auch hier geschafft, den Grad von 6 auf 3 zu halbieren. Unter Verwendung der Gleichung

$$x^4 + \frac{1}{x^4} = \left(x + \frac{1}{x}\right)^4 - 4 \cdot \left(x + \frac{1}{x}\right)^2 + 2$$

können wir nach demselben Prinzip eine symmetrische Gleichung von Grad 8 auf eine Gleichung vom Grad 4 reduzieren.

14.6 Abschluss

Ich hoffe, dass ich euch einen Überblick über die Lösungsmöglichkeiten von Polynomgleichungen mit elementaren Mitteln verschafft habe.
mfg Gockel.

Johannes Hahn aka *Gockel* studiert Mathematik in Rostock.

15 Differentialgleichungen

Übersicht

In diesem Kapitel zeigen wir die gängigsten Methoden, die man zum Lösen von gewöhnlichen Differentialgleichungen verwendet. Wir fangen mit der einfachsten Form an und steigern die Komplexität Stück für Stück.

15.1 Einführung

Bekanntlich werden Gleichungen als Differentialgleichungen (Abkürzung: Dgl.) bezeichnet, wenn die gesuchte Funktion $y(x)$ in der Gleichung in ihren Ableitungen $y'(x)$, $y''(x)$ usw. auftritt und die Gleichung nicht gar zu trivial ist. So definiert man exakt Folgendes:

Eine *Differentialgleichung* ist eine Gleichung zwischen gesuchten Funktionen einer oder mehrerer Veränderlicher, diesen unabhängigen Veränderlichen und den Ableitungen der gesuchten Funktionen nach den unabhängigen Veränderlichen.

Beispielsweise ist $y'(x) = 0$ gemäß dieser Definition keine Dgl.

Hängen die gesuchten Funktionen nur von einer unabhängigen Veränderlichen ab, so spricht man von einer *gewöhnlichen* Dgl. (*ordinary differential equation*); hängen die gesuchten Funktionen von mehr als einer unabhängigen Veränderlichen ab, heißt die Dgl. *partielle* Dgl. (*partial differential equation*). In diesem Beitrag behandeln wir nur gewöhnliche Differentialgleichungen.

Man sagt, die Dgl. hat die *Ordnung n*, falls die in der Gleichung vorkommende höchste Ableitung von der Ordnung n ist. Unter einer *expliziten Differentialgleichung n*-ter Ordnung versteht man eine Differentialgleichung, die nach der Ableitung der höchsten Ordnung aufgelöst ist; anderenfalls heißt sie *implizite Differentialgleichung*.

Die allgemeine, implizite Form einer gewöhnlichen Differentialgleichung ist

$$F\left(x, y, y', \ldots, y^{(n)}\right) = 0.$$

Eine explizit gegebene Differentialgleichung hat die allgemeine Form

$$y^{(n)} = f\left(x, y, y', \ldots, y^{(n-1)}\right).$$

Ist die gewöhnliche Dgl. in $y, y', \ldots, y^{(n)}$ linear, so nennt man die Dgl. eine *lineare Differentialgleichung*, ansonsten heißt sie *nichtlinear*.

Eine Dgl. heißt *autonom*, wenn sie nicht direkt von x abhängt, wenn sie also von dieser Gestalt ist:

$$y^{(n)} = f\left(y, y', \ldots, y^{(n-1)}\right)$$

Unter der *Integration* einer Dgl. versteht man die Suche nach einer Funktion $y(x)$, die in einem bestimmten Intervall die Dgl. erfüllt. Die Funktion $y(x)$ nennt man dann *Lösung der Differentialgleichung*. Die allgemeine Lösung einer gewöhnlichen Dgl. der Ordnung n hat die Gestalt $y = y(x, C_1, \ldots, C_r)$, wobei $C_1, \ldots, C_r$ beliebige Konstanten sind. Bei jeder Wahl der Konstanten ergeben sich spezielle Lösungen der Differentialgleichung.

Ein *Anfangswertproblem* (Cauchy-Problem) fordert die Suche einer speziellen Lösung, die den n *Anfangsbedingungen* $y(x_0) = y_0$, $y'(x_0) = y_0^{(1)}$, $\ldots$, $y^{(n-1)}(x_0) = y_0^{(n-1)}$ genügt. Dagegen fordert ein *Randwertproblem* die Suche einer speziellen Lösung, die Randbedingungen in den Randpunkten $x = a$ bzw. $x = b$ des Intervalls $a \leq x \leq b$ erfüllt.

15.2   Klassifikation vor der Lösung

Für unterschiedliche Typen von Differentialgleichungen hat man im Laufe der Zeit verschiedene Ansätze zur Lösung gefunden. Um den typischen Lösungsansatz für eine gegebene Dgl. gezielt ansteuern zu können, klassifiziert man die Differentialgleichung. Ist sie linear oder nichtlinear? Von welcher Ordnung ist sie? Ist sie homogen oder inhomogen? Liegt ein spezieller Typus vor, z. B. eine Clairautsche Dgl.?

Wenn man eine Dgl. dann klassifiziert hat, kann man sich für einen Lösungsansatz entscheiden.

Im Folgenden sollen solche Lösungsansätze vorgestellt werden, wobei nicht die analytische Rigorosität der Vorgehensweisen im Vordergrund steht. Es sollen eher die verschiedenen Ansätze als Rezepte verstanden und vermittelt werden, welche unter gewissen Standardvoraussetzungen anwendbar sind. Solche Standardvoraussetzungen, wie zum Beispiel Stetigkeit aller vorkommenden Funktionen, werden aus Übersichts- und Platzgründen oft nicht im Detail aufgeführt, weshalb im Zweifelsfall auf einschlägige Lehrbuchliteratur verwiesen sei [43, 41, 42].

15.3 Lineare Differentialgleichungen erster Ordnung

15.3.1 Einfachstes Beispiel

Die einfachste Differentialgleichung:

$$y' = g(x)$$

Lösung durch Integration:

$$y' = \frac{\mathrm{d}y}{\mathrm{d}x} = g(x)$$

Nach der Trennung der Veränderlichen

$$\mathrm{d}y = g(x)\,\mathrm{d}x$$

und Integration erhalten wir

$$\int \mathrm{d}y = \int g(x)\,\mathrm{d}x$$

$$y = G(x) + C$$

mit einer Stammfunktion $G(x)$ von $g(x)$.

Beispiel 15.1

$$y' = x^2 + 2 \quad \Rightarrow \quad y = \frac{1}{3}x^3 + 2x + C$$

∎

Diese einfachste Dgl. zu lösen ist also lediglich ein Integrationsproblem. Diese Dgl. ist also fast noch keine. Nun setzen wir aber fort mit der ersten relevanten Klasse, den linearen Differentialgleichungen erster Ordnung und einigen weiteren Begriffen.

Lineare Dgl. erster Ordnung:

$$y' = f(x) \cdot y + g(x)$$

Dies ist eine lineare Dgl. erster Ordnung. Wenn $g(x) \equiv 0$ ist, dann heißt diese Dgl. *homogen*, sonst heißt sie *inhomogen*. Man nennt $g(x)$ auch die *Inhomogenität*. Für eine inhomogene Dgl. $y' = f(x) \cdot y + g(x)$ ist $y' = f(x) \cdot y$ die zugehörige homogene Dgl., das macht Sinn, wie wir gleich sehen werden. Ganz analog bezeichnet man auch Differentialgleichungen höherer Ordnung als homogen bzw. inhomogen. Wir werden später darauf zurückkommen.

15.3.2 Homogene Gleichung

Ist die Gleichung $y' = f(x) \cdot y + g(x)$ homogen, also $g(x) \equiv 0$, so lässt sie sich leicht durch *Trennung der Veränderlichen* lösen. Das schaut dann etwas salopp formuliert so aus:

$$y' = \frac{dy}{dx} = f(x) \cdot y \quad \Rightarrow \quad y = 0 \ \vee \quad \frac{1}{y}\,dy = f(x)\,dx$$

$$y = 0 \ \vee \ \int \frac{1}{y}\,dy = \int f(x)\,dx$$

$$y = 0 \ \vee \ \ln|y| = F(x) + C \quad \text{mit } C \in \mathbb{R}$$

$$y = 0 \ \vee \ |y| = B \cdot e^{F(x)} \quad \text{mit } B = e^{C}$$

$$y = A \cdot e^{F(x)} \quad \text{mit } A \in \mathbb{R}$$

Das wollen wir an folgendem Beispiel illustrieren:

Beispiel 15.2

$$y' + \sin(x) \cdot y = 0 \Rightarrow \quad y = 0 \ \vee \ \int \frac{1}{y}\,dy = \int -\sin(x)\,dx$$

$$y = 0 \ \vee \ \ln|y| = \cos(x) + C$$

$$y = 0 \ \vee \ |y| = e^{\cos(x)+C}$$

$$y = A \cdot e^{\cos(x)} \quad \text{mit } A \in \mathbb{R}$$

∎

15.3.3 Inhomogene Gleichung

Wenden wir uns der inhomogenen Gleichung $y' = f(x) \cdot y + g(x)$ mit einem $g(x)$, das nicht identisch null ist, zu. Hat diese eine Lösung y_p und ist y_h eine Lösung der zugehörigen homogenen Dgl., so ist klar, dass auch $y_p + y_h$ eine Lösung der inhomogenen Gleichung ist. Und hat man zwei Lösungen der inhomogenen Gleichung, so ist deren Differenz offensichtlich eine Lösung der zugehörigen homogenen Gleichung. Eine Lösung der inhomogenen Gleichung nennt man *partikuläre* (oder *spezielle*) Lösung. Um nun die allgemeine Lösung der inhomogenen Gleichung zu finden, bestimmt man die allgemeine Lösung der homogenen Dgl. und addiert dazu eine beliebige partikuläre Lösung. Es gibt natürlich mehr als eine partikuläre Lösung, aber sie unterscheiden sich voneinander immer nur um eine homogene Lösung; darum genügt es, irgendeine zu finden.

Die allgemeine Lösung y_a der inhomogenen Dgl. setzt sich also additiv aus der allgemeinen Lösung y_h der homogenen Gleichung und einer partikulären Lösung y_p der inhomogenen Gleichung zusammen. Das ist ein wichtiges Prinzip, es wird uns noch bei weiteren Typen von Dgl. begegnen und ebenso auch bei ganz anderen Gleichungsarten, z. B. bei der Lösung von inhomogenen linearen Gleichungssystemen, wo dieses Prinzip in gleicher Weise gilt.

Fassen wir es noch einmal zusammen:

$$y_a(x) = y_h(x) + y_p(x)$$

allgemeine Lösung = homogene Lösung + partikuläre Lösung

Beweis: Sei y_a die allgemeine Lösung der inhomogenen Gleichung und y_p eine partikuläre Lösung der inhomogenen Gleichung, so gilt:

$$y_a' = f(x) \cdot y_a + g(x)$$
$$y_p' = f(x) \cdot y_p + g(x)$$

Wenn wir nun beide Gleichungen subtrahieren, erhalten wir:

$$y_a' - y_p' = f(x) \cdot y_a - f(x) \cdot y_p + g(x) - g(x)$$
$$(y_a - y_p)' = f(x) \cdot (y_a - y_p)$$

Also löst die Differenz $y_a - y_p$ die homogene Gleichung; umgekehrt gilt: Ist y_h die allgemeine Lösung der homogenen Gleichung und y_p eine spezielle Lösung der inhomogenen, so ist auch $y_h + y_p$ eine Lösung der inhomogenen Gleichung. $\square$

Doch wie findet man nun eine partikuläre Lösung?

Die Antwort ist: Durch *Variation der Konstanten*. Dabei wird die Konstante, welche in der allgemeinen Lösung der homogenen Lösung auftaucht, als Funktion dargestellt. Die homogene Lösung ist $y_h = A \cdot e^{F(x)}$. Die Variation der Konstanten bedeutet nun, dass wir die Konstante A durch eine Funktion $u(x)$ ersetzen und $u(x)$ so bestimmen, dass $y_p = u(x) \cdot e^{F(x)}$ eine partikuläre Lösung ist.

Setzen wir dazu y_p in die inhomogene Gleichung ein:

$$g(x) = \left(u(x) \cdot \mathrm{e}^{F(x)}\right)' - f(x) \cdot \left(u(x) \cdot \mathrm{e}^{F(x)}\right)$$
$$g(x) = u'(x) \cdot \mathrm{e}^{F(x)} + u(x) \cdot f(x) \cdot \mathrm{e}^{F(x)} - f(x) \cdot u(x) \cdot \mathrm{e}^{F(x)}$$
$$g(x) = u'(x) \cdot \mathrm{e}^{F(x)}$$
$$\Rightarrow u'(x) = \frac{g(x)}{\mathrm{e}^{F(x)}}$$

Daraus können wir $u(x)$ durch (einfache) Integration bestimmen.

Beispiel 15.3

Vorgelegt sei folgende Dgl.:

$$y' + x^2 \cdot y = 2x^2$$

Die homogene Lösung lautet:

$$y_h = A \cdot \mathrm{e}^{F(x)} = A \cdot \mathrm{e}^{-\frac{1}{3} x^3}$$

Die partikuläre Lösung berechnen wir mit der Methode „Variation der Konstanten":

$$y_p = u(x) \cdot \mathrm{e}^{-\frac{1}{3} x^3}$$

Nun ist:

$$u'(x) = \frac{g(x)}{\mathrm{e}^{-\frac{1}{3} x^3}} = \frac{2x^2}{\mathrm{e}^{-\frac{1}{3} x^3}} = 2\, x^2 \cdot \mathrm{e}^{\frac{1}{3} x^3}$$
$$\Rightarrow \quad u(x) = 2 \int x^2 \cdot \mathrm{e}^{\frac{1}{3} x^3} \, \mathrm{d}x = 2\, \mathrm{e}^{\frac{1}{3} x^3} + C$$

Also ist eine partikuläre Lösung

$$y_p = 2\, \mathrm{e}^{\frac{1}{3} x^3} \cdot \mathrm{e}^{-\frac{1}{3} x^3} = 2.$$

Somit ist die allgemeine Lösung:

$$y = y_h + y_p = A \cdot \mathrm{e}^{-\frac{1}{3} x^3} + 2$$

∎

15.4   Die Probe machen

Was macht man aber, wenn man überprüfen soll, ob eine Funktion wirklich eine Lösung einer vorgegebenen Dgl. ist? Das wollen wir in einem nächsten Beispiel klären.

Beispiel 15.4

Zeigen Sie durch Differenzieren und Einsetzen: Die Funktionenschar

$$y = \frac{C\,x}{1+x}, \quad C \in \mathbb{R},$$

ist Lösung der Dgl.:

$$x(1+x)y' - y = 0$$

Lösung: Die Aufgabe löst man, indem man die Lösung einmal ableitet und dann alles in die Dgl. einsetzt. Ableiten:

$$y = \frac{C\,x}{1+x}$$

$$y' = \frac{C\,(1+x) - C\,x \cdot 1}{(1+x)^2} = \frac{C + C\,x - C\,x}{(1+x)^2} = \frac{C}{(1+x)^2}$$

In die Dgl. einsetzen:

$$x(1+x) \cdot \frac{C}{(1+x)^2} - \frac{C\,x}{1+x} = 0$$

Die linke Seite ist tatsächlich 0, somit wird die Dgl. erfüllt. Die Funktionen $y = \frac{C\,x}{1+x}$ sind Lösungen der Dgl. $x(1+x)y' - y = 0$. ∎

15.5   Nichtlineare Differentialgleichungen

15.5.1   Trennung der Veränderlichen

Dgl. der Form:

$$y' = g(x) \cdot f(y)$$

Hier führt die *Trennung der Veränderlichen* zum Ziel (für $f(y) \neq 0$), welche mit etwas „abuse of notation" so beschrieben werden kann:

Die Gleichung $\frac{\mathrm{d}y}{\mathrm{d}x} = g(x) \cdot f(y)$ wird formal umgestellt nach

$$\frac{1}{f(y)} \cdot \mathrm{d}y = g(x) \cdot \mathrm{d}x$$

In dieser Form erscheinen die Variablen x und y durch das Gleichheitszeichen getrennt. Durch formales Davorschreiben eines Integralzeichens erhalten wir

$$\int \frac{1}{f(y)}\,\mathrm{d}y = \int g(x)\,\mathrm{d}x.$$

Das Ziel ist es nun, diese Gleichung nach der Unbekannten y aufzulösen, falls das möglich ist.

Beispiel 15.5

Wir wollen die Dgl. $y' = \cos(x) \cdot \sin(y)$ lösen. Dabei beschränken wir uns auf Intervalle, in denen der Sinus keine Nullstellen besitzt. Dann betrachten wir

$$\int \frac{1}{\sin(y)}\, \mathrm{d}y = \int \cos(x)\, \mathrm{d}x$$

$$\Rightarrow \ln\left|\tan\left(\frac{y}{2}\right)\right| = \sin(x) + C$$

$$\Rightarrow \left|\tan\left(\frac{y}{2}\right)\right| = B \cdot \mathrm{e}^{\sin(x)} \ \text{ mit } B = \mathrm{e}^C$$

$$\Rightarrow \tan\left(\frac{y}{2}\right) = A \cdot \mathrm{e}^{\sin(x)} \ \text{ mit } A \in \mathbb{R}$$

$$\Rightarrow y = 2\arctan\left(A \cdot \mathrm{e}^{\sin(x)}\right)$$

∎

Dgl. der Form:
$$y' = f\left(\frac{y}{x}\right)$$

Hier müssen wir zunächst $u(x) = \frac{y}{x}$ substituieren und einmal nach x ableiten. Aber vorher stellen wir die Substitution nach y um:

$$y = u \cdot x$$

$$\Rightarrow y' = u' \cdot x + u$$

Das bringt uns durch Einsetzen zu folgender Gleichung:

$$y' = f\left(\frac{y}{x}\right) \Rightarrow u' \cdot x + u = f(u)$$

$$\Rightarrow \frac{\mathrm{d}u}{\mathrm{d}x} \cdot x = f(u) - u$$

$$\Rightarrow \int \frac{1}{f(u) - u}\, \mathrm{d}u = \int \frac{1}{x}\, \mathrm{d}x$$

Mit ein wenig Glück lässt sich das linke Integral lösen und mit ein wenig mehr Glück sogar nach u umstellen, sodass wir es in unsere vorangegangene Substitution $y = u \cdot x$ einsetzen und daraus $y(x)$ bestimmen können.

Beispiel 15.6

Wir betrachten die Dgl.:

$$y' = \frac{y}{x} + \cos^2\left(\frac{y}{x}\right)$$

Substitution von $y = u \cdot x$ liefert:

$$u' \cdot x + u = u + \cos^2(u)$$

$$\Rightarrow \int \frac{1}{\cos^2(u)}\, \mathrm{d}u = \int \frac{1}{x}\, \mathrm{d}x$$

$$\Rightarrow \ \tan(u) = \ln|x| + C$$
$$\Rightarrow u = \arctan(\ln|x| + C)$$

Somit erhalten wir als Lösung der Dgl.:

$$y = x \cdot \arctan\left(\ln|x| + C\right)$$

∎

15.5.2 Substitution

Dgl. der Form:

$$y' = f(a \cdot x + b \cdot y + c)$$

Hier kommt man mit der Substitution $u(x) = a \cdot x + b \cdot y + c$ weiter. Weil

$$u' = a + b \cdot \underbrace{y'}_{=f(u)}$$

gilt, kommen wir durch Einsetzen und Trennung der Veränderlichen zu folgender Gleichung:

$$\int \frac{1}{a + b \cdot f(u)} \, du = \int dx$$

Auch hier lässt sich nicht für jedes $f(u)$ eine Lösung angeben. Selbst wenn man links die Stammfunktion mittels elementarer Funktionen angeben kann, so ist es nicht sicher, dass sich die Gleichung nach u umstellen lässt.

Beispiel 15.7
Wir betrachten

$$y' = (x + y)^2$$

und substituieren $u = x + y \Rightarrow u' = 1 + y' \Rightarrow u' = 1 + u^2$:

$$\int \frac{1}{1 + u^2} \, du = x + C$$
$$\Rightarrow \arctan(u) = x + C$$
$$\Rightarrow u = \tan(x + C)$$

Die Rücksubstitution $u = x + y$ ergibt:

$$x + y = \tan(x + C)$$
$$\Rightarrow y = \tan(x + C) - x$$

∎

Dgl. der Form:

$$y' = g\left(\frac{a \cdot x + b \cdot y + c}{d \cdot x + e \cdot y + f}\right)$$

Wenn wir aus dem Gleichungssystem

$$a \cdot x_0 + b \cdot y_0 + c = 0$$

$$d \cdot x_0 + e \cdot y_0 + f = 0$$

die Lösungen x_0 und y_0 berechnen, können wir die Lösungskurven in einem neuen Koordinatensystem mit dem Ursprung (x_0, y_0) darstellen. Die neuen Koordinaten seien nun $\overline{x} = x - x_0$ und $\overline{y} = y - y_0$. Wir erhalten im neuen System:

$$\overline{y}(\overline{x}) = y(\overline{x} + x_0) - y_0$$

Es gilt nun:

$$\begin{aligned}
\overline{y}' = y'(\overline{x} + x_0) &= g\left(\frac{a \cdot (\overline{x} + x_0) + b \cdot (\overline{y} + y_0) + c}{d \cdot (\overline{x} + x_0) + e \cdot (\overline{y} + y_0) + f}\right) \\
&= g\left(\frac{a \cdot \overline{x} + b \cdot \overline{y}}{d \cdot \overline{x} + e \cdot \overline{y}}\right) \\
&= g\left(\frac{a + b \cdot \frac{\overline{y}}{\overline{x}}}{d + e \cdot \frac{\overline{y}}{\overline{x}}}\right)
\end{aligned}$$

Das bringt uns auf eine bekannte Form, nämlich $y' = f\left(\frac{y}{x}\right)$.

Beispiel 15.8

Wir schauen uns folgende Dgl. an:

$$y' = \frac{y+1}{x+2} - e^{\frac{y+1}{x+2}}$$

Das Gleichungssystem

$$0 \cdot x_0 + 1 \cdot y_0 + 1 = 0$$

$$1 \cdot x_0 + 0 \cdot y_0 + 2 = 0$$

hat $x_0 = -2$ und $y_0 = -1$ als Lösung. Damit erhalten wir $\overline{x} = x + 2$ und $\overline{y} = y + 1$. Daraus folgt:

$$\overline{y}' = \frac{\overline{y}}{\overline{x}} - e^{\frac{\overline{y}}{\overline{x}}}$$

Nun können wir $u = \frac{\overline{y}}{\overline{x}}$ substituieren und erhalten:

$$\begin{aligned}
\overline{y}' &= u' \cdot \overline{x} + u \\
\Rightarrow u' \cdot \overline{x} + u &= u - e^u \\
\Rightarrow \frac{1}{e^u} \cdot u' &= -\frac{1}{\overline{x}}
\end{aligned}$$

$$\Rightarrow \int \frac{1}{e^u}\,du = \int -\frac{1}{\overline{x}}\,d\overline{x}$$

$$\Rightarrow \, -e^{-u} = -\ln|\overline{x}| + C_1$$

$$\Rightarrow u = -\ln\left(\ln|\overline{x}| + C_1\right)$$

Es war $\overline{y} = u \cdot \overline{x}$, und für $\overline{y}$ ergibt sich:

$$\overline{y} = -\ln\left(\ln|\overline{x}| + C_1\right) \cdot \overline{x}$$

Beachtet man noch $\overline{y} = y + 1$ und $\overline{x} = x + 2$, so ist die endgültige Lösung:

$$y = -\ln\left(\ln|x + 2| + C_1\right) \cdot (x + 2) - 1$$

∎

15.5.3　Bernoulli-Differentialgleichung

Bernoulli-Dgl.:

$$y' + g(x) \cdot y + h(x) \cdot y^a = 0, \qquad a \neq 1$$

Wenn man die Gleichung mit $(1 - a) \cdot y^{-a}$ multipliziert, erhält man:

$$(1 - a) \cdot y^{-a} \cdot y' + g(x) \cdot y \cdot (1 - a) \cdot y^{-a} + h(x) \cdot y^a \cdot (1 - a) \cdot y^{-a} = 0$$

Zu beachten ist $(1 - a) \cdot y^{-a} \cdot y' = (y^{1-a})'$, womit wir zu Folgendem gelangen:

$$(y^{1-a})' + (1 - a) \cdot g(x) \cdot y^{1-a} + (1 - a) \cdot h(x) = 0$$

Wenn man nun $z = y^{1-a}$ setzt, kommt man zu einer inhomogenen linearen Dgl. erster Ordnung:

$$z' + (1 - a) \cdot g(x) \cdot z + (1 - a) \cdot h(x) = 0$$
$$\Rightarrow \, z' + (1 - a) \cdot g(x) \cdot z = -(1 - a) \cdot h(x)$$

Wie man diese löst, wissen wir.

Beispiel 15.9
Die zu lösende Dgl. lautet:

$$y' + \frac{1}{x} \cdot y - x^2 \cdot y^3 = 0$$

Hier ist $a = 3$, also multiplizieren wir die Gleichung zunächst mit $-2y^{-3}$ und erhalten:

$$-2y^{-3} \cdot y' - 2y^{-3} \cdot \frac{1}{x} \cdot y + 2y^{-3} \cdot x^2 \cdot y^3 = 0$$
$$\Rightarrow (y^{-2})' - \frac{2}{x} \cdot y^{-2} + 2x^2 = 0$$

Substitution von $z = y^{-2}$ liefert uns:

$$z' - \frac{2}{x} \cdot z = -2x^2$$

Diese inhomogene Gleichung hat die homogene Lösung $z_h = A \cdot x^2$ und die partikuläre Lösung $z_p = -2x^3$, somit ist die allgemeine Lösung $z = A \cdot x^2 - 2x^3$. Es ist $z = y^{-2} = \frac{1}{y^2} \Rightarrow |y| = \frac{1}{\sqrt{z}}$.

Die gegebene Bernoulli-Dgl. hat somit die allgemeine Lösung:

$$y = \pm \frac{1}{\sqrt{A \cdot x^2 - 2x^3}}$$

∎

15.5.4 Riccati-Differentialgleichung

Riccati-Dgl.:
$$y' + g(x) \cdot y + h(x) \cdot y^2 = k(x)$$

Für diese Dgl. ist keine allgemeine Lösungsformel bekannt. Kennt man jedoch eine spezielle Lösung, so kann man weitere Lösungen daraus gewinnen. Sei $y_a(x)$ die allgemeine Lösung der Dgl. und $y_s(x)$ eine spezielle Lösung, dann gilt:

$$y_a' + g(x) \cdot y_a + h(x) \cdot y_a^2 = k(x)$$
$$y_s' + g(x) \cdot y_s + h(x) \cdot y_s^2 = k(x)$$

Subtrahiert man die eine von der anderen Gleichung, erhält man:

$$y_a' - y_s' + g(x) \cdot y_a - g(x) \cdot y_s + h(x) \cdot y_a^2 - h(x) \cdot y_s^2 = k(x) - k(x)$$
$$\Rightarrow (y_a - y_s)' + g(x) \cdot (y_a - y_s) + h(x) \cdot (y_a^2 - y_s^2) = 0$$

Nun setzen wir $u(x) = y_a(x) - y_s(x)$, und mit der Beziehung

$$y_a^2 - y_s^2 = (y_a - y_s) \cdot (y_a + y_s) = u \cdot (u + 2y_s)$$

folgt:

$$u' + g(x) \cdot u + h(x) \cdot u \cdot (u + 2y_s) = 0$$
$$\Rightarrow u' + g(x) \cdot u + h(x) \cdot u^2 + 2h(x) \cdot y_s \cdot u = 0$$

$$\Rightarrow\ u' + (g(x) + 2h(x) \cdot y_s) \cdot u + h(x) \cdot u^2 = 0$$

Jetzt haben wir durch Kenntnis einer speziellen Lösung aus der Riccati-Dgl. eine Bernoulli-Dgl. gemacht. Kenntnis über spezielle Lösungen erhält man nur durch Probieren oder Raten.

Beispiel 15.10

Gegeben sei die Dgl.:

$$y' - \frac{2}{x} \cdot y + y^2 = -\frac{2}{x^2}$$

Eine spezielle Lösung ist, wie man leicht sieht, $y_s = \frac{1}{x}$. Mit der Substitution $y(x) = u(x) + \frac{1}{x}$ kommen wir zur Dgl.:

$$u' - \frac{1}{x^2} - \frac{2}{x} \cdot u - \frac{2}{x^2} + u^2 + \frac{2}{x} \cdot u + \frac{1}{x^2} = -\frac{2}{x^2}$$

$$u' + u^2 = 0$$

Das ist ein Bernoulli-Dgl., die wir mit Trennung der Veränderlichen lösen:

$$\frac{\mathrm{d}u}{\mathrm{d}x} = -u^2 \quad \Rightarrow \quad \int -\frac{1}{u^2}\,\mathrm{d}u = \int \mathrm{d}x$$

Daraus ergibt sich:

$$\frac{1}{u} = x + C \ \Rightarrow\ u = \frac{1}{x + C}$$

Somit ist die allgemeine Lösung der gegebenen Riccati-Dgl.:

$$y = \frac{1}{x + C} + \frac{1}{x}$$

■

Die Riccati-Dgl. kann unter Umständen auch anders gelöst werden, und zwar ohne dass wir eine spezielle Lösung kennen müssen. Wenn wir in der allgemeinen Form der Riccati-Dgl. $y' + g(x) \cdot y + h(x) \cdot y^2 = k(x)$ die Substitution

$$u(x) = e^{\int h(x) \cdot y(x)\,\mathrm{d}x} \Leftrightarrow y(x) = \frac{u'(x)}{h(x) \cdot u(x)}$$

vornehmen und diese einmal nach x ableiten, kommen wir auf:

$$y'(x) = \frac{u''(x) \cdot h(x) \cdot u(x) - u'(x) \cdot (h'(x) \cdot u(x) + h(x) \cdot u'(x))}{(h(x) \cdot u(x))^2}$$

Nun setzen wir $y'(x)$ und $y(x)$ in die Riccati-Dgl. ein:

$$\Rightarrow \frac{u''(x) \cdot h(x) \cdot u(x) - u'(x) \cdot h'(x) \cdot u(x) - h(x) \cdot u'(x)^2}{(h(x) \cdot u(x))^2}$$

$$+ g(x) \cdot \frac{u'(x)}{h(x) \cdot u(x)} + h(x) \cdot \left(\frac{u'(x)}{h(x) \cdot u(x)}\right)^2 = k(x)$$

$$\Rightarrow u''(x) \cdot h(x) \cdot u(x) - u'(x) \cdot h'(x) \cdot u(x) + g(x) \cdot u'(x) \cdot h(x) \cdot u(x)$$
$$= k(x) \cdot h(x)^2 \cdot u(x)^2$$
$$\Rightarrow u''(x) - u'(x) \cdot \frac{h'(x)}{h(x)} + g(x) \cdot u'(x) - k(x) \cdot h(x) \cdot u(x) = 0$$
$$\Rightarrow u''(x) + \left(g(x) - \frac{h'(x)}{h(x)} \right) \cdot u'(x) - k(x) \cdot h(x) \cdot u(x) = 0$$

Nun haben wir die Riccati-Dgl. in eine homogene lineare Dgl. zweiter Ordnung umgewandelt. Wie man diese lösen kann, wird in Abschnitt 15.6.1 beschrieben.

Beispiel 15.11

Wir betrachten die Dgl.:

$$y' - y + e^x \cdot y^2 = -\frac{5}{e^x}$$

Hier ist $g(x) = -1$, $h(x) = e^x$ und $k(x) = -\frac{5}{e^x}$; setzen wir dies in die obere, transformierte Gleichung ein, kommen wir auf:

$$u'' + \left(-1 - \frac{e^x}{e^x} \right) \cdot u' - \left(-\frac{5}{e^x} \right) \cdot e^x \cdot u = 0$$

Es ergibt sich also:

$$u'' - 2u' + 5u = 0$$

Dies ist eine Dgl. 2. Ordnung mit konstanten Koeffizienten, die man mit dem Exponentialansatz (folgt in 15.6.1) lösen kann. Da die Dgl. homogen ist, benötigt man nur die homogene Lösung. Danach wird rücksubstituiert, und man erhält letztlich folgende Lösung:

$$y(x) = e^{-x} \cdot \left(1 + \frac{2}{\tan(2x + b)} \right)$$

∎

Leider sind Riccati-Differentialgleichungen gewöhnlich schwer zu lösen. Denn zum einen ist das Finden einer speziellen Lösung oft nicht offensichtlich, und zum anderen entstehen durch die Transformation nicht immer Differentialgleichungen mit konstanten Koeffizienten, sodass einfache Lösungen nicht garantiert sind.

15.5.5   Exakte Differentialgleichung

Exakte Dgl.:

$$P(x, y) \cdot dx + Q(x, y) \cdot dy = 0$$

Die Dgl.

$$P(x, y)\, dx + Q(x, y)\, dy = 0$$

heißt *exakt*, falls es eine zweimal stetig differenzierbare Funktion $U(x, y)$ gibt mit

$$\frac{\partial U(x, y)}{\partial x} = P(x, y) \quad \text{und} \quad \frac{\partial U(x, y)}{\partial y} = Q(x, y).$$

Differenziert man die erste Gleichung partiell nach y und die zweite nach x, so erhält man

$$\frac{\partial^2 U(x, y)}{\partial x\, \partial y} = \frac{\partial P(x, y)}{\partial y}$$

und

$$\frac{\partial^2 U(x, y)}{\partial x\, \partial y} = \frac{\partial Q(x, y)}{\partial x}.$$

Somit ist es notwendig, dass eine exakte Dgl. die *Integrabilitätsbedingung*

$$\frac{\partial P(x, y)}{\partial y} = \frac{\partial Q(x, y)}{\partial x}$$

erfüllt; oder abgekürzt aufgeschrieben

$$P_y(x, y) = Q_x(x, y).$$

Beispiel 15.12

$$e^{-y} \cdot dx + (1 - x \cdot e^{-y}) \cdot dy = 0$$

Für die Exaktheit der Dgl. muss gelten:

$$\frac{\partial}{\partial y}\, e^{-y} = \frac{\partial}{\partial x}(1 - x \cdot e^{-y})$$

Da beide Seiten in diesem Fall gleich $-e^{-y}$ sind, liegt eine exakte Dgl. vor. ∎

Bei der exakten Differentialgleichung $P(x, y) \cdot dx + Q(x, y) \cdot dy = 0$ werden wir versuchen, eine Lösung $y(x)$ zu finden, welche

$$P(x, y) + Q(x, y) \cdot y'(x) = 0$$

löst. In manchen Fällen kann es sich jedoch als günstig erweisen, Lösungen der Form $x(y)$ zu betrachten, welche

$$P(x, y) \cdot x'(y) + Q(x, y) = 0$$

lösen. Aufgrund unserer Definition können wir eine exakte Dgl.

$$P(x, y)\, dx + Q(x, y)\, dy = 0$$

auch so schreiben:

$$\frac{\partial U(x, y)}{\partial x} \cdot dx + \frac{\partial U(x, y)}{\partial y} \cdot dy = dU(x, y) = 0,$$

wobei $\mathrm{d}U(x,y)$ das totale (vollständige) Differential der Funktion $U(x,y)$ ist.

Nun gilt aufgrund der Kettenregel:

$$\frac{\partial U(x,y)}{\partial x} + \frac{\partial U(x,y)}{\partial y} \cdot \frac{\mathrm{d}y}{\mathrm{d}x} = \frac{\mathrm{d}}{\mathrm{d}x}U(x,y) = 0 \text{ bzw.}$$

$$\frac{\partial U(x,y)}{\partial x} \cdot \frac{\mathrm{d}x}{\mathrm{d}y} + \frac{\partial U(x,y)}{\partial y} = \frac{\mathrm{d}}{\mathrm{d}y}U(x,y) = 0$$

Nach diesen beiden Gleichungen muss also $U(x,y) = $ const sein, da es abgeleitet nach den beiden Variablen x und y Null ergibt. Leider wird man das nicht immer nach y bzw. x auflösen können, sodass Lösungen der Dgl. nur in impliziter Form dargestellt werden können.

Beispiel 15.13

Wenden wir uns nun wieder der Dgl.

$$\mathrm{e}^{-y} \cdot \mathrm{d}x + (1 - x \cdot \mathrm{e}^{-y}) \cdot \mathrm{d}y = 0$$

zu. Hier gilt:

$$P(x,y) = \frac{\partial U(x,y)}{\partial x} = \mathrm{e}^{-y}$$

$$Q(x,y) = \frac{\partial U(x,y)}{\partial y} = 1 - x \cdot \mathrm{e}^{-y}$$

Integrieren wir nun $\frac{\partial U(x,y)}{\partial x} = \mathrm{e}^{-y}$ bezüglich x, so ist:

$$U(x,y) = x \cdot \mathrm{e}^{-y} + C(y).$$

$C(y)$ ist nur bezüglich x konstant. Setzen wir nun $U(x,y) = x \cdot \mathrm{e}^{-y} + C(y)$ in $\frac{\partial U(x,y)}{\partial y} = 1 - x \cdot \mathrm{e}^{-y}$ ein, so folgt:

$$-x \cdot \mathrm{e}^{-y} + C'(y) = 1 - x \cdot \mathrm{e}^{-y} \Leftrightarrow C'(y) = 1$$

Links haben wir $U(x,y) = x \cdot \mathrm{e}^{-y} + C(y)$ nach y abgeleitet. Aus $C'(y) = 1$ folgt $C(y) = y + C_1$. Somit ergibt sich für $U(x,y)$:

$$U(x,y) = x \cdot \mathrm{e}^{-y} + C(y) = x \cdot \mathrm{e}^{-y} + y + C_1$$

Wie wir vorhin gesehen haben, ist $U(x,y) = $ const, und damit kommen wir auf:

$$x \cdot \mathrm{e}^{-y} + y = c$$

Diese Gleichung können wir zwar nicht nach y auflösen, aber immerhin nach x und kommen so auf eine Lösung:

$$x(y) = \mathrm{e}^{y} \cdot (c - y)$$

■

15.5.6   Integrierender Faktor (Eulerscher Multiplikator)

Doch was passiert, wenn die Gleichung $P(x,y)\,\mathrm{d}x + Q(x,y)\,\mathrm{d}y = 0$ nicht exakt ist? Man versucht dann, die Gleichung mit einer Funktion $m(x,y)$ $(\neq 0)$ zu multiplizieren, sodass die Gleichung exakt wird. Wenn durch die Multiplikation mit $m(x,y)$ die Gleichung exakt wird, so nennt man $m(x,y)$ *integrierenden Faktor*.

Unsere multiplizierte Dgl. lautet nun:

$$m(x,y) \cdot P(x,y) \cdot \mathrm{d}x + m(x,y) \cdot Q(x,y) \cdot \mathrm{d}y = 0$$

Aus der Integrabilitätsbedingung folgt:

$$\frac{\partial(m(x,y) \cdot P(x,y))}{\partial y} = \frac{\partial(m(x,y) \cdot Q(x,y))}{\partial x},$$

woraus sich aufgrund der Produktregel ergibt:

$$\frac{\partial m(x,y)}{\partial y} \cdot P(x,y) + m(x,y) \cdot \frac{\partial P(x,y)}{\partial y} = \frac{\partial m(x,y)}{\partial x}\,Q(x,y) + m(x,y)\,\frac{\partial Q(x,y)}{\partial x}$$

Mit ein paar kleinen Umformungen folgt:

$$P(x,y)\,\frac{\partial m(x,y)}{\partial y} - Q(x,y)\,\frac{\partial m(x,y)}{\partial x} + m(x,y) \cdot \left(\frac{\partial P(x,y)}{\partial y} - \frac{\partial Q(x,y)}{\partial x}\right) = 0$$

Um nun $m(x,y)$ zu bestimmen, muss man eine partielle Differentialgleichung lösen. Doch das bringt viele Schwierigkeiten mit sich. Deswegen versucht man $m(x,y)$ durch spezielle Ansätze zu bestimmen. Als Ansatz für den Faktor versucht man oft $m(x)$, $m(y)$, $m(x \cdot y)$, $m(\frac{y}{x})$ oder $m(x^2 + y^2)$ zu nehmen. Nimmt man als Ansatz $m(x)$ oder $m(y)$, so hängt, wie man sieht, der integrierende Faktor nur von x bzw. y ab, und aus der obigen partiellen Dgl. wird eine gewöhnliche Dgl.

Beispiel 15.14
Wir betrachten die Dgl.:

$$(y^2 - 2x - 2) \cdot \mathrm{d}x + 2y \cdot \mathrm{d}y = 0$$

Wie man schnell sieht, ist diese Dgl. nicht exakt. Wir suchen also einen integrierenden Faktor, der diese Dgl. exakt macht. Wir probieren erst einmal einen Faktor der Form $m(x)$ aus. Es ist $P(x,y) = y^2 - 2x - 2$ und $Q(x,y) = 2y$, was uns mit

$$P(x,y) \cdot \frac{\partial m(x,y)}{\partial y} - Q(x,y) \cdot \frac{\partial m(x,y)}{\partial x} + m(x,y) \cdot \left(\frac{\partial P(x,y)}{\partial y} - \frac{\partial Q(x,y)}{\partial x}\right) = 0$$

zu

$$(y^2 - 2x - 2) \cdot \frac{\partial m(x)}{\partial y} - 2y \cdot \frac{\partial m(x,y)}{\partial x} + m(x)\left(\frac{\partial(y^2 - 2x - 2)}{\partial y} - \frac{\partial(2y)}{\partial x}\right) = 0$$

$$(y^2 - 2x - 2) \cdot 0 - 2y \cdot m'(x) + m(x) \cdot (2y - 0) = 0$$

$$-2y \cdot m'(x) + 2y \cdot m(x) = 0$$
$$m'(x) = m(x)$$

bringt. Diese kleine Dgl. für den integrierenden Faktor hat die spezielle Lösung

$$m(x) = \mathrm{e}^x \, .$$

Anmerkung: $m(x) = 0$ ist zwar eine Lösung der Dgl., aber Q=0 ist kein integrierender Faktor, denn die Dgl. wird dadurch nicht exakt.

Somit wird die Dgl.

$$\mathrm{e}^x \cdot (y^2 - 2x - 2) \cdot \mathrm{d}x + \mathrm{e}^x \cdot 2y \cdot \mathrm{d}y = 0$$

exakt. Der Rechenweg, um zur Lösung zu gelangen, bleibt dem Leser überlassen. Die Lösung lautet:

$$y(x) = \pm\sqrt{2x + C \cdot \mathrm{e}^{-x}}$$

$\blacksquare$

Beispiel 15.15

Zur Illustration für einen weiteren möglichen Ansatz für den integrierenden Faktor schauen wir uns den folgenden Fall an:

$$y' = -\frac{y^2 - x \cdot y}{2\,x \cdot y^3 + x \cdot y + x^2}$$
$$\Rightarrow 0 = (y^2 - x \cdot y) \cdot \mathrm{d}x + (2\,x \cdot y^3 + x \cdot y + x^2) \cdot \mathrm{d}y$$

Da diese Dgl. nicht exakt ist, versuchen wir also wieder, einen integrierenden Faktor $m(x,y)$ zu finden. Als Hinweis gibt es, dass der Faktor die Form $m(x,y) = x^a \cdot y^b$ hat. Mit

$$P(x,y) \cdot \frac{\partial m(x,y)}{\partial y} - Q(x,y) \cdot \frac{\partial m(x,y)}{\partial x} + m(x,y)\left(\frac{\partial P(x,y)}{\partial y} - \frac{\partial Q(x,y)}{\partial x}\right) = 0$$

und $P(x,y) = y^2 - x \cdot y$ und $Q(x,y) = 2x \cdot y^3 + x \cdot y + x^2$ und $m(x,y) = x^a \cdot y^b$ kommen wir auf:

$$(y^2 - x \cdot y) \cdot b \cdot x^a \cdot y^{b-1} - (2x \cdot y^3 + xy + x^2) \cdot a \cdot x^{a-1} \cdot y^b$$
$$+x^a \cdot y^b \cdot \big((2y - x) - (2y^3 + y + 2x)\big) = 0$$

Das müssen wir ausmultiplizieren und erhalten:

$$b \cdot x^a \cdot y^{b+1} - b \cdot x^{a+1} \cdot y^b - 2ax^a \cdot y^{b+3}$$
$$-a \cdot x^a \cdot y^{b+1} - a \cdot x^{a+1} \cdot y^b + 2x^a \cdot y^{b+1}$$
$$-x^{a+1} \cdot y^b - 2x^a \cdot y^{b+3} - x^a \cdot y^{b+1} - 2x^{a+1} \cdot y^b = 0$$

Die letzte Gleichung teilen wir nun durch $x^a \cdot y^b$:

$$b \cdot y - b \cdot x - 2a \cdot y^3 - a \cdot y - a \cdot x + 2y - x - 2y^3 - y - 2x = 0$$
$$\Rightarrow (-2a - 2) \cdot y^3 + (-a + b + 1) \cdot y + (-a - b - 3) \cdot x = 0$$

Damit die linke Seite identisch gleich null wird, müssen ihre Koeffizienten einzeln verschwinden. Es muss also gelten:

$$-2a - 2 = 0$$
$$-a + b + 1 = 0$$
$$-a - b - 3 = 0$$

Aus der ersten dieser drei Gleichungen folgt $a = -1$, und damit folgt aus der zweiten $b = -2$. Wir müssen noch prüfen, ob damit auch die dritte Gleichung erfüllt ist:

$$-(-1) - (-2) - 3 = 0$$

Das passt, und somit ist unser integrierender Faktor:

$$m(x, y) = \frac{1}{x \cdot y^2}$$

Die Dgl.

$$\frac{1}{x \cdot y^2} \cdot \left(y^2 - x \cdot y \right) dx + \frac{1}{x \cdot y^2} \cdot \left(2x \cdot y^3 + x \cdot y + x^2 \right) dy = 0$$

ist nun exakt. Die Lösung in impliziter Form lautet:

$$\ln(x \cdot y) - \frac{x}{y} + y^2 = C$$

■

15.5.7 Parametrisierung

Bei den folgenden Differentialgleichungen wird versucht, die Lösung in Parameterform darzustellen. Dabei wird $y' = p$ als Parameter benutzt. Mit ein paar kleinen Rechnungen kommen wir zu:

$$y' = \frac{dy}{dx} = \frac{dy}{dp} \cdot \frac{dp}{dx} = p \Rightarrow \frac{dy}{dp} = p \cdot \frac{dx}{dp} \Rightarrow y'(p) = p \cdot x'(p) \qquad (15.1)$$

Dgl. der Form:

$$x = g(y')$$

Durch die Parametrisierung $y' = p$ ergibt sich $x(p) = g(p) \Rightarrow x'(p) = g'(p)$, und nach 15.1 ist $y'(p) = x'(p) \cdot p$. Daraus folgt:

$$y'(p) = g'(p) \cdot p$$
$$y(p) = \int g'(p) \cdot p \; dp + C$$

Beispiel 15.16

$$x = \mathrm{e}^{y'}$$

Durch Einsetzen erhalten wir

$$x(p) = g(p) = \mathrm{e}^p$$

und

$$y(p) = C + \int p \cdot g'(p)\, \mathrm{d}p = C + \int p \cdot \mathrm{e}^p\, \mathrm{d}p = C + \mathrm{e}^p \cdot (p - 1).$$

Somit ist unsere parametrisierte Lösung: $\begin{cases} x(p) = \mathrm{e}^p \\ y(p) = C + \mathrm{e}^p \cdot (p-1) \end{cases}$

Diese Lösung können wir aber auch explizit darstellen. Dazu müssen wir $x(p)$ nach p auflösen und dies in $y(p)$ einsetzen:

$$x = \mathrm{e}^p \Leftrightarrow p = \ln(x)$$
$$y = C + \mathrm{e}^{\ln(x)} \cdot (\ln(x) - 1)$$

Also ist $y(x) = C + x \cdot (\ln(x) - 1)$ eine Lösung der Dgl.

Anmerkung: Dieses Beispiel kann man auch ohne Parametrisierung lösen, indem man einfach zu $y' = \ln(x)$ umformt und integriert. Immerhin, es ist ein einfaches Beispiel für die Parametrisierung, bei dem es gelingt, die Lösung $y(x)$ auch ohne Parameter anzugeben.   ∎

Dgl. der Form:

$$y = g(y')$$

Im Unterschied zum vorigen Fall gilt hier $y(p) = g(p) \Rightarrow y'(p) = g'(p)$. Mittels $y'(p) = p \cdot x'(p)$ können wir hier $x(p)$ bestimmen:

$$x(p) = \int \frac{g'(p)}{p}\, \mathrm{d}p$$

Beispiel 15.17
Zu lösen ist:

$$y = y' \cdot \ln(y') - y'$$

Es ist

$$y(p) = p \cdot \ln(p) - p,$$

und mit

$$x(p) = \int \frac{g'(p)}{p}\, \mathrm{d}p = \int \frac{\ln(p)}{p}\, \mathrm{d}p = \frac{1}{2} \left(\ln(p)\right)^2 + C$$

kommen wir zur Lösung in Parameterform: $\begin{cases} x(p) = \frac{1}{2}\left(\ln(p)\right)^2 + C \\ y(p) = p \cdot \ln(p) - p \end{cases}$

Um diese Lösung explizit zu machen, lösen wir $x(p)$ nach p auf:

$$\Rightarrow p = e^{\pm\sqrt{2(x-C)}}$$

Das setzen wir in $y(p)$ ein:

$$y(x) = e^{\pm\sqrt{2(x-C)}} \cdot \ln\left(e^{\pm\sqrt{2(x-C)}} - e^{\pm\sqrt{2(x-C)}}\right)$$

$$y(x) = e^{\pm\sqrt{2(x-C)}} \cdot \left(\pm\sqrt{2(x-C)} - 1\right)$$

■

15.5.8   Clairaut-Differentialgleichung

Clairaut-Dgl.:

$$y = x \cdot y' + g(y')$$

Für die Clairautsche Differentialgleichung gibt es zwei Haupttypen von Lösungen: Die (trivialen) Geradenlösungen und die nicht nichttrivialen Lösungen.

Für jedes c im Definitionsbereich von g sind die Geraden $y(x) = cx + g(c)$ Lösungen der Clairautschen Differentialgleichung. Dies kann man durch Einsetzen nachrechnen.

Man findet nichttriviale Lösungen mittels Parametrisierung $y' = p$:

$$\Rightarrow y(p) = x(p) \cdot p + g(p)$$

Dies leiten wir nach p ab:

$$y'(p) = x'(p) \cdot p + x(p) + g'(p)$$

Da, wie wir aus 15.1 wissen, $y'(p) = p \cdot x'(p)$ gilt, muss $x(p) + g'(p) = 0$ sein, oder anders geschrieben: $x(p) = -g'(p)$. Das in Verbindung mit

$$y(p) = x(p) \cdot p + g(p)$$

ergibt

$$y(p) = -g'(p) \cdot p + g(p).$$

Die Geradenlösungen sind die Tangenten der nichttrivialen Lösungen. Weitere Lösungen sind zudem alle Kurven, die man aus Geradenlösungen und nichttrivialen Lösungen abschnittsweise zusammensetzen kann — indem man am Berührpunkt der Tangente mit der nichttrivialen Lösung von der einen auf die andere Kurve ‚überwechselt‘.

Beispiel 15.18

Vorgelegt sei die Dgl.:

$$y = x \cdot y' + e^{y'}$$

Hier ist

$$x(p) = -e^p$$

und damit:

$$y(p) = -e^p \cdot p + e^p = e^p \cdot (1 - p)$$

Die Lösung in Parameterform lautet: $\begin{cases} x(p) = -e^p \\ y(p) = e^p \cdot (1 - p) \end{cases}$

Auflösen von $x(p)$ nach p ergibt $p = \ln(-x)$ und wieder einsetzen in $y(p)$:

$$y(x) = -x \cdot (1 - \ln(-x)) = x \cdot (\ln(-x) - 1)$$

Die Geradenlösungen für dieses Beispiel sind $y = cx + e^c$.   ∎

15.5.9   d'Alembert-Differentialgleichung

d'Alembert-Dgl.:

$$y = x \cdot f(y') + g(y')$$

Wir ersetzen zuerst y' durch p:

$$y(p) = x(p) \cdot f(p) + g(p)$$

Dann differenzieren wir nach p und erhalten:

$$y'(p) = x'(p) \cdot f(p) + x(p) \cdot f'(p) + g'(p)$$

Da aber auch $y'(p) = p \cdot x'(p)$ gilt (nach 15.1), ist:

$$p \cdot x'(p) = x'(p) \cdot f(p) + x(p) \cdot f'(p) + g'(p)$$
$$x'(p) \cdot (p - f(p)) = x(p) \cdot f'(p) + g'(p)$$
$$x'(p) = \frac{x(p) \cdot f'(p) + g'(p)}{p - f(p)}$$

Diese Differentialgleichung für x muss man schließlich lösen.

Beispiel 15.19

Wir betrachten:

$$y = x \cdot y'^2 + \ln(y'^2)$$

Durch die Parametrisierung erhalten wir:

$$y(p) = x(p) \cdot p^2 + 2\ln(p)$$

$$x'(p) = \frac{x(p) \cdot 2p + \frac{2}{p}}{p - p^2}$$

Um diese Dgl. zu lösen, verwandeln wir sie in:

$$-\left(x \cdot 2p + \frac{2}{p}\right) \cdot \mathrm{d}\, p + (p - p^2) \cdot \mathrm{d}x = 0$$

Diese Dgl. ist nicht exakt. Um sie exakt zu machen, benötigt man einen integrierenden Faktor. Als Tipp gibt es, dass der integrierende Faktor nur von p abhängt. Die Lösung ist:

$$x(p) = -\frac{\ln(p^2) + \frac{2}{p} + c}{(p-1)^2}$$

Somit ergibt sich für $y(p)$:

$$y(p) = x(p) \cdot f(p) + g(p) = -\frac{\ln(p^2) + \frac{2}{p} + c}{(p-1)^2} \cdot p^2 + \ln(p^2)$$

Leider lässt sich diese Lösung nicht explizit darstellen, deshalb bleibt uns nur die Lösung in Parameterform:

$$x(p) = -\frac{\ln(p^2) + \frac{2}{p} + c}{(p-1)^2}$$

$$y(p) = -\frac{\ln(p^2) + \frac{2}{p} + c}{(p-1)^2} \cdot p^2 + \ln(p^2)$$

∎

Nun kommen wir zu Differentialgleichungen n-ter Ordnung.

15.6 Lineare Differentialgleichungen höherer Ordnung

15.6.1 Konstante Koeffizienten

Dgl. der Form:

$$a_n \cdot y^{(n)} + a_{n-1} \cdot y^{(n-1)} + \cdots + a_2 \cdot y'' + a_1 \cdot y' + a_0 \cdot y = g(x)$$

Die Lösung einer solchen linearen inhomogenen Dgl. n-ter Ordnung setzt sich wie die Lösung der Dgl. erster Ordnung zusammen, nämlich aus der allgemeinen Lösung der homogenen Gleichung plus einer speziellen Lösung der inhomogenen. Den Beweis dafür führt man genau wie bei den linearen Differentialgleichungen erster Ordnung (siehe 15.3.3).

Wenden wir uns zunächst der allgemeinen Lösung der homogenen Gleichung zu. Im Folgenden werden wir uns auf Gleichungen zweiter Ordnung beschränken. Als Ansatz für die homogene Lösung wählen wir den *Exponentialansatz*:

$$y_h(x) = e^{\lambda \cdot x}$$
$$y_h'(x) = \lambda \cdot e^{\lambda \cdot x}$$
$$y_h''(x) = \lambda^2 \cdot e^{\lambda \cdot x}$$

Wenn wir dies in die homogene Dgl.

$$a_2 \cdot y'' + a_1 \cdot y' + y = 0$$

einsetzen, erhalten wir

$$a_2 \cdot \lambda^2 \cdot e^{\lambda \cdot x} + a_1 \cdot \lambda \cdot e^{\lambda \cdot x} + a_0 \cdot e^{\lambda \cdot x} = 0$$
$$\Rightarrow a_2 \cdot \lambda^2 + a_1 \cdot \lambda + a_0 = 0.$$

Diese Gleichung nennt man die *charakteristische Gleichung* der Differentialgleichung, die linke Seite der Gleichung ist das *charakteristische Polynom*. Im Falle einer linearen Dgl. 2. Ordnung mit konstanten Koeffizienten ist die charakteristische Gleichung eine quadratische Gleichung, die wir mit der p-q-Formel lösen können.

Sind λ_1 und λ_2 verschiedene Lösungen dieser Gleichung, so lösen $e^{\lambda_1 \cdot x}$ und $e^{\lambda_2 \cdot x}$ die homogene Gleichung. Diese Lösungen nennt man *Basislösungen*.

Die Linearkombination

$$c_1 \cdot e^{\lambda_1 \cdot x} + c_2 \cdot e^{\lambda_2 \cdot x}$$

dieser beiden Basislösungen löst die homogene Dgl. ebenfalls. Das kann man leicht durch Einsetzen beweisen.

Die allgemeine Lösung der homogenen Gleichung zweiten Grades, deren charakteristisches Polynom zwei verschiedene reelle Nullstellen λ_1 und λ_2 hat, ist also:

$$y_h(x) = c_1 \cdot e^{\lambda_1 \cdot x} + c_2 \cdot e^{\lambda_2 \cdot x}$$

Wenn wir das nun auf den allgemeinen Fall mit Grad n übertragen, so ist die allgemeine Lösung einer homogenen Dgl. n-ter Ordnung die Linearkombination aller ihrer Basislösungen:

$$y_h(x) = c_n \cdot e^{\lambda_n \cdot x} + c_{n-1} \cdot e^{\lambda_{n-1} \cdot x} + \cdots + c_2 \cdot e^{\lambda_2 \cdot x} + c_1 \cdot e^{\lambda_1 \cdot x}$$

Doch das ist nur der Fall, falls es n verschiedene Lösungen der charakteristischen Gleichung gibt. Wenn die Nullstelle λ_i des (charakteristischen) Polynoms auf der linken Seite k-fach ist, so fehlen uns Basislösungen, um die Basis komplett zu machen. Dann sind aber

$$e^{\lambda_i \cdot x}, \; x \cdot e^{\lambda_i \cdot x}, \; x^2 \cdot e^{\lambda_i \cdot x}, \ldots, x^{k-1} \cdot e^{\lambda_i \cdot x}$$

ebenfalls Lösungen der homogenen Gleichung und die allgemeine homogene Lösung ist die Linearkombination all dieser Basislösungen.

Beispiel 15.20

$$y''' - 3y' - 2y = 0$$

Dies ist eine Dgl. 3. Ordnung mit konstanten Koeffizienten. Die charakteristische Gleichung dazu lautet:

$$\lambda^3 - 3\lambda - 2 = 0$$

Sie hat die Lösungen $\lambda_1 = 2$ und $\lambda_2 = -1$. Hier ist aber -1 eine Doppellösung (doppelte Nullstelle), also sind e^{2x}, $e^{-1 \cdot x}$, $x \cdot e^{-1 \cdot x}$ die Basislösungen der Dgl. Die allgemeine Lösung ist die Linearkombination daraus:

$$y_h(x) = C_1 \cdot e^{2x} + C_2 \cdot e^{-1 \cdot x} + C_3 \cdot x \cdot e^{-1 \cdot x}$$

∎

Doch, was tun bei komplexen Nullstellen?

Ein Polynom mit reellen Koeffizienten, das eine komplexe Nullstelle $a + ib$ hat (mit reellem a und b), hat auch eine dazu konjugiert komplexe Nullstelle $a - ib$. Die komplexen Nullstellen können wir in unseren $e^{\lambda \cdot x}$-Ansatz einsetzen:

$$C_1 \cdot e^{(a+ib) \cdot x} + C_2 \cdot e^{(a-ib) \cdot x} = e^{a \cdot x} \cdot (C_1 \cdot e^{ib \cdot x} + C_2 \cdot e^{-ib \cdot x})$$

Nun wenden wir die Eulersche Formel $e^{i \cdot x} = \cos(x) + i \cdot \sin(x)$ an:

$$e^{a \cdot x} \cdot (C_1 \cdot e^{ib \cdot x} + C_2 \cdot e^{-ib \cdot x}) =$$
$$e^{a \cdot x} \cdot (C_1 \cdot (\cos(b \cdot x) + i \cdot \sin(b \cdot x)) + C_2 \cdot (\cos(-b \cdot x) + i \cdot \sin(-b \cdot x)))$$

Wir kennen das Symmetrieverhalten des Sinus und Cosinus:

$$\cos(x) = \cos(-x) \qquad \text{(achsensymmetrisch)}$$
$$-\sin(x) = \sin(-x) \qquad \text{(punktsymmetrisch)}$$

Damit kommen wir auf:

$$e^{a \cdot x} \cdot (C_1 \cdot (\cos(bx) + i \cdot \sin(bx)) + C_2 \cdot (\cos(-bx) + i \cdot \sin(-bx)))$$
$$= e^{a \cdot x} \cdot (C_1 \cdot (\cos(bx) + i \cdot \sin(bx)) + C_2 \cdot (\cos(bx) - i \cdot \sin(bx)))$$
$$= e^{a \cdot x} \cdot (C_1 \cdot \cos(bx) + C_2 \cdot \cos(bx) + C_1 \cdot i \cdot \sin(bx) - C_2 \cdot i \cdot \sin(bx))$$
$$= e^{a \cdot x} \cdot (A \cdot \cos(bx) + B \cdot \sin(bx))$$

mit $C_1 + C_2 =: A$ und $(C_1 - C_2)i =: B$.

Auf diese Weise erhält man allgemein komplexwertige Lösungen. Wenn man an reellen Lösungen interessiert ist, so kann man die Real- und Imaginärteile der komplexwertigen Lösungen betrachten.

Beispiel 15.21

Es sei die folgende Dgl. zu lösen:

$$y''' - 4 \cdot y'' + 9 \cdot y' - 10y = 0$$

Die charakteristische Gleichung lautet hier:

$$\lambda^3 - 4\lambda^2 + 9\lambda - 10 = 0,$$

Sie hat die Nullstellen $\lambda_1 = 1 + 2\mathrm{i}$, $\lambda_2 = 1 - 2\mathrm{i}$ und $\lambda_3 = 2$. Damit erhalten wir als komplexwertige homogene Lösung:

$$y_h(x) = C_1 \cdot \mathrm{e}^{(1+2\mathrm{i}) \cdot x} + C_2 \cdot \mathrm{e}^{(1-2\mathrm{i}) \cdot x} + C_3 \cdot \mathrm{e}^{2x}$$
$$\Rightarrow y_h(x) = \mathrm{e}^x \cdot (A \cdot \cos(2x) + B \cdot \sin(2x)) + C_3 \cdot \mathrm{e}^{3x}$$

∎

Wie löst man nun die inhomogene Gleichung? Die Lösung setzt sich, wie schon gesagt, additiv aus der allgemeinen Lösung der homogenen Gleichung sowie einer partikulären Lösung der inhomogenen Gleichung zusammen. Um eine spezielle Lösung zu finden, kann man wieder die Methode der Variation der Konstanten verwenden. Dabei werden die Konstanten der allgemeinen Lösung der homogenen Gleichung als Funktionen aufgefasst. Die inhomogene Dgl.

$$a_n \cdot y^{(n)} + a_{n-1} \cdot y^{(n-1)} + \cdots + a_2 \cdot y'' + a_1 \cdot y' + a_0 \cdot y = g(x)$$

hat die homogene Lösung

$$y_h(x) = C_1 \cdot y_{h_1}(x) + C_2 \cdot y_{h_2}(x) + \cdots + C_n \cdot y_{h_n}(x),$$

wobei $y_{h_i}(x)$, $i = 1,2,\ldots,n$, Lösungen der homogenen Gleichung sind. Nun ersetzen wir die Konstanten C_i durch Funktionen $u_i(x)$ und erhalten somit:

$$y_p(x) = u_1(x) \cdot y_{h_1}(x) + u_2(x) \cdot y_{h_2}(x) + \cdots + u_n(x) \cdot y_{h_n}(x)$$

Doch wie lassen sich nun die $u_i(x)$ bestimmen? Wenn wir die Lösungen des folgenden Gleichungssystems kennen, können wir durch Integration die Funktionen $u_i(x)$ bestimmen.

Das Gleichungssystem sieht wie folgt aus:

$$u_1'(x) \cdot y_{h_1}(x) + u_2'(x) \cdot y_{h_2}(x) + \cdots + u_n'(x) \cdot y_{h_n}(x) = 0$$
$$u_1'(x) \cdot y_{h_1}'(x) + u_2'(x) \cdot y_{h_2}'(x) + \cdots + u_n'(x) \cdot y_{h_n}'(x) = 0$$
$$u_1'(x) \cdot y_{h_1}''(x) + u_2'(x) \cdot y_{h_2}''(x) + \cdots + u_n'(x) \cdot y_{h_n}''(x) = 0$$
$$\cdots$$
$$u_1'(x) \cdot y_{h_1}^{(n-2)}(x) + u_2'(x) \cdot y_{h_2}^{(n-2)}(x) + \cdots + u_n'(x) \cdot y_{h_n}^{(n-2)}(x) = 0$$
$$u_1'(x) \cdot y_{h_1}^{(n-1)}(x) + u_2'(x) \cdot y_{h_2}^{(n-1)}(x) + \cdots + u_n'(x) \cdot y_{h_n}^{(n-1)}(x) = g(x)$$

Wie man damit umgeht, soll ein Beispiel zeigen.

Beispiel 15.22

$$y'' + y = \frac{2}{\cos(x)}$$

Die charakteristische Gleichung $\lambda^2 + 1 = 0$ hat die Lösungen $\lambda_1 = i$ und $\lambda_2 = -i$. Die allgemeine Lösung der homogenen Gleichung ist:

$$y_h(x) = C_1 \cdot \cos(x) + C_2 \cdot \sin(x)$$

Für die partikuläre Lösung haben wir den Ansatz:

$$y_p(x) = u_1(x) \cdot \cos(x) + u_2(x) \cdot \sin(x)$$

Es ergibt sich folgendes Gleichungssystem:

$$u_1'(x) \cdot \cos(x) + u_2'(x) \cdot \sin(x) = 0$$
$$u_1'(x) \cdot (-\sin(x)) + u_2'(x) \cdot \cos(x) = \frac{2}{\cos(x)}$$

Somit ergeben sich für $u_1'(x)$ und $u_2'(x)$ die Lösungen $u_1'(x) = -2\tan(x)$ und $u_2'(x) = 2$. Durch Integration erhalten wir:

$$u_1(x) = 2\ln(|\cos(x)|)$$
$$u_2(x) = 2x$$

Wir erhalten als partikuläre Lösung:

$$y_p(x) = 2\ln|\cos(x)| \cdot \cos(x) + 2x \cdot \sin(x)$$

Die allgemeine Lösung der inhomogenen Gleichung lautet nun:

$$y(x) = C_1 \cdot \cos(x) + C_2 \cdot \sin(x) + 2\ln(|\cos(x)|) \cdot \cos(x) + 2x \cdot \sin(x)$$

∎

Man kann die partikuläre Lösung auch mit Hilfe von speziellen Ansätzen finden. Man muss nur beachten, dass, falls ein Teil des Störgliedes $g(x)$ mit einem Teil der homogenen Lösung übereinstimmt, der Ansatz mit x^l multipliziert werden muss, wobei l die Vielfachheit der Nullstelle des charakteristischen Polynoms ist. Diesen Fall nennt man *Resonanz*.

Beispiel 15.23

Um diesen Fall zu illustrieren, wollen wir folgende Dgl. lösen:

$$y'' - 4 \cdot y' + 4 \cdot y = e^{2x}$$

Die Nullstelle der charakteristischen Gleichung ist $\lambda = 2$. Allerdings ist es eine doppelte Nullstelle, somit ist unsere homogene Lösung:

$$y_h(x) = C_1 \cdot e^{2x} + C_2 \cdot x \cdot e^{2x}$$

Als Ansatz für die partikuläre Lösung würde man jetzt

$$y_p(x) = A \cdot e^{2x}$$

nehmen. Aber Vorsicht! Hier liegt Resonanz vor, denn e^{2x} kommt sowohl im Störglied $g(x)$ als auch in der homogenen Lösung vor. Da $\lambda = 2$ eine doppelte Lösung war, müssen wir unseren Ansatz mit x^2 multiplizieren, sodass wir als Ansatz wählen:

$$y_p(x) = A \cdot x^2 \cdot e^{2x}$$

Leiten wir das ab, erhalten wir:

$$y_p'(x) = 2Ax \cdot e^{2x} + 2Ax^2 \cdot e^{2x}$$
$$y_p''(x) = 2A \cdot e^{2x} + 4Ax \cdot e^{2x} + 4Ax \cdot e^{2x} + 4Ax^2 \cdot e^{2x}$$

Einsetzen in die Dgl. liefert:

$$2A \cdot e^{2x} + 4Ax \cdot e^{2x} + 4Ax \cdot e^{2x} + 4Ax^2 \cdot e^{2x}$$
$$-4 \cdot \left(2Ax \cdot e^{2x} + 2Ax^2 \cdot e^{2x}\right) + 4 \cdot \left(Ax^2 \cdot e^{2x}\right) = e^{2x}$$
$$2A \cdot e^{2x} = e^{2x}$$

Daraus folgt $A = \frac{1}{2}$. Somit erhalten wir als partikuläre Lösung:

$$y_p(x) = \frac{1}{2} \cdot x^2 \cdot e^{2x}$$

Die allgemeine Lösung für die gegebene inhomogene Dgl. ist nun:

$$y(x) = C_1 \cdot e^{2x} + C_2 \cdot x \cdot e^{2x} + \frac{1}{2} \cdot x^2 \cdot e^{2x}$$

Bei dieser Methode kommt man immer auf ein Gleichungssystem, das man mittels Koeffizientenvergleich löst, um die fehlenden Konstanten zu berechnen. ∎

15.6.2 Eulersche Differentialgleichung

Eulersche Dgl.:

$$a_n \cdot x^n \cdot y^{(n)} + a_{n-1} \cdot x^{n-1} \cdot y^{(n-1)} + \cdots + a_2 \cdot x^2 \cdot y'' + a_1 \cdot x \cdot y' + a_0 \cdot y = 0$$

Damit wir diese Dgl. lösen können, substituieren wir $x = e^t$. Aus $y(e^t)$ machen wir eine neue Funktion:

$$y(e^t) = u(t) \Rightarrow y(x) = u(\ln(x))$$

Mit $y(e^t) = u(t)$ folgt:

$$\frac{du}{dt} = y'(e^t) \cdot e^t = y'(x) \cdot x$$

$$\Rightarrow y'(x) \cdot x = \frac{du}{dt}$$

$$\frac{d^2u}{dt^2} = y''(e^t) \cdot e^t \cdot e^t + y'(e^t) \cdot e^t = y''(x) \cdot x^2 + y'(x) \cdot x$$

$$= y''(x) \cdot x^2 + \frac{du}{dt}$$

$$\Rightarrow y'' \cdot x^2 = \frac{d^2u}{dt^2} - \frac{du}{dt}$$

$$\frac{d^3u}{dt^3} = y'''(e^t) \cdot e^{3t} + 3y''(e^t) \cdot e^{2t} + y'(e^t) \cdot e^t$$

$$\Rightarrow y''' \cdot x^3 = \frac{d^3u}{dt^3} - 3\left(\frac{d^2u}{dt^2} - \frac{du}{dt}\right) - \frac{du}{dt}$$

$$\Rightarrow y''' \cdot x^3 = \frac{d^3u}{dt^3} - 3\frac{d^2u}{dt^2} + 2\frac{du}{dt}$$

Auf diesem Wege erhält man durch die Transformation eine lineare Dgl. n-ter Ordnung mit konstanten Koeffizienten.

Beispiel 15.24

Zu guter Letzt betrachten wir die Dgl.:

$$x^3 \cdot y''' + 3x^2 \cdot y'' - 6x \cdot y' + 6y = 0$$

Mit den oberen Gleichungen erhalten wir:

$$x^3 \cdot y''' = u''' - 3u'' + 2u'$$
$$x^2 \cdot y'' = u'' - u'$$
$$x \cdot y' = u'$$

Dies eingesetzt in die Dgl. ergibt:

$$(u''' - 3u'' + 2u') + 3(u'' - u') - 6 \cdot u' + 6 \cdot u = 0$$
$$u''' - 7 \cdot u' + 6 \cdot u = 0$$

Das ist nun eine lineare homogene Dgl. dritter Ordnung. Deren Lösung lautet:

$$u(t) = C_1 \cdot e^t + C_2 \cdot e^{2t} + C_3 \cdot e^{-3t}$$

Es gilt $y(x) = u(\ln(x))$, und wenn wir nun $t = \ln(x)$ in $u(t)$ einsetzen, bekommen wir:

$$y(x) = C_1 \cdot e^{\ln(x)} + C_2 \cdot e^{2\ln(x)} + C_3 \cdot e^{-3\ln(x)}$$
$$y(x) = C_1 \cdot x + C_2 \cdot x^2 + \frac{C_3}{x^3}$$

Das ist die allgemeine Lösung der ursprünglichen Eulerschen Dgl. $\qquad$ ∎

Für den Fall, dass eine Eulersche Dgl. inhomogen ist, hilft uns das bereits bekannte Verfahren der Variation der Konstanten, eine partikuläre Lösung zu finden.

Artur Koehler studiert Maschinenbau in Hannover.

16 Die Beziehungen von Sinus und Cosinus

Übersicht

In diesem Kapitel liefere ich euch die Beweise zu einigen Beziehungen zwischen Winkelfunktionen, wie man sie in Formelsammlungen findet und oft verwendet. Ich setze voraus, dass ihr wisst, wie Sinus, Cosinus und Tangens definiert sind, und dass deren Umkehrfunktionen Arcussinus, Arcuscosinus und Arcustangens sind. Ebenso müsst ihr folgende wichtige Formel kennen:

$$\sin^2(a) + \cos^2(a) = 1$$

16.1 Additionstheoreme

Zunächst wenden wir uns den bekannten Additionstheoremen zu. Hier und auch im Folgenden seien alle auftretenden Argumente der Funktionen beliebige reelle Zahlen, falls keine weiteren Einschränkungen gemacht werden.

Satz 16.1 (Additionstheorem für den Cosinus)

$$\cos(a + b) = \cos(a) \cdot \cos(b) - \sin(a) \cdot \sin(b)$$

Beweis: In dem Dreieck $\triangle ABC$ (Abbildung 16.1) gelten die Beziehungen:

$$\cos(b) = AB \quad \text{und} \quad \sin(b) = BC$$

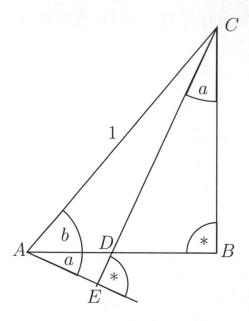

Abb. 16.1: Additionstheorem der Winkelfunktionen

In ΔBCD gilt: $\tan(a) = \dfrac{BD}{BC} = \dfrac{BD}{\sin(b)}$

$$\implies \quad BD = \sin(b) \cdot \tan(a) = \sin(b) \cdot \frac{\sin(a)}{\cos(a)}$$

In ΔACE gilt: $\cos(a+b) = AE$

In ΔADE gilt: $\cos(a) - \dfrac{AE}{AD} = \dfrac{\cos(a+b)}{AD}$

$$\implies \quad AD = \frac{\cos(a+b)}{\cos(a)}$$

Das alles zusammengetragen ergibt:

$$AD + BD = AB = \cos(b)$$
$$\implies \cos(b) = \frac{\cos(a+b)}{\cos(a)} + \sin(b) \cdot \frac{\sin(a)}{\cos(a)}$$
$$\implies \cos(a+b) = \cos(a) \cdot \cos(b) - \sin(a) \cdot \sin(b)$$

$\square$

Satz 16.2 (Additionstheorem für den Sinus)

$$\sin(a+b) = \sin(a) \cdot \cos(b) + \sin(b) \cdot \cos(a)$$

Beweis: Um diesen Satz zu beweisen, benötigen wir die Beziehungen $\sin(c) = \cos\left(c - \frac{\pi}{2}\right)$ und $\cos(c) = -\sin\left(c - \frac{\pi}{2}\right)$. Es ist also:

$$\begin{aligned}
\sin(a + b) &= \cos\left(a + b - \frac{\pi}{2}\right) \\
&= \cos\left(a + \left(b - \frac{\pi}{2}\right)\right) \\
&= \cos(a) \cdot \cos\left(b - \frac{\pi}{2}\right) - \sin(a) \cdot \sin\left(b - \frac{\pi}{2}\right) \\
&= \cos(a) \cdot \sin(b) + \sin(a) \cdot \cos(b)
\end{aligned}$$

$\square$

Satz 16.3 (Additionstheoreme für Winkeldifferenzen)

$$\sin(a - b) = \sin(a) \cdot \cos(b) - \sin(b) \cdot \cos(a)$$

$$\cos(a - b) = \cos(a) \cdot \cos(b) + \sin(a) \cdot \sin(b)$$

Beweis: Wir verwenden im Beweis, dass $\sin(-c) = -\sin(c)$ (Punktsymmetrie der Sinusfunktion) und $\cos(-c) = \cos(c)$ (Achsensymmetrie der Cosinusfunktion) gilt.

$$\begin{aligned}
\sin(a - b) &= \sin(a + (-b)) = \sin(a) \cdot \cos(-b) + \sin(-b) \cdot \cos(a) \\
&= \sin(a) \cdot \cos(b) - \sin(b) \cdot \cos(a)
\end{aligned}$$

Die zweite Beziehung folgt analog:

$$\begin{aligned}
\cos(a - b) &= \cos(a + (-b)) = \cos(a) \cdot \cos(-b) - \sin(a) \cdot \sin(-b) \\
&= \cos(a) \cdot \cos(b) + \sin(a) \cdot \sin(b)
\end{aligned}$$

$\square$

Die folgenden Formeln gelten für reelle Zahlen a und b mit Ausnahme derjenigen Werte, für die sich Polstellen ergeben.

Satz 16.4 (Additionstheoreme für den Tangens)

$$\tan(a + b) = \frac{\tan(a) + \tan(b)}{1 - \tan(a) \cdot \tan(b)}$$

$$\tan(a - b) = \frac{\tan(a) - \tan(b)}{1 + \tan(a) \cdot \tan(b)}$$

Beweis: Es gilt $\tan(c) = \frac{\sin(c)}{\cos(c)}$, also ist:

$$\tan(a+b) = \frac{\sin(a+b)}{\cos(a+b)} = \frac{\sin(a)\cdot\cos(b) + \sin(b)\cdot\cos(a)}{\cos(a)\cdot\cos(b) - \sin(a)\cdot\sin(b)}$$

Klammert man $\cos(a)\cdot\cos(b)$ aus dem Zähler und dem Nenner aus, erhält man:

$$\tan(a+b) = \frac{\cos(a)\cdot\cos(b)\cdot\left(\frac{\sin(a)\cdot\cos(b)}{\cos(a)\cdot\cos(b)} + \frac{\sin(b)\cdot\cos(a)}{\cos(a)\cdot\cos(b)}\right)}{\cos(a)\cdot\cos(b)\cdot\left(\frac{\cos(a)\cdot\cos(b)}{\cos(a)\cdot\cos(b)} - \frac{\sin(a)\cdot\sin(b)}{\cos(a)\cdot\cos(b)}\right)}$$

$$= \frac{\tan(a) + \tan(b)}{1 - \tan(a)\cdot\tan(b)}$$

Für den Beweis der zweiten Beziehung ersetze in der ersten Beziehung b durch $-b$ und benutze, dass $\tan(c) = -\tan(-c)$. $\qquad\square$

Satz 16.5

$$\sin(a) + \sin(b) = 2\cdot\sin\left(\frac{a+b}{2}\right)\cdot\cos\left(\frac{a-b}{2}\right)$$

$$\sin(a) - \sin(b) = 2\cdot\cos\left(\frac{a+b}{2}\right)\cdot\sin\left(\frac{a-b}{2}\right)$$

Beweis: Es ist:

$$\sin(a) = \sin\left(\frac{a+b}{2} + \frac{a-b}{2}\right)$$

$$\sin(b) = \sin\left(\frac{a+b}{2} - \frac{a-b}{2}\right)$$

Darauf setze das schon bekannte Additionstheorem 16.2 an:

$$\sin(a) = \sin\left(\frac{a+b}{2} + \frac{a-b}{2}\right)$$

$$= \sin\left(\frac{a+b}{2}\right)\cdot\cos\left(\frac{a-b}{2}\right) + \sin\left(\frac{a-b}{2}\right)\cdot\cos\left(\frac{a+b}{2}\right)$$

$$\sin(b) = \sin\left(\frac{a+b}{2} - \frac{a-b}{2}\right)$$

$$= \sin\left(\frac{a+b}{2}\right)\cdot\cos\left(\frac{a-b}{2}\right) - \sin\left(\frac{a-b}{2}\right)\cdot\cos\left(\frac{a+b}{2}\right)$$

Dann ist

$$\sin(a) + \sin(b) = 2\cdot\sin\left(\frac{a+b}{2}\right)\cdot\cos\left(\frac{a-b}{2}\right),$$

sowie

$$\sin(a) - \sin(b) = 2\cdot\cos\left(\frac{a+b}{2}\right)\cdot\sin\left(\frac{a-b}{2}\right).$$

$\qquad\square$

Satz 16.6

$$\cos(a) + \cos(b) = \;\; 2 \cdot \cos\left(\frac{a+b}{2}\right) \cdot \cos\left(\frac{a-b}{2}\right)$$

$$\cos(a) - \cos(b) = -2 \cdot \sin\left(\frac{a+b}{2}\right) \cdot \sin\left(\frac{a-b}{2}\right)$$

Beweis: Es gilt:

$$\cos(a) = \cos\left(\frac{a+b}{2} + \frac{a-b}{2}\right)$$

$$= \cos\left(\frac{a+b}{2}\right) \cdot \cos\left(\frac{a-b}{2}\right) - \sin\left(\frac{a+b}{2}\right) \cdot \sin\left(\frac{a-b}{2}\right)$$

$$\cos(b) = \cos\left(\frac{a+b}{2} - \frac{a-b}{2}\right)$$

$$= \cos\left(\frac{a+b}{2}\right) \cdot \cos\left(\frac{a-b}{2}\right) + \sin\left(\frac{a+b}{2}\right) \cdot \sin\left(\frac{a-b}{2}\right)$$

Dann ist

$$\cos(a) + \cos(b) = 2 \cdot \cos\left(\frac{a+b}{2}\right) \cdot \cos\left(\frac{a-b}{2}\right)$$

und

$$\cos(a) - \cos(b) = -2 \cdot \sin\left(\frac{a+b}{2}\right) \cdot \sin\left(\frac{a-b}{2}\right).$$

$\square$

16.2 Multiplikationstheoreme

Satz 16.7

$$\sin(a+b) \cdot \sin(a-b) = \sin^2(a) - \sin^2(b)$$

$$\cos(a+b) \cdot \cos(a-b) = \cos^2(a) - \sin^2(b)$$

Beweis:

$$\sin(a+b) \cdot \sin(a-b) = \;(\sin(a) \cdot \cos(b) + \sin(b) \cdot \cos(a))$$

$$\cdot (\sin(a) \cdot \cos(b) - \sin(b) \cdot \cos(a))$$

Mit der dritten binomischen Formel rechnen wir weiter:

$$= (\sin(a) \cdot \cos(b))^2 - (\sin(b) \cdot \cos(a))^2$$
$$= \sin^2(a) \cdot \cos^2(b) - \sin^2(b) \cdot \cos^2(a)$$

Nun gilt $\cos^2(c) = 1 - \sin^2(c)$ und damit:

$$= \sin^2(a) \cdot (1 - \sin^2(b)) - \sin^2(b) \cdot (1 - \sin^2(a))$$
$$= \sin^2(a) - \sin^2(a) \cdot \sin^2(b) - \sin^2(b) + \sin^2(b) \cdot \sin^2(a)$$
$$= \sin^2(a) - \sin^2(b)$$

Der Beweis der zweiten Beziehung läuft ähnlich wie der der ersten:

$$\cos(a + b) \cdot \cos(a - b) = (\cos(a) \cdot \cos(b) - \sin(a) \cdot \sin(b))$$
$$\cdot (\cos(a) \cdot \cos(b) + \sin(a) \cdot \sin(b))$$
$$= \cos^2(a) \cdot \cos^2(b) - \sin^2(a) \cdot \sin^2(b)$$
$$= \cos^2(a) \cdot (1 - \sin^2(b)) - (1 - \cos^2(a)) \cdot \sin^2(b)$$
$$= \cos^2(a) - \sin^2(b)$$

□

Satz 16.8

$$\sin(a) \cdot \sin(b) = \frac{\cos(a - b) - \cos(a + b)}{2}$$

$$\cos(a) \cdot \cos(b) = \frac{\cos(a - b) + \cos(a + b)}{2}$$

Beweis: Für diesen Beweis verwendet man:

$$\cos(a + b) = \cos(a) \cdot \cos(b) - \sin(a) \cdot \sin(b)$$
$$\cos(a - b) = \cos(a) \cdot \cos(b) + \sin(a) \cdot \sin(b)$$

Nun bilde die Differenz:

$$\cos(a - b) - \cos(a + b) = 2 \cdot \sin(a) \cdot \sin(b)$$
$$\implies \sin(a) \cdot \sin(b) = \frac{\cos(a - b) - \cos(a + b)}{2}$$

Für die zweite Beziehung bilde die Summe:

$$\cos(a - b) + \cos(a + b) = 2 \cdot \cos(a) \cdot \cos(b)$$
$$\implies \cos(a) \cdot \cos(b) = \frac{\cos(a - b) + \cos(a + b)}{2}$$

□

16.3 Theoreme zu doppelten und halben Winkeln

Satz 16.9

$$\sin(2a) = 2 \cdot \sin(a) \cdot \cos(a)$$

Beweis: Verwende das Additionstheorem Satz 16.2 mit $b = a$:

$$\Longrightarrow \sin(a + a) = \sin(a) \cdot \cos(a) + \sin(a) \cdot \cos(a)$$
$$\Longrightarrow \sin(2a) = 2 \cdot \sin(a) \cdot \cos(a)$$

□

Satz 16.10

$$\cos(2a) = \begin{cases} \cos^2(a) - \sin^2(a) \\ 2 \cdot \cos^2(a) - 1 \\ 1 - 2 \cdot \sin^2(a) \end{cases}$$

Beweis: Wir verwenden das Additionstheorem 16.1 mit $b = a$:

$$\Longrightarrow \cos(a + a) = \cos(a) \cdot \cos(a) - \sin(a) \cdot \sin(a)$$
$$\Longrightarrow \cos(2a) = \cos^2(a) - \sin^2(a)$$

Das ist der erste Teil der Behauptung.

Weiter weiß man, dass $\sin^2(a) = 1 - \cos^2(a)$, und damit folgt:

$$\cos(2a) = \cos^2(a) - \left(1 - \cos^2(a)\right)$$
$$\cos(2a) = 2 \cdot \cos^2(a) - 1$$

Und schließlich ist $\cos^2(a) = 1 - \sin^2(a)$, und damit folgt die dritte Beziehung:

$$\cos(2a) = (1 - \sin^2(a)) - \sin^2(a)$$
$$\cos(2a) = 1 - 2 \cdot \sin^2(a)$$

□

Satz 16.11

$$\tan(2a) = \frac{2 \cdot \tan(a)}{1 - \tan^2(a)}$$

Beweis: Die Behauptung folgt sofort aus Satz 16.4 mit $b = a$. $\qquad\square$

Satz 16.12

$$\sin\left(\frac{a}{2}\right) = \pm\sqrt{\frac{1 - \cos(a)}{2}}$$

Positives Vorzeichen für $a \in [0 + 4k\pi,\, 2\pi + 4k\pi]$, $k \in \mathbb{Z}$.

$$\cos\left(\frac{a}{2}\right) = \pm\sqrt{\frac{1 + \cos(a)}{2}}$$

Positives Vorzeichen für $a \in [-\pi + 4k\pi,\, \pi + 4k\pi]$, $k \in \mathbb{Z}$.

Beweis: Für diesen Beweis verwende Satz 16.8:

$$\sin(a) \cdot \sin(b) = \frac{\cos(a - b) - \cos(a + b)}{2}$$

Demnach ist:

$$\sin\left(\frac{a}{2}\right) \cdot \sin\left(\frac{a}{2}\right) = \frac{\cos\left(\frac{a}{2} - \frac{a}{2}\right) - \cos\left(\frac{a}{2} + \frac{a}{2}\right)}{2}$$

$$\sin^2\left(\frac{a}{2}\right) = \frac{\overbrace{\cos(0)}^{=1} - \cos(a)}{2}$$

$$\implies \quad \sin\left(\frac{a}{2}\right) = \pm\sqrt{\frac{1 - \cos(a)}{2}}$$

Der zweite Teil folgt aus der zweiten Beziehung in Satz 16.8:

$$\cos(a) \cdot \cos(b) = \frac{\cos(a - b) + \cos(a + b)}{2}$$

$$\cos\left(\frac{a}{2}\right) \cdot \cos\left(\frac{a}{2}\right) = \frac{\cos(\frac{a}{2} - \frac{a}{2}) + \cos(\frac{a}{2} + \frac{a}{2})}{2}$$

$$\cos^2\left(\frac{a}{2}\right) = \frac{1 + \cos(a)}{2}$$

$$\cos\left(\frac{a}{2}\right) = \pm\sqrt{\frac{1 + \cos(a)}{2}}$$

$\qquad\square$

Die folgende Formel gilt für beliebige reelle Zahlen mit Ausnahme derjenigen Werte, für die sich Polstellen ergeben.

Satz 16.13

$$\tan\left(\frac{a}{2}\right) = \frac{\sin(a)}{1 + \cos(a)} = \frac{1 - \cos(a)}{\sin(a)}$$

Beweis: Mit Satz 16.12 folgt:

$$\tan^2\left(\frac{a}{2}\right) = \frac{\sin^2(\frac{a}{2})}{\cos^2(\frac{a}{2})} = \frac{1 - \cos(a)}{1 + \cos(a)}$$

Erweitere den Bruch mit $1 + \cos(a)$. Es ergibt sich:

$$= \frac{1 - \cos^2(a)}{(1 + \cos(a))^2}$$

Damit und aus der Identität $\sin^2(a) = 1 - \cos^2(a)$ folgt durch Wurzelziehen der erste Teil der Beziehung. Erweitert man dagegen mit $1 - \cos(a)$ statt mit $1 + \cos(a)$, so erhält man die zweite Beziehung. $\square$

16.4   Theoreme mit Arcus-Funktionen

Der folgende Satz gilt für $a \in [-1,1]$.

Satz 16.14

$$\sin(\arccos(a)) = \sqrt{1 - a^2}$$
$$\cos(\arcsin(a)) = \sqrt{1 - a^2}$$

Beweis: Es gilt $\cos^2(c) + \sin^2(c) = 1$, und setzt man $\arccos(a)$ für c ein, so hat man:

$$\cos^2(\arccos(a)) + \sin^2(\arccos(a)) = 1$$
$$\Rightarrow a^2 + \sin^2(\arccos(a)) = 1$$
$$\Rightarrow \sin(\arccos(a)) = \sqrt{1 - a^2}$$

Die andere Beziehung folgt, wenn man $\arcsin(a)$ einsetzt:

$$\cos^2(\arcsin(a)) + \sin^2(\arcsin(a)) = 1$$
$$\Rightarrow \cos(\arcsin(a)) = \sqrt{1-a^2}$$

$\square$

Satz 16.15

$$\sin^2(\arctan(a)) = \frac{a^2}{a^2+1}$$
$$\cos^2(\arctan(a)) = \frac{1}{a^2+1}$$

Beweis:

$$a = \tan(\arctan(a)) = \frac{\sin(\arctan(a))}{\cos(\arctan(a))} = \frac{\sin(\arctan(a))}{\sqrt{1-\sin^2(\arctan(a))}}$$
$$\Rightarrow a^2 \cdot (1 - \sin^2(\arctan(a))) = \sin^2(\arctan(a))$$
$$\Rightarrow a^2 = \sin^2(\arctan(a)) + a^2 \cdot \sin^2(\arctan(a))$$
$$\Rightarrow \sin^2(\arctan(a)) = \frac{a^2}{a^2+1}$$

Die zweite Beziehung:

$$a^2 = \tan^2(\arctan(a)) = \frac{\sin^2(\arctan(a))}{\cos^2(\arctan(a))} = \frac{1}{\cos^2(\arctan(a))} - 1$$
$$\Rightarrow a^2 + 1 = \frac{1}{\cos^2(\arctan(a))}$$

$\square$

16.5 Alternative Herleitungen mit komplexen Zahlen

16.5.1 Additionstheoreme

Man hätte die Sätze 16.2 über $\sin(a+b)$ und 16.1 über $\cos(a+b)$ auch mit Wissen über die komplexen Zahlen und deren Darstellung herleiten können, denn es gilt für reelles x die Eulersche Formel:

$$e^{i \cdot x} = \cos(x) + i \cdot \sin(x)$$

Setzt man $x = a + b$, so erhält man:

$$e^{i \cdot (a+b)} = \cos(a + b) + i \cdot \sin(a + b)$$

Nun ist aber:

$$e^{i \cdot (a+b)} = e^{i \cdot a} \cdot e^{i \cdot b}$$

$$
\begin{aligned}
e^{i \cdot a} \cdot e^{i \cdot b} &= (\cos(a) + i \cdot \sin(a)) \cdot (\cos(b) + i \cdot \sin(b)) \\
&= \cos(a) \cdot \cos(b) + \cos(a) \cdot i \cdot \sin(b) + i \cdot \sin(a) \cdot \cos(b) - \sin(a) \cdot \sin(b) \\
&= \cos(a) \cdot \cos(b) - \sin(a) \cdot \sin(b) + i \cdot (\sin(a) \cdot \cos(b) + \sin(b) \cdot \cos(a))
\end{aligned}
$$

Vergleicht man den Realteil und den Imaginärteil, so sieht man:

$$\cos(a + b) = \cos(a) \cdot \cos(b) - \sin(a) \cdot \sin(b)$$
$$\sin(a + b) = \sin(a) \cdot \cos(b) + \sin(b) \cdot \cos(a),$$

in Übereinstimmung mit den Additionstheoremen.

16.5.2 Weitere Beziehungen

Oft findet man auch Beziehungen wie:

$$\sin(3a) = 3 \cdot \sin(a) - 4 \cdot \sin^3(a)$$

Darauf kommt man am schnellsten, indem man wieder $e^{i \cdot x} = \cos(x) + i \cdot \sin(x)$ verwendet. Es ist einerseits:

$$e^{i \cdot 3 \cdot a} = \cos(3 \cdot a) + i \cdot \sin(3 \cdot a)$$

und andererseits:

$$e^{i \cdot 3a} = (e^{i \cdot a})^3 = (\cos(a) + i \cdot \sin(a))^3$$

Rechnet man die rechte Seite aus und vergleicht Real- und Imaginärteile, findet man, was man sucht.

Artur Koehler studiert Maschinenbau in Hannover.

17 Doppelintegrale

Übersicht

Dieses Kapitel handelt von Doppelintegralen und ist der erste von drei Teilen. Im zweiten Teil werden die Kurvenintegrale an die Reihe kommen, und im dritten Teil geht es um Oberflächenintegrale.

Zunächst werde ich das Doppelintegral über einem Rechteck einführen, später über einem allgemeineren Bereich. Auf die Möglichkeit der Koordinatentransformation gehe ich am Ende ein.

17.1 Einführung

Zunächst erinnern wir uns, wie man das (Riemann-)Integral $\int_a^b f(x)\,dx$ für stetige Funktionen definieren kann. Dabei wird das Intervall $[a,b]$ in n Teilintervalle $[x_{k-1}, x_k]$ derart zerlegt, dass $a = x_0 < x_1 < \ldots < x_n = b$ gilt.

Aufgrund der Stetigkeit nimmt die Funktion f auf jedem der abgeschlossenen Teilintervalle ein Maximum und ein Minimum an. Dadurch kann man eine Obersumme

$$O_f = \sum_{k=1}^n \max\{f(z)\,|\,z \in [x_{k-1}, x_k]\} \cdot (x_k - x_{k-1})$$

$$= \sum_{k=1}^n \max\{f(z)\,|\,z \in [x_{k-1}, x_k]\} \cdot \Delta x_k$$

und eine Untersumme

$$U_f = \sum_{k=1}^{n} \min \left\{ f(z) \mid z \in [x_{k-1}, x_k] \right\} \cdot (x_k - x_{k-1})$$

$$= \sum_{k=1}^{n} \min \left\{ f(z) \mid z \in [x_{k-1}, x_k] \right\} \cdot \Delta x_k$$

definieren. Das Integral $I = \int_a^b f(x)\,\mathrm{d}x$ ist die eindeutig bestimmte Zahl, die $U_f \leq I \leq O_f$ für alle Zerlegungen von $[a, b]$ erfüllt.

Hilfreich ist es bei Doppelintegralen, sich mit Doppelsummen auszukennen. Unter $\sum_{i=1}^{m} \sum_{j=1}^{n} a_{ij}$ verstehen wir die Summe aller a_{ij}, wobei j von 1 bis n und i von 1 bis m läuft.

Bei Doppelsummen ist es egal, ob wir zuerst für alle j und dann für alle i summieren, oder zuerst für alle i und dann für alle j:

$$\sum_{i=1}^{m} \sum_{j=1}^{n} a_{ij} = \sum_{j=1}^{n} \sum_{i=1}^{m} a_{ij}$$

Wie bei Einzelsummen können auch bei Doppelsummen Konstanten herausgezogen werden:

$$\sum_{i=1}^{m} \sum_{j=1}^{n} \alpha \cdot a_{ij} = \alpha \cdot \sum_{i=1}^{m} \sum_{j=1}^{n} a_{ij}$$

Und es gilt ebenso:

$$\sum_{i=1}^{m} \sum_{j=1}^{n} (a_{ij} + b_{ij}) = \sum_{i=1}^{m} \sum_{j=1}^{n} a_{ij} + \sum_{i=1}^{m} \sum_{j=1}^{n} b_{ij}$$

Nun wollen wir das Doppelintegral $\iint_\Omega f(x, y)\,\mathrm{d}x\,\mathrm{d}y$ definieren.

Doch was ist Ω? Ω ist eine Fläche, über die wir jetzt integrieren, denn wir befinden uns nun im zweidimensionalen Raum. Beim Integral $\int_a^b f(x)\,\mathrm{d}x$ erhalten wir eine Aussage über etwas Zweidimensionales, nämlich über die Fläche unter dem Graphen von f im Intervall $[a, b]$ (falls f positiv ist), wobei wir über etwas Eindimensionales integrieren. Bei $\iint_\Omega f(x, y)\,\mathrm{d}x\,\mathrm{d}y$ erhalten wir dagegen eine Aussage über etwas Dreidimensionales, und zwar über das Volumen unter $f(x, y)$ über dem Bereich Ω.

17.2 Doppelintegral über einem Rechteck

Wir nähern uns $\iint_\Omega f(x, y)\,\mathrm{d}x\,\mathrm{d}y$ zunächst darüber, dass wir für Ω ein Rechteck $R : a \leq x \leq b$ und $c \leq y \leq d$ wählen und das Doppelintegral $\iint_\Omega f(x, y)\,\mathrm{d}x\,\mathrm{d}y$

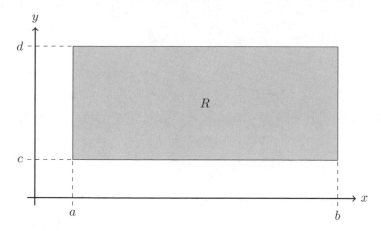

Abb. 17.1: Rechteck in der Ebene

über diesem Rechteck R definieren. Wir stellen R in der xy-Ebene dar, was in Abbildung 17.1 zu sehen ist.

Im Folgenden gehen wir stets davon aus, dass f auf R stetig ist. Wir zerlegen zuerst $[a, b]$ in $Z_1 = \{x_0, x_1, \ldots, x_m\}$ und $[c, d]$ in $Z_2 = \{y_0, y_1, \ldots, y_n\}$.

Dann bildet $Z = Z_1 \times Z_2 = \{(x_i, y_j) \,|\, x_i \in Z_1, y_j \in Z_2\}$ eine Zerlegung des Rechtecks R. Z besteht aus allen Gitterpunkten (x_i, y_j) und unterteilt R in m mal n nicht überlappende Rechtecke R_{ij} (Abb. 17.2):

$$R_{ij} : x_{i-1} \le x \le x_i \text{ und } y_{j-1} \le y \le y_j$$

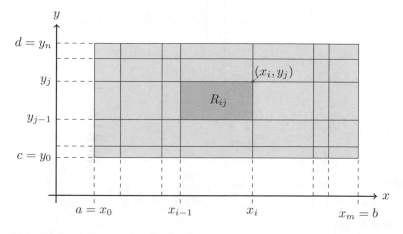

Abb. 17.2: Zerlegung des Rechtecks R

Da R beschränkt und abgeschlossen ist (und damit auch alle R_{ij}) und f stetig ist, nimmt f auf jedem R_{ij} ein Maximum und ein Minimum an. Sei M_{ij} das

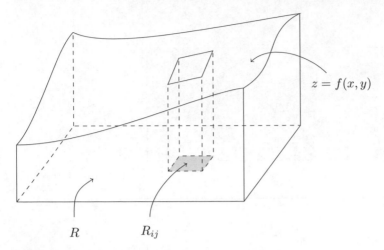

Abb. 17.3: Graph von f auf R_{ij}

Maximum auf R_{ij} und m_{ij} das Minimum auf R_{ij}. Die Abbildungen 17.3 und 17.4 veranschaulichen dies.

Die Fläche von R_{ij} ist $A_{ij} = (x_i - x_{i-1}) \cdot (y_j - y_{j-1}) = \Delta x_i \cdot \Delta y_j$. Damit gilt stets $m_{ij} \cdot A_{ij} \leq M_{ij} \cdot A_{ij}$.

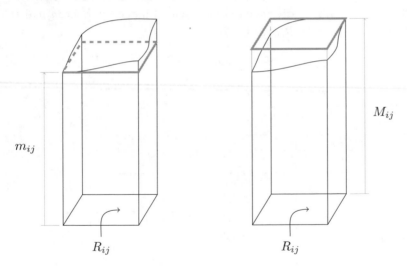

Abb. 17.4: Minimum m_{ij} und Maximum M_{ij}

Als Untersumme bilden wir

$$U_f = \sum_{i=1}^{m} \sum_{j=1}^{n} m_{ij} \cdot \Delta x_i \cdot \Delta y_j,$$

und als Obersumme entsprechend

$$O_f = \sum_{i=1}^{m} \sum_{j=1}^{n} M_{ij} \cdot \Delta x_i \cdot \Delta y_j.$$

Es lässt sich nun zeigen, dass es genau eine Zahl I gibt, für welche die Ungleichung

$$U_f \leq I \leq O_f$$

für alle Zerlegungen gilt.

Diese Zahl I nennen wir das *Doppelintegral* $\iint_R f(x,y)\,\mathrm{d}x\,\mathrm{d}y$.

Man kann weitergehend zeigen, was schon die Schreibweise nahe legt, dass man ein solches Integral ausrechnen kann, indem man folgendes *iterierte* Integral bildet:

$$\iint\limits_R f(x,y)\,\mathrm{d}x\,\mathrm{d}y = \int_c^d \left(\int_a^b f(x,y)\,\mathrm{d}x \right) \mathrm{d}y$$

Das hat den Vorteil, dass man ein zweidimensionales Integral als zwei eindimensionale Integrale auffassen und berechnen kann. Dabei kommt es jedoch nicht auf die Integrationsreihenfolge an, es gilt ebenso:

$$\iint\limits_R f(x,y)\,\mathrm{d}x\,\mathrm{d}y = \int_a^b \left(\int_c^d f(x,y)\,\mathrm{d}y \right) \mathrm{d}x$$

Ferner geht aus der Konstruktion des Doppelintegrals hervor, dass die Zahl I im Falle eines positiven Integranden f anschaulich dem Volumen unter der Funktion f über dem Bereich R entspricht.

Für die Beweise dieser wichtigen Eigenschaften verweisen wir auf geeignete Lehrbuchliteratur.

Beispiel 17.1
Gesucht ist das Volumen des Körpers, der unten vom Rechteck $R : 1 \leq x \leq 4$ und $1 \leq y \leq 3$ und oben von der Ebene $f(x,y) = x - y + 2$ begrenzt wird (siehe Abb. 17.5).

Das Doppelintegral $\iint_R f(x,y)\,\mathrm{d}x\,\mathrm{d}y$ lässt sich als $\int_1^3 \int_1^4 (x - y + 2)\,\mathrm{d}x\,\mathrm{d}y$ darstellen.

Zunächst berechnet man das innere Integral

$$\int_1^4 (x - y + 2)\,\mathrm{d}x = \left[\frac{1}{2} \cdot x^2 - y \cdot x + 2 \cdot x \right]_1^4 = -3y + \frac{27}{2},$$

und dann das äußere:

$$\int_1^3 \left(-3y + \frac{27}{2} \right) \mathrm{d}y = \left[-\frac{3}{2} \cdot y^2 + \frac{27}{2} \cdot y \right]_1^3 = 15.$$

Der Körper hat also ein Volumen von 15 VE (Volumeneinheiten). ∎

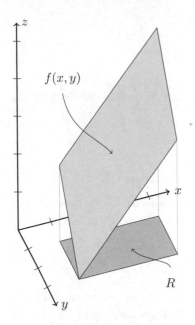

Abb. 17.5: Begrenzende Ebene und Rechteck

Man hätte genauso gut $\int_1^4 \int_1^3 (x - y + 2)\,\mathrm{d}y\,\mathrm{d}x$ berechnen können und wäre zum gleichen Ergebnis gelangt.

Man darf das Doppelintegral nicht immer als Volumen interpretieren. Zum Beispiel ist das Doppelintegral der Funktion $f(x,y) = \sin(x) \cdot \sin(y)$ über dem gleichen Rechteck wie im ersten Beispiel $\int_1^3 \int_1^4 \sin(x)\,\sin(y)\,\mathrm{d}x\,\mathrm{d}y \approx 1{,}827$. Dies ist aber nicht das Volumen, denn f hat kein konstantes Vorzeichen über R.

Später werden wir sehen, welche Anwendungen Doppelintegrale haben.

17.3   Doppelintegral über einem allgemeineren Bereich

Wie berechnet man nun $\iint_\Omega f(x,y)\,\mathrm{d}x\,\mathrm{d}y$, wenn Ω kein Rechteck mehr ist, sondern eine andere Form wie z. B. in Abbildung 17.6 hat?

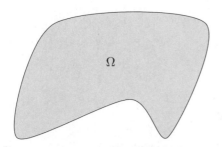

Abb. 17.6: Gebiet in der Ebene

Sei nun Ω unser Grundbereich, und $f(x, y)$ gebe uns in den Punkten $(x, y) \in \Omega$ die Höhe des Gebirges an oder vielleicht die Tiefe eines Sees oder die Massendichte einer Platte, welche die Form von Ω hat. Unser Ziel ist es, mit unserem Doppelintegral $\iint_\Omega f(x, y)\, dx\, dy$ das Volumen des Sees bzw. Gebirges oder die Gesamtmasse der Platte zu berechnen.

Für den nächsten Schritt unserer Betrachtung soll der Grundbereich nun die Form wie in Abbildung 17.7 haben und f soll darauf stetig sein.

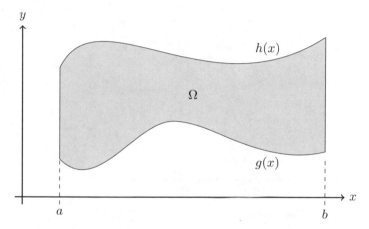

Abb. 17.7: Grundbereich

Der Bereich Ω wird links und rechts von $x = a$ und $x = b$ begrenzt und oben und unten von $y = h(x)$ und $y = g(x)$. Es soll gelten $g(x) \leq h(x)$ und $a \leq b$. Wir zerlegen Ω in ganz viele kleine, sich nicht überlappende Rechtecke (siehe Abb. 17.8).

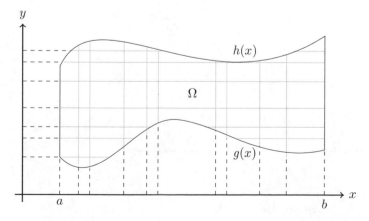

Abb. 17.8: Zerlegung von Ω

In dem unten (siehe Abb. 17.9) eingezeichneten vertikalen Streifen ist x fest und y variabel. Da die Breite des Streifens infinitesimal klein ist, können wir annehmen, dass die horizontalen Ränder dieses Streifens gerade sind.

Schauen wir uns das Rechteck F an; es hat den Inhalt $dx \cdot dy$. Der Beitrag (Volumen, Fläche, Masse etc.) auf diesem infinitesimalen Flächenstück zum Doppelintegral ist $f(x, y) \cdot dx \cdot dy$.

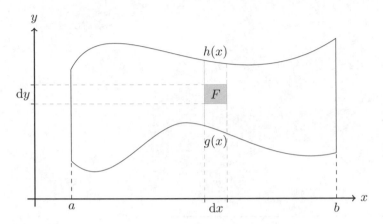

Abb. 17.9: Ein infinitesimales Flächenstück

Damit wir den Beitrag (Volumen, Masse etc.) V_x auf dem Vertikalstreifen erhalten, müssen wir $f(x, y)$ bezüglich y zwischen den Grenzen $g(x)$ bis $h(x)$ integrieren (vgl. Abb. 17.10).

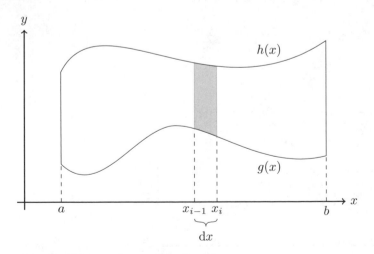

Abb. 17.10: Ein infinitesimaler Streifen

Damit erhalten wir:

$$V_x = \int_{g(x)}^{h(x)} f(x,y)\,\mathrm{d}y$$

Um nun den Gesamtbeitrag auf ganz Ω zu erhalten, müssen wir die Beiträge der einzelnen vertikalen Streifen „aufsummieren", also V_x von a bis b bezüglich x integrieren. Der Gesamtbeitrag ist also:

$$V = \iint\limits_{\Omega} f(x,y)\,\mathrm{d}x\,\mathrm{d}y = \int_a^b V_x\,\mathrm{d}x = \int_a^b \int_{g(x)}^{h(x)} f(x,y)\,\mathrm{d}y\,\mathrm{d}x$$

Der Fall, dass Ω wie in Abbildung 17.11 aussieht, also in der y-Komponente von a und b und in der x-Komponente von $g(y)$ und $h(y)$ begrenzt wird, läuft analog zu dem vorherigen. Hierbei wird zuerst der Beitrag der Horizontalstreifen berechnet und dann daraus der Gesamtbeitrag. Man erhält in diesem Fall:

$$V = \iint\limits_{\Omega} f(x,y)\,\mathrm{d}x\,\mathrm{d}y = \int_a^b \int_{g(y)}^{h(y)} f(x,y)\,\mathrm{d}x\,\mathrm{d}y$$

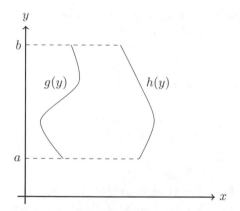

Abb. 17.11: Ein Normalbereich in der Ebene

Beispiel 17.2

Wir wollen das Volumen einer Kugel mit dem Radius r berechnen. Es ist $f(x,y) = \sqrt{r^2 - x^2 - y^2}$ die obere Hälfte einer Kugel in Ursprungslage. Der Grundbereich Ω zu dieser Kugel ist der Kreis in der xy-Ebene in Ursprungslage, also:

$$\Omega : -r \leq x \leq r \text{ und } -\sqrt{r^2 - x^2} \leq y \leq \sqrt{r^2 - x^2}$$

Das Volumen V der Kugel ist daher:

$$V = 2 \cdot \iint\limits_{\Omega} f(x,y)\,\mathrm{d}x\,\mathrm{d}y = \int_{-r}^{r} \int_{-\sqrt{r^2-x^2}}^{\sqrt{r^2-x^2}} \sqrt{r^2 - x^2 - y^2}\,\mathrm{d}y\,\mathrm{d}x$$

Substituieren wir im inneren Integral $y = \sin(u) \cdot \sqrt{r^2 - x^2}$, erhalten wir $dy = \cos(u) \cdot \sqrt{r^2 - x^2} \cdot du$ und als Grenzen:

$$u_1 = \arcsin\left(-\frac{\sqrt{r^2 - x^2}}{\sqrt{r^2 - x^2}}\right) = -\frac{\pi}{2}$$

und:

$$u_2 = \arcsin\left(\frac{\sqrt{r^2 - x^2}}{\sqrt{r^2 - x^2}}\right) = \frac{\pi}{2}$$

Das innere Integral geht also über in:

$$\int_{-\frac{\pi}{2}}^{\frac{\pi}{2}} \sqrt{r^2 - x^2} \cdot \cos(u)^2 \cdot \sqrt{r^2 - x^2}\, du = (r^2 - x^2) \cdot \pi/2$$

Somit ist:

$$V = 2 \cdot \int_{-r}^{r} \frac{\pi}{2} \cdot (r^2 - x^2)\, dx = \pi \cdot \frac{4}{3} \cdot r^3$$

■

17.4   Eigenschaften und Mittelwertsätze

Da die folgenden Eigenschaften der Doppelintegrale intuitiv gut einzusehen sind, möchte ich hier auf die Beweise der folgenden drei Eigenschaften verzichten.

1. Linearität des Doppelintegrals:

$$\iint\limits_{\Omega} (\alpha \cdot f(x,y) + \beta \cdot g(x,y))\, dx\, dy = \alpha \cdot \iint\limits_{\Omega} f(x,y)\, dx\, dy + \beta \cdot \iint\limits_{\Omega} g(x,y)\, dx\, dy$$

   Blicken wir zurück auf die Doppelsummen, so erkennen wir eine ähnliche Situation.

2. Erhaltung der Ordnung: Wenn auf Ω $f \geq 0$ ist, so ist $\iint_{\Omega} f(x,y)\, dx\, dy \geq 0$. Wenn auf Ω $f \leq g$ ist, so ist $\iint_{\Omega} f(x,y)\, dx\, dy \leq \iint_{\Omega} g(x,y)\, dx\, dy$.

3. Additivität des Doppelintegrals: Man kann den Grundbereich Ω in n kleinere, nicht überlappende Grundbereiche Ω_i aufteilen. Da f auf Ω stetig ist, ist f auch auf allen Ω_i stetig. Es ist dann:

$$\iint\limits_{\Omega} f(x,y)\, dx\, dy = \iint\limits_{\Omega_1} f(x,y)\, dx\, dy + \ldots + \iint\limits_{\Omega_n} f(x,y)\, dx\, dy$$

Kommen wir zum

Satz 17.3 (Mittelwertsatz für Doppelintegrale)

Sind f und g auf dem (zusammenhängenden) Grundbereich Ω stetig und ist g auf Ω nichtnegativ, so existiert ein Punkt $(x_0, y_0) \in \Omega$ mit:

$$\iint\limits_{\Omega} f(x,y) \cdot g(x,y)\, dx\, dy = f(x_0, y_0) \cdot \iint\limits_{\Omega} g(x,y)\, dx\, dy$$

Beweis: Für den Beweis dieses Satzes benötigen wir die obigen Eigenschaften.

Da f auf Ω stetig ist und Ω abgeschlossen und beschränkt ist, nimmt f dort ein Minimum m und ein Maximum M an. Also:

$$m \cdot g(x,y) \leq f(x,y) \cdot g(x,y) \leq M \cdot g(x,y)$$

Nutzen wir nun die zweite Eigenschaft:

$$\iint\limits_{\Omega} m \cdot g(x,y)\,\mathrm{d}x\,\mathrm{d}y \leq \iint\limits_{\Omega} f(x,y) \cdot g(x,y)\,\mathrm{d}x\,\mathrm{d}y \leq \iint\limits_{\Omega} M \cdot g(x,y)\,\mathrm{d}x\,\mathrm{d}y$$

Also nach Eigenschaft 1:

$$m \cdot \iint\limits_{\Omega} g(x,y)\,\mathrm{d}x\,\mathrm{d}y \leq \iint\limits_{\Omega} f(x,y) \cdot g(x,y)\,\mathrm{d}x\,\mathrm{d}y \leq M \cdot \iint\limits_{\Omega} g(x,y)\,\mathrm{d}x\,\mathrm{d}y$$

Da gemäß Voraussetzung $g(x,y) \geq 0$ ist, ist nach Eigenschaft 2 auch $\iint_{\Omega} g(x,y)\,\mathrm{d}x\,\mathrm{d}y \geq 0$. Für $\iint_{\Omega} g(x,y)\,\mathrm{d}x\,\mathrm{d}y = 0$ folgt zunächst

$$m \cdot 0 \leq \iint\limits_{\Omega} f(x,y) \cdot g(x,y)\,\mathrm{d}x\,\mathrm{d}y \leq M \cdot 0$$

und daraus eben $\iint_{\Omega} f(x,y) \cdot g(x,y)\,\mathrm{d}x\,\mathrm{d}y = 0$, und den Mittelwertsatz erfüllen in diesem Fall alle $(x_0, y_0) \in \Omega$. Sei nun $\iint_{\Omega} g(x,y)\,\mathrm{d}x\,\mathrm{d}y > 0$, dann ist:

$$m \leq \frac{\iint_{\Omega} f(x,y) \cdot g(x,y)\,\mathrm{d}x\,\mathrm{d}y}{\iint_{\Omega} g(x,y)\,\mathrm{d}x\,\mathrm{d}y} \leq M$$

Nach dem Zwischenwertsatz für mehrere Variablen gibt es einen Punkt $(x_0, y_0) \in \Omega$ mit

$$f(x_0, y_0) = \frac{\iint_{\Omega} f(x,y) \cdot g(x,y)\,\mathrm{d}x\,\mathrm{d}y}{\iint_{\Omega} g(x,y)\,\mathrm{d}x\,\mathrm{d}y},$$

da f auf Ω die Werte m und M annimmt und Ω zusammenhängend ist.

Also ist

$$\iint\limits_{\Omega} f(x,y) \cdot g(x,y)\,\mathrm{d}x\,\mathrm{d}y = f(x_0, y_0) \cdot \iint\limits_{\Omega} g(x,y)\,\mathrm{d}x\,\mathrm{d}y$$

für ein $(x_0, y_0) \in \Omega$. $\qquad\qquad\qquad\qquad\qquad\qquad\qquad\qquad\qquad\square$

Setzen wir $g(x,y) = 1$, dann erhalten wir ebenfalls einen Mittelwertsatz:

Satz 17.4

Es gibt einen Punkt $(x_0, y_0) \in \Omega$, für den gilt:

$$\iint\limits_{\Omega} f(x,y)\,\mathrm{d}x\,\mathrm{d}y = f(x_0, y_0) \cdot I_{\Omega}$$

$I_{\Omega} := \iint_{\Omega} \mathrm{d}x\,\mathrm{d}y$ *ist der Inhalt von Ω.*

17.5 Koordinatentransformation

Dass man bei der Berechnung des Doppelintegrals $\iint_\Omega f(x,y)\,\mathrm{d}x\,\mathrm{d}y$ Schwierigkeiten bekommt, kann zwei Gründe haben. Einmal den Integranden $f(x,y)$ und zum Zweiten den Bereich Ω.

Nun möchte ich euch zeigen, wie man durch eine geschickte Koordinatentransformation das Doppelintegral zu einem möglicherweise einfacheren Doppelintegral transformieren kann.

Doch zunächst betrachten wir das Doppelintegral $\iint_\Omega 1\,\mathrm{d}x\,\mathrm{d}y$. Es interessiert also nur der Grundbereich. Ein ebenes Gebiet, z.B. ein Rechteck D oder ein Kreis oder Sonstiges in der uv-Ebene wird durch eine Transformation $x = x(u,v)$ und $y = y(u,v)$ in das xy-System transformiert und hat hier die Gestalt von S, wie in Abbildung 17.12 dargestellt. Die Koordinatentransformation $p(u,v) = (x,y) = (x(u,v), y(u,v))$ sollte umkehrbar und die Vektoren $p_u = (x_u, y_u, 0)^T$ und $p_v = (x_v, y_v, 0)^T$ sollten linear unabhängig sein, also $x_u \cdot y_v - y_u \cdot x_v \neq 0$ sein. Die Bezeichnung x_u steht für die partielle Ableitung von $x(u,v)$ nach u; analog die anderen Bezeichnungen.

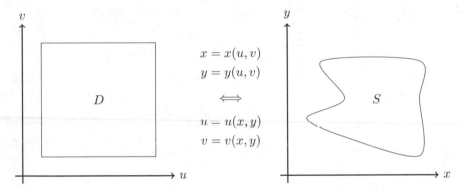

Abb. 17.12: Koordinatentransformation

Wir haben also eine Parameterdarstellung der Fläche S. Schauen wir uns die Linien u_i und v_i an (siehe Abbildung 17.13). Die Linie u_i geht durch die Transformation über in die Linie $p(u_i, v) = (x(u_i, v), y(u_i, v))$, v variabel und u_i fest, und die Linie v_i in $p(u, v_i) = (x(u, v_i), y(u, v_i))$, u variabel und v_i fest. Der Punkt $(u_i, v_k) \in D$ geht über in den Punkt $(x(u_i, v_k), y(u_i, v_k)) \in S$.

Uns interessiert erst einmal nur die graue Fläche aus Abbildung 17.13, und wir schauen sie uns vergrößert an (siehe Abb. 17.14). Wir können sie im xy-System durch $\mathrm{d}x \cdot \mathrm{d}y$ darstellen. Wir wollen aber eine Darstellung in Abhängigkeit von u und v.

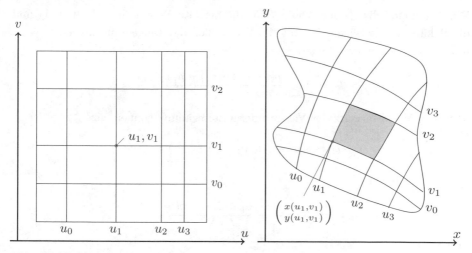

Abb. 17.13: Verhalten von Geraden unter der Transformation

Wir betrachten folgende Punkte:

$$A_1 := (x(u_1, v_1), y(u_1, v_1))$$
$$A_2 := (x(u_2, v_1), y(u_2, v_1))$$
$$= (x(u_1 + \Delta u, v_1), y(u_1 + \Delta u, v_1))$$
$$A_3 := (x(u_1, v_2), y(u_1, v_2))$$
$$= (x(u_1, v_1 + \Delta v), y(u_1, v_1 + \Delta v))$$
$$A_4 := (x(u_2, v_2), y(u_2, v_2))$$
$$- (x(u_1 + \Delta u, v_1 + \Delta v), y(u_1 + \Delta u, v_1 + \Delta v))$$

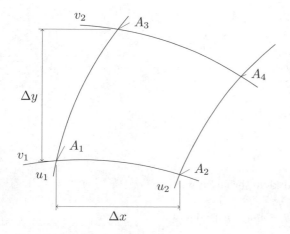

Abb. 17.14: Ein Ausschnitt aus S

Wir legen zunächst (siehe Abb. 17.15) die Sekante S_1 zwischen A_1 und A_2 und die Sekante S_2 zwischen A_1 und A_3. Wir wollen die Tangentenvektoren $t_1 = p_u$ und $t_2 = p_v$ berechnen. Es ist:

$$t_1 = \lim_{\Delta u \to 0} \frac{p(u_1 + \Delta u, v_1) - p(u_1, v_1)}{\Delta u}$$

Mit dem Mittelwertsatz der Vektordifferentialrechnung können wir

$$\Delta u \cdot t_1 \approx p(u_1 + \Delta u, v_1) - p(u_1, v_1) \approx \Delta u \cdot p_u$$

zeigen. Analog ist

$$t_2 = \lim_{\Delta v \to 0} \frac{p(u_1, v_1 + \Delta v) - p(u_1, v_1)}{\Delta v},$$

also

$$\Delta v \cdot t_2 \approx p(u_1, v_1 + \Delta v) - p(u_1, v_1) \approx \Delta v \cdot p_v.$$

Die von den beiden Vektoren $\Delta u \cdot p_u$ und $\Delta v \cdot p_v$ aufgespannte Fläche ist gleich dem Betrag des Kreuzprodukts (siehe Abb. 17.15). Um das Kreuzprodukt anwenden zu können, müssen wir als dritte Komponente $z = 0$ wählen, da sonst das Kreuzprodukt nicht definiert ist. Die Fläche des grauen Bereichs aus Abbildung 17.13 ist also näherungsweise:

$$\|p_u \times p_v\| \cdot \Delta u \cdot \Delta v$$

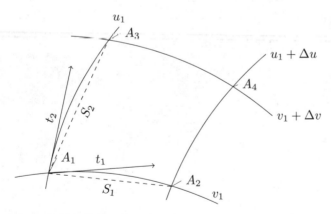

Abb. 17.15: Flächenberechnung

Werden Δu und Δv infinitesimal klein, erhalten wir

$$\mathrm{d}x \cdot \mathrm{d}y = \|p_u \times p_v\| \cdot \mathrm{d}u \cdot \mathrm{d}v,$$

also

$$\iint\limits_S 1 \,\mathrm{d}x \,\mathrm{d}y = \iint\limits_D \|p_u \times p_v\| \,\mathrm{d}u \,\mathrm{d}v.$$

Es gilt weiter:

$$\|p_u \times p_v\| = \left\| \begin{pmatrix} \frac{\partial x(u,v)}{\partial u} \\ \frac{\partial y(u,v)}{\partial u} \\ 0 \end{pmatrix} \times \begin{pmatrix} \frac{\partial x(u,v)}{\partial v} \\ \frac{\partial y(u,v)}{\partial v} \\ 0 \end{pmatrix} \right\|$$

$$= \left| \frac{\partial x(u,v)}{\partial u} \cdot \frac{\partial y(u,v)}{\partial v} - \frac{\partial x(u,v)}{\partial v} \cdot \frac{\partial y(u,v)}{\partial u} \right|$$

$$= |x_u \cdot y_v - x_v \cdot y_u|$$

Dies war jetzt kein mathematischer Beweis, sondern ich wollte vor allen Dingen die Hintergründe veranschaulichen.

17.6 Polarkoordinaten

Die Transformation kartesischer Koordinaten in Polarkoordinaten ist eine mögliche Transformation, die unsere obigen Bedingungen erfüllt:

$$p : (0, \infty) \times (-\pi, \pi] \to \mathbb{R}^2 \backslash \{0\}, \quad p(r, \phi) = (x(r, \phi), y(r, \phi)) = (r \cdot \cos(\phi), r \cdot \sin(\phi))$$

Die Umkehrung $p^{-1}(x, y) = (r(x, y), \phi(x, y))$ ist gegeben durch:

$$r(x, y) = \sqrt{x^2 + y^2}$$

$$\phi(x, y) = (\operatorname{sign}(y) + 1 - |\operatorname{sign}(y)|) \cdot \arccos\left(x / \sqrt{x^2 + y^2}\right)$$

Es gilt damit

$$x_r \cdot y_\phi - x_\phi \cdot y_r = \cos(\phi) \cdot r \cdot \cos(\phi) - r \cdot (-\sin(\phi)) \cdot \sin(\phi) = r.$$

Beispiel 17.5

Wir möchten die Fläche des Einheitskreises $\{(x, y) \mid x^2 + y^2 \le 1\}$ berechnen. Dazu wäre das Doppelintegral

$$\int_{-1}^{1} \int_{-\sqrt{1-x^2}}^{\sqrt{1-x^2}} 1 \, \mathrm{d}y \, \mathrm{d}x$$

zu berechnen. Dies ist ein langer Weg, wenn wir es zu Fuß ausrechnen wollen. Transformieren wir den Einheitskreis in Polarkoordinaten, dann hat er den Bereich $D : 0 \le r \le 1, -\pi < \phi \le \pi$. Also ist:

$$\int_{-1}^{1} \int_{-\sqrt{1-x^2}}^{\sqrt{1-x^2}} 1 \, \mathrm{d}y \, \mathrm{d}x = \int_{-\pi}^{\pi} \int_{0}^{1} r \, \mathrm{d}r \, \mathrm{d}\phi = \pi$$

■

Wenn auf S aber eine Funktion $f(x, y)$ definiert ist, was wird daraus auf D?

Wir möchten zeigen:

$$\iint_S f(x, y) \, \mathrm{d}x \, \mathrm{d}y = \iint_D f(x(u, v), y(u, v)) \cdot \|p_u \times p_v\| \, \mathrm{d}u \, \mathrm{d}v$$

Zerlegen wir D in n kleinere, sich nicht überlappende Grundbereiche $D_1, \ldots, D_n$. Damit zerlegen wir auch S in n kleinere Bereiche S_i. Wegen der Additivität des Doppelintegrals (dritte Eigenschaft) gilt:

$$\iint_D f(x(u, v), y(u, v)) \cdot \|p_u \times p_v\| \, \mathrm{d}u \, \mathrm{d}v =$$

$$\sum_{i=1}^{n} \iint_{D_i} f(x(u, v), y(u, v)) \cdot \|p_u \times p_v\| \, \mathrm{d}u \, \mathrm{d}v$$

Wenden wir nun unseren oben bewiesenen Mittelwertsatz an. Es gibt $(a_i, b_i) \in D_i$ mit:

$$\iint_{D_i} f(x(u, v), y(u, v)) \cdot \|p_u \times p_v\| \, \mathrm{d}u \, \mathrm{d}v = f(x(a_i, b_i), y(a_i, b_i)) \cdot \iint_{D_i} \|p_u \times p_v\| \, \mathrm{d}u \, \mathrm{d}v$$

Mit $x_i = x(a_i, b_i)$ und $y_i = y(a_i, b_i)$ und $\iint_{D_i} \|p_u \times p_v\| \, \mathrm{d}u \, \mathrm{d}v =: I_{S_i}$ (Inhalt von S_i) erhalten wir:

$$\iint_D f(x(u, v), y(u, v)) \cdot \|p_u \times p_v\| \, \mathrm{d}u \, \mathrm{d}v = \sum_{i=1}^{n} f(x_i, y_i) \cdot I_{S_i}$$

Es sei m_i das Minimum und M_i das Maximum von f auf S_i. Weil $m_i \leq f(x_i, y_i) \leq M_i$, gilt also:

$$U_f = \sum_{i=1}^{n} m_i \cdot I_{S_i} \leq \iint_D f(x(u, v), y(u, v)) \cdot \|p_u \times p_v\| \, \mathrm{d}u \, \mathrm{d}v \leq \sum_{i=1}^{n} M_i \cdot I_{S_i} = O_f,$$

d. h., das Integral $\iint_D f(x(u, v), y(u, v)) \cdot \|p_u \times p_v\| \, \mathrm{d}u \, \mathrm{d}v$ ist zwischen den Unter- und Obersummen für das Integral von f über S eingeschlossen. Wenn wir nun $n \to \infty$ laufen lassen, folgt:

$$\iint_S f(x, y) \, \mathrm{d}x \, \mathrm{d}y \leq \iint_D f(x(u, v), y(u, v)) \cdot \|p_u \times p_v\| \, \mathrm{d}u \, \mathrm{d}v \leq \iint_S f(x, y) \, \mathrm{d}x \, \mathrm{d}y$$

Also ist tatsächlich:

$$\iint_S f(x, y) \, \mathrm{d}x \, \mathrm{d}y = \iint_D f(x(u, v), y(u, v)) \cdot \|p_u \times p_v\| \, \mathrm{d}u \, \mathrm{d}v$$

Für Polarkoordinaten erhalten wir:

$$\iint_S f(x, y) \, \mathrm{d}x \, \mathrm{d}y = \iint_D f(r \cdot \cos(\phi), r \cdot \sin(\phi)) \cdot r \, \mathrm{d}r \, \mathrm{d}\phi$$

Beispiel 17.6

Wir möchten das Volumen des Körpers berechnen, der oben vom Kegel $z = 2 - \sqrt{x^2 + y^2}$ und unten von der Kreisscheibe $\Omega : (x - 1)^2 + y^2 \leq 1$, $z = 0$ begrenzt wird. Es ist also zu berechnen:

$$V = \iint\limits_{\Omega} \left(2 - \sqrt{x^2 + y^2} \right) \mathrm{d}x \, \mathrm{d}y$$

Nun transformieren wir in Polarkoordinaten, d. h.

$$r = \sqrt{x^2 + y^2}$$

und

$$\mathrm{d}x \cdot \mathrm{d}y = r \cdot \mathrm{d}u \cdot \mathrm{d}v.$$

Nun muss noch Ω transformiert werden. Aus $(x - 1)^2 + y^2 \leq 1$ folgt $x^2 + y^2 \leq 2x$. Wir setzen ein:

$$r^2 \leq 2 \cdot r \cdot \cos(\phi),$$

also $0 \leq r \leq 2 \cdot \cos(\phi)$. Der obere Halbkreis ist im ersten Quadranten, dort läuft ϕ von 0 bis $\frac{\pi}{2}$. Im unteren Halbkreis ist analog $-\frac{\pi}{2} \leq \phi \leq 0$. Somit ist unser Parametergebiet:

$$\Gamma : -\frac{1}{2} \cdot \pi \leq \phi \leq \frac{1}{2} \cdot \pi \text{ und } 0 \leq r \leq 2 \cdot \cos(\phi)$$

Wir erhalten:

$$V = \iint\limits_{\Omega} \left(2 - \sqrt{x^2 + y^2} \right) \mathrm{d}x \, \mathrm{d}y$$

$$= \int_{-\frac{1}{2}\pi}^{\frac{1}{2}\pi} \int_{0}^{2 \cdot \cos(\phi)} (2 - r) \cdot r \, \mathrm{d}r \, \mathrm{d}\phi$$

$$= \int_{-\frac{1}{2}\pi}^{\frac{1}{2}\pi} \left[r^2 - \frac{1}{3} \cdot r^3 \right]_{0}^{2 \cdot \cos(\phi)} \mathrm{d}\phi$$

$$= \ldots$$

$$= 2\pi - \frac{32}{9}$$

∎

Beispiel 17.7

Man berechne $\iint_{\Omega} x \cdot y \, \mathrm{d}x \, \mathrm{d}y$, wobei Ω der Bereich ist, der von den vier Kurven $x^2 + y^2 = 4$, $x^2 + y^2 = 9$, $x^2 - y^2 = 1$, $x^2 - y^2 = 4$ im ersten Quadranten begrenzt wird (siehe Abb. 17.16).

Die Kurven legen es nahe, $u = x^2 + y^2$ und $v = x^2 - y^2$ zu setzen. Dann läuft u von 4 bis 9 und v von 1 bis 4. Dann ist das Parametergebiet Γ in der uv-Ebene ein Rechteck. Wir brauchen x und y in Abhängigkeit von u und v. Es ist $x = \sqrt{\frac{u+v}{2}}$ und $y = \sqrt{\frac{u-v}{2}}$.

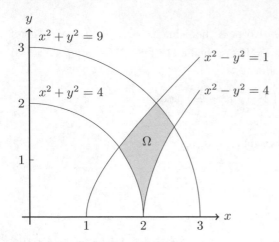

Abb. 17.16: Integrationsbereich

Diese Transformation bildet das Rechteck Γ auf Ω ab.

Es ist $p(u,v) = \left(\sqrt{\frac{u+v}{2}}, \sqrt{\frac{u-v}{2}} \right)$. Damit ist:

$$p_u = \left(\frac{1}{2 \cdot \sqrt{2} \cdot \sqrt{u+v}}, \frac{1}{2 \cdot \sqrt{2} \cdot \sqrt{u-v}} \right)$$

$$p_v = \left(\frac{1}{2 \cdot \sqrt{2} \cdot \sqrt{u+v}}, -\frac{1}{2 \cdot \sqrt{2} \cdot \sqrt{u-v}} \right)$$

Also gilt:

$$\|p_u \times p_v\| = \left\| \begin{pmatrix} \frac{1}{2 \cdot \sqrt{2} \cdot \sqrt{u+v}} \\ \frac{1}{2 \cdot \sqrt{2} \cdot \sqrt{u-v}} \\ 0 \end{pmatrix} \times \begin{pmatrix} \frac{1}{2 \cdot \sqrt{2} \cdot \sqrt{u+v}} \\ -\frac{1}{2 \cdot \sqrt{2} \cdot \sqrt{u-v}} \\ 0 \end{pmatrix} \right\|$$

$$= \left| -\frac{1}{4} \cdot \frac{1}{2} \cdot \frac{1}{\sqrt{u+v} \cdot \sqrt{u-v}} - \frac{1}{4} \cdot \frac{1}{2} \cdot \frac{1}{\sqrt{u+v} \cdot \sqrt{u-v}} \right|$$

$$= \frac{1}{4} \cdot \frac{1}{\sqrt{u+v} \cdot \sqrt{u-v}}$$

Schließlich ist:

$$\iint\limits_{\Omega} x \cdot y \, \mathrm{d}x \, \mathrm{d}y = \int_{1}^{4} \int_{4}^{9} \sqrt{\frac{u+v}{2}} \cdot \sqrt{\frac{u-v}{2}} \cdot \frac{1}{4} \cdot \frac{1}{\sqrt{u+v} \cdot \sqrt{u-v}} \, \mathrm{d}u \, \mathrm{d}v = \frac{15}{8}$$

∎

Soweit der erste Teil meiner Serie über Mehrfachintegrale.

Damit verbleibe ich mit freundlichem Gruß

Artur Koehler

Artur Koehler studiert Maschinenbau in Hannover.

18 Kurvenintegrale

18.1 Begriffe und Definitionen

In diesem Kapitel wollen wir uns mit Kurvenintegralen beschäftigen. Dabei beschränken wir uns der Anschaulichkeit halber auf die (mit der euklidischen Metrik ausgestatteten) Räume $\mathbb{R}^2$ und $\mathbb{R}^3$. Unter einer *Kurve* verstehen wir eine stetige Abbildung $p : [a, b] \to \mathbb{R}^n$, wobei $n \in \{2,3\}$ und $[a, b]$ ein nichtleeres reelles Intervall sei. Zur Vereinfachung betrachten wir hier nur kompakte Definitionsintervalle, obwohl der übliche Kurvenbegriff beliebige Intervalle zulässt. Wir nennen p auch *Parameterdarstellung* oder *Parametrisierung!einer Kurve*, $p(a)$ *Anfangspunkt* und $p(b)$ *Endpunkt, einer Kurve* der Kurve.

Wir nennen eine Kurve *geschlossen*, falls ihr Anfangspunkt mit ihrem Endpunkt übereinstimmt.

Eine geschlossene Kurve heißt *Jordankurve*, falls sie auf dem Intervall $[a, b)$ injektiv ist, was bedeutet, dass sie sich (abgesehen von Anfangs- und Endpunkt) nicht schneidet.

Die Menge $C := \{p(t) \mid t \in [a, b]\}$ nennen wir *Spur* der Kurve p (es ist jedoch üblich, die Spur selbst mit dem Begriff Kurve zu bezeichnen, wenn klar ist, was gemeint ist). Durchlaufen wir die Spur dieser Kurve „rückwärts", also vom Endpunkt ausgehend in Richtung Anfangspunkt, so erhalten wir eine neue Kurve mit Parameterdarstellung $\overline{p} : [a, b] \to \mathbb{R}^n$, $\overline{p}(t) = p(b + a - t)$.

Ist der Endpunkt einer Kurve $p_1 : [a, b] \to \mathbb{R}^n$ Anfangspunkt einer Kurve $p_2 : [b, c] \to \mathbb{R}^n$, dann definiert sich die aus p_1 und p_2 *zusammengesetzte* Kurve durch die Parameterdarstellung:

$$p : [a, c] \to \mathbb{R}^n, \; p(t) = \begin{cases} p_1(t) & t \in [a, b[\\ p_2(t) & t \in [b, c] \end{cases}$$

Ihre Spur bezeichnen wir mit $C_1 + C_2$, wobei C_i die Spur von p_i bezeichnet. Eine Kurve heißt *glatt*, wenn sie stetig differenzierbar ist und zudem $p'(t) \neq 0$ für alle $t \in [a, b]$ gilt.

Das sollte zunächst an Begriffen und Definitionen genügen. Schauen wir uns jetzt ein Beispiel für eine spezielle Klasse ebener Kurven an.

Betrachten wir eine stetige Funktion $f : [a, b] \to \mathbb{R}$, so können wir ihren Graphen als die Spur einer ebenen Kurve auffassen, wobei die Kurve die Parameterdarstellung $p : [a, b] \to \mathbb{R}^2$, $p(t) = (t, f(t))$ besitzt.

18.2 Kurvenlänge

Um die Kurvenlänge L des Graphen einer reellwertigen, stetig differenzierbaren Funktion $f(x)$ über $[a, b]$ zu berechnen, können wir uns der Formel $L = \int_a^b \sqrt{1 + f'(x)^2} \, dx$ bedienen. Hat man hingegen die Parameterdarstellung einer ebenen glatten Kurve $p(t) = (x(t), y(t))$ mit $a \leq t \leq b$ gegeben, so kann man die Kurvenlänge mit der Formel $\int_a^b \sqrt{x'(t)^2 + y'(t)^2} \, dt$ berechnen.

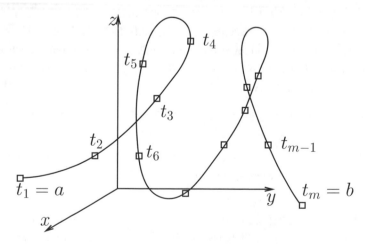

Abb. 18.1: Eine Kurve im $\mathbb{R}^3$

Haben wir nun eine Kurve $C = \{p(t) \mid t \in [a, b]\}$ mit Parameterdarstellung $p(t) = (x(t), y(t), z(t))$ für $a \leq t \leq b$ im $\mathbb{R}^3$ gegeben, so gilt allgemein für die Bogenlänge

L dieser Kurve: $L = \int_a^b \sqrt{x'(t)^2 + y'(t)^2 + z'(t)^2}\, \mathrm{d}t$. Die Abbildung 18.1 zeigt solch eine Kurve. Diese Formel wollen wir uns plausibel machen.

Gegeben seien dazu m Punkte $t_1 < t_2 < \cdots < t_m$ mit $t_1 = a$, $t_m = b$. Schauen wir uns einen kleinen Teilbogen zwischen den Stellen t_i und t_{i+1} an (Abbildung 18.2): Die Länge l_i kann durch die Länge der Sekante s_i angenähert werden, welche die

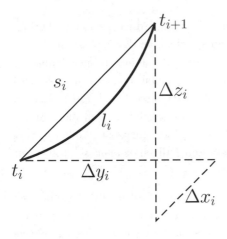

Abb. 18.2: Teilbogen auf Kurve C

Länge $\sqrt{(\Delta x_i)^2 + (\Delta y_i)^2 + (\Delta z_i)^2}$ besitzt. Damit gilt für die Gesamtlänge der Kurve C:

$$
\begin{aligned}
L &= l_1 + \ldots + l_{m-1}\\
&\approx s_1 + \ldots + s_{m-1}\\
&= \sqrt{(\Delta x_1)^2 + (\Delta y_1)^2 + (\Delta z_1)^2} + \ldots\\
&\qquad + \sqrt{(\Delta x_{m-1})^2 + (\Delta y_{m-1})^2 + (\Delta z_{m-1})^2}\\
&= \sum_{i=1}^{m-1} \sqrt{(\Delta x_i)^2 + (\Delta y_i)^2 + (\Delta z_i)^2}\\
&= \sum_{i=1}^{m-1} \sqrt{\left(\frac{\Delta x_i}{\Delta t_i}\right)^2 + \left(\frac{\Delta y_i}{\Delta t_i}\right)^2 + \left(\frac{\Delta z_i}{\Delta t_i}\right)^2}\, \Delta t_i
\end{aligned}
$$

Unter der *Feinheit* einer Zerlegung versteht man den maximalen Abstand zweier benachbarter Zerlegungspunkte, also die Größe

$$
\max_{i=1,\ldots,m-1} \Delta t_i
$$

mit $\Delta t_i = t_{i+1} - t_i$. Lässt man nun die Feinheit der Zerlegung des Intervalls $[a,b]$ beliebig klein werden, so nähert sich s_i der Teilbogenlänge l_i an, und die Summe konvergiert gegen das Integral $\int_a^b \sqrt{\left(\frac{\mathrm{d}x}{\mathrm{d}t}\right)^2 + \left(\frac{\mathrm{d}y}{\mathrm{d}t}\right)^2 + \left(\frac{\mathrm{d}z}{\mathrm{d}t}\right)^2}\, \mathrm{d}t$.

Insgesamt gilt also

$$
L = \int_a^b \sqrt{\left(\frac{\mathrm{d}x}{\mathrm{d}t}\right)^2 + \left(\frac{\mathrm{d}y}{\mathrm{d}t}\right)^2 + \left(\frac{\mathrm{d}z}{\mathrm{d}t}\right)^2}\, \mathrm{d}t.
$$

Damit haben wir die Grundlage geschaffen, das Kurvenintegral bezüglich der Bogenlänge einzuführen.

18.3 Kurvenintegral bezüglich der Bogenlänge

Wird jedem Punkt einer glatten Kurve C ein Wert zugeordnet, sei es eine Dichte, Ladung, Energie oder sonst dergleichen, dann spricht man davon, dass die Kurve „belegt" ist. Solch eine *Belegung* kann beispielsweise durch ein stetiges Skalarfeld $f(x, y)$ beschrieben werden. Befinden wir uns im dreidimensionalen Raum, so wird das Skalarfeld von einer weiteren Variablen abhängen, also etwa $f(x, y, z)$ lauten. Ist eine Belegung f konstant, also $f(x, y) = f_0$, so erscheint es plausibel, für die Gesamtbelegung $f_0 \cdot L$ zu setzen, wobei L die Länge der Kurve ist. Wollen wir die Gesamtbelegung einer Kurve im nicht konstanten Fall berechnen, so stoßen wir auf den Begriff des *Kurvenintegrals erster Art*.

Im Folgenden betrachten wir ohne Einschränkung den Fall $n = 3$. Gegeben sei also eine stetige Belegung f der glatten Kurve C mit Parameterdarstellung p : $[a, b] \to \mathbb{R}^3$, $p(t) = (x(t), y(t), z(t))$ für $a \le t \le b$. Zerlegen wir das zur Kurve gehörige Parameterintervall $[a, b]$ wie oben durch m Punkte $t_1 < t_2 < \cdots < t_m$ mit $t_1 = a, t_m = b$ in $m-1$ Teile und ordnen jedem Teilbogen eine „mittlere" Belegung $B_i = f(x(\tau_i), y(\tau_i), z(\tau_i))$ mit $\tau_i \in (t_i, t_{i+1})$ zu, dann lässt sich die Gesamtbelegung B durch folgende Summe annähern (l_i bezeichnet wieder die Länge des Teilbogens über $[t_i, t_{i+1}]$):

$$B \approx B_1 \cdot l_1 + \ldots + B_{m-1} \cdot l_{m-1}$$
$$\approx \sum_{i=1}^{m-1} B_i \cdot \sqrt{(\Delta x_i)^2 + (\Delta y_i)^2 + (\Delta z_i)^2}$$
$$= \sum_{i=1}^{m-1} B_i \cdot \sqrt{\left(\frac{\Delta x_i}{\Delta t_i}\right)^2 + \left(\frac{\Delta y_i}{\Delta t_i}\right)^2 + \left(\frac{\Delta z_i}{\Delta t_i}\right)^2} \, \Delta t_i$$

Lässt man nun die Feinheit der Zerlegung beliebig klein werden, so konvergiert diese Summe gegen das Integral

$$\int_a^b f(x(t), y(t), z(t)) \cdot \sqrt{\left(\frac{\mathrm{d}x}{\mathrm{d}t}\right)^2 + \left(\frac{\mathrm{d}y}{\mathrm{d}t}\right)^2 + \left(\frac{\mathrm{d}z}{\mathrm{d}t}\right)^2} \, \mathrm{d}t,$$

womit eine Formel für die Gesamtbelegung gefunden wäre. Diesen Sachverhalt erheben wir zur Definition des *Kurvenintegrals erster Art*. Unter obigen Voraussetzungen setzen wir

$$\int_C f(x, y, z) \, \mathrm{d}s := \int_a^b f(x(t), y(t), z(t)) \cdot \sqrt{\left(\frac{\mathrm{d}x}{\mathrm{d}t}\right)^2 + \left(\frac{\mathrm{d}y}{\mathrm{d}t}\right)^2 + \left(\frac{\mathrm{d}z}{\mathrm{d}t}\right)^2} \, \mathrm{d}t.$$

Diese Definition gilt natürlich in analoger Form für glatte Kurven im $\mathbb{R}^n$.

Ein wichtiger Spezialfall entsteht, wenn die Belegungsfunktion konstant 1 gewählt wird, denn dann erhalten wir die schon oben angesprochene Formel zur Berechnung der Länge einer Kurve.

Beispiel 18.1

Dem Ellipsenbogen

$$g : \frac{x^2}{4} + \frac{y^2}{9} = 1, \; x, y \geq 0,$$

sei die variable Dichte $d(x,y) = xy$ zugeordnet. Gesucht ist die Gesamtmasse des Ellipsenbogens.

Zur Lösung müssen wir zuerst den Ellipsenbogen mit einer Parameterdarstellung versehen. Diese kann beispielsweise wie folgt aussehen:

$$p(\varphi) = \begin{pmatrix} x(\varphi) \\ y(\varphi) \end{pmatrix} = \begin{pmatrix} 2\cos(\varphi) \\ 3\sin(\varphi) \end{pmatrix}, \quad \varphi \in \left[0, \frac{\pi}{2}\right].$$

Damit gilt für die Gesamtmasse:

$$M = \int_0^{\frac{\pi}{2}} x(\varphi) \cdot y(\varphi) \cdot \sqrt{\left(\frac{\mathrm{d}x}{\mathrm{d}\varphi}\right)^2 + \left(\frac{\mathrm{d}y}{\mathrm{d}\varphi}\right)^2}\, \mathrm{d}\varphi$$

Mit $\frac{\mathrm{d}x}{\mathrm{d}\varphi} = -2\sin(\varphi)$, $\frac{\mathrm{d}y}{\mathrm{d}\varphi} = 3\cos(\varphi)$ erhalten wir:

$$M = \int_0^{\frac{\pi}{2}} 2\cos(\varphi) \cdot 3\sin(\varphi) \cdot \sqrt{(-2\sin(\varphi))^2 + (3\cos(\varphi))^2}\, \mathrm{d}\varphi = \frac{38}{5}$$

∎

18.4   Kurvenintegral über ein Vektorfeld

Näherung des Kurvenintegrals über den Begriff der Arbeit

Durchläuft unsere Kurve kein Skalarfeld, sondern ein Vektorfeld, wie zum Beispiel ein Kraftfeld oder ein Magnetfeld, so können wir nicht mehr mit unserem obigen Kurvenintegral bzgl. der Bogenlänge rechnen, sondern wir müssen ein neues einführen. Wir nähern uns dem neuen Kurvenintegral durch den Begriff der Arbeit (Abbildung 18.3).

Wird ein Punkt P mit der Kraft K in Richtung r, $\|r\| = 1$ um die Länge l verschoben, dann gilt für die Arbeit $W = (K \cdot r) \cdot l = K \cdot (r \cdot l) = K \cdot x$ (Kraft mal Weg).

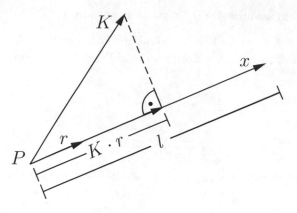

Abb. 18.3: Arbeit gleich Kraft mal Weg

Dies ist die Grundlage, auf der wir das *Kurvenintegral zweiter Art* einführen. Sei K ein stetiges Vektorfeld mit den Komponenten:

$$K(x,y,z) = \begin{pmatrix} u(x,y,z) \\ v(x,y,z) \\ w(x,y,z) \end{pmatrix}$$

Ferner setzen wir eine glatte Kurve C mit Parameterdarstellung $p : [a,b] \to \mathbb{R}^3$, $p(t) = (x(t), y(t), z(t))$ für $a \le t \le b$ voraus, welche in dem Vektorfeld verläuft (Abbildung 18.4).

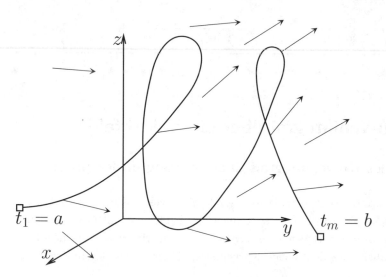

Abb. 18.4: Vektorfeld und Kurve

Wir stellen uns einen Punkt auf der Kurve vor, welcher mit der Kraft $K(x,y,z)$ entlang der Kurve verschoben wird. Die Frage lautet nun: Wie groß ist die Arbeit, die dabei verrichtet wird?

Dazu betrachten wir erneut eine Zerlegung des Parameterintervalls $a = t_1 < t_2 < \ldots < t_m = b$ und approximieren die auf jedem Teilstück (, dessen Länge wir wieder mit l_i bezeichnen,) verrichtete Arbeit durch den Ausdruck

$$K(p(t_i)) \cdot \frac{p'(t_i)}{\|p'(t_i)\|} \, l_i,$$

wobei die Operation zwischen den Vektoren das (Standard-)Skalarprodukt darstellt. Die gesamte Arbeit W lässt sich also durch die Summe der auf den einzelnen Teilstücken verrichteten Arbeit annähern und wir erhalten:

$$\begin{aligned} W &\approx \sum_{i=1}^{m-1} K(p(t_i)) \cdot \frac{p'(t_i)}{\|p'(t_i)\|} \, l_i \\ &\approx \sum_{i=1}^{m-1} K(p(t_i)) \cdot \frac{p'(t_i)}{\|p'(t_i)\|} \, \sqrt{(\Delta x_i)^2 + (\Delta y_i)^2 + (\Delta z_i)^2} \\ &= \sum_{i=1}^{m-1} K(p(t_i)) \cdot p'(t_i) \frac{\sqrt{(\frac{\Delta x_i}{\Delta t_i})^2 + (\frac{\Delta y_i}{\Delta t_i})^2 + (\frac{\Delta z_i}{\Delta t_i})^2}}{\|p'(t_i)\|} \, \Delta t_i \end{aligned}$$

Lässt man die Feinheit der Zerlegung beliebig klein werden, so konvergiert die Summe gegen das Integral:

$$\int_a^b K(p(t)) \cdot p'(t) \frac{\sqrt{\left(\frac{dx}{dt}\right)^2 + \left(\frac{dy}{dt}\right)^2 + \left(\frac{dz}{dt}\right)^2}}{\|p'(t)\|} \, dt = \int_a^b K(p(t)) \cdot p'(t) \, dt$$

Diese Überlegung nehmen wir zum Anlass der folgenden Definition. Ist h ein auf der glatten Kurve $C : p(t) = (x(t), y(t), z(t))$, $t \in [a, b]$, stetiges Vektorfeld, so ist das Kurvenintegral über h entlang der Kurve C definiert durch:

$$\int_C h \, d\vec{x} := \int_a^b h(p(t)) \cdot p'(t) \, dt$$

Mit Hilfe der Substitutionsregel lässt sich nun leicht zeigen, dass sich der Wert eines Kurvenintegrals nicht ändert, falls man eine *orientierungserhaltende* (also den Durchlaufsinn der Kurve nicht ändernde) Parametertransformation durchführt. Führt man dagegen eine *orientierungsumkehrende* Transformation durch, so ändert sich gerade das Vorzeichen.

Beispiel 18.2
Sei das Vektorfeld h gegeben durch $h(x, y, z) = (xy, yz, xz)$ und eine Kurve p durch $p(t) = (t, t^2, t^3)$, $t \in [-1, 1]$, dann ist

$$h(p(t)) \cdot p'(t) = h(t, t^2, t^3) \cdot \begin{pmatrix} 1 \\ 2t \\ 3t^2 \end{pmatrix}$$

$$= \begin{pmatrix} t \cdot t^2 \\ t^2 \cdot t^3 \\ t \cdot t^3 \end{pmatrix} \cdot \begin{pmatrix} 1 \\ 2t \\ 3t^2 \end{pmatrix}$$

$$= t \cdot t^2 \cdot 1 + t^2 \cdot t^3 \cdot 2t + t \cdot t^3 \cdot 3t^2$$

$$= t^3 + 5t^6$$

und damit

$$\int_{-1}^{1} \left(t^3 + 5t^6 \right) dt = \frac{10}{7}.$$

■

18.5   Eigenschaften der Kurvenintegrale

Additivität: Besteht die Kurve C aus mehreren stückweise glatten Kurven $C_1, C_2, \ldots, C_n$ (Abbildung 18.5), so ist:

$$\int_C = \int_{C_1} + \int_{C_2} + \ldots + \int_{C_n}$$

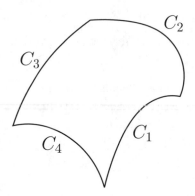

Abb. 18.5: Eine geschlossene Kurve aus stückweise glatten Kurven

Linearität: Sind g und h zwei Vektorfelder auf der Kurve C und a ein Skalar, so gilt:

$$\int_C a \cdot (g + h) \, d\vec{x} = a \cdot \left(\int_C g \, d\vec{x} + \int_C h \, d\vec{x} \right)$$

Umgekehrter Durchlaufsinn: Seien C und $\overline{C}$ dieselben Kurven, nur mit entgegengesetztem Durchlaufsinn, so gilt:

$$\int_{\overline{C}} h \, d\vec{x} = - \int_C h \, d\vec{x}$$

Diese Eigenschaft wird plausibel, wenn man sich die Tangente anschaut. Sei $p(t)$ die Parametrisierung von C, dann ist $r(t) = p(a + b - t)$ eine Parametrisierung von $\overline{C}$ und deren Tangentenvektor $r'(t) = -p'(a + b - t)$.

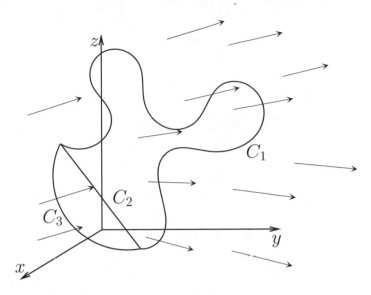

Abb. 18.6: Gradientenfeld und drei Kurven

18.6 Kurvenintegrale über Gradientenfeldern

Ist unser Vektorfeld h der Gradient einer stetig differenzierbaren skalaren Funktion $f(x, y, z)$, also $h = \nabla f$, so hängt der Wert des Kurvenintegrals nicht von der Gestalt der Kurve ab, sondern nur von deren Anfangs- und Endpunkt. Sei $p(t)$ unsere Kurve, dann gilt:

$$\int_C \nabla f \, \mathrm{d}\vec{x} - f(p(b)) - f(p(a))$$

Zum Beweis benötigen wir lediglich die Kettenregel $\frac{\mathrm{d}f(p(t))}{\mathrm{d}t} = \nabla f(p(t)) \cdot p'(t)$. Damit ist

$$\int_C \nabla f \, \mathrm{d}\vec{x} = \int_a^b \nabla f(p(t)) \cdot p'(t) \, \mathrm{d}t$$
$$= \int_a^b \frac{\mathrm{d}f(p(t))}{\mathrm{d}t} \, \mathrm{d}t$$
$$= f(p(b)) - f(p(a)).$$

So lässt sich leicht einsehen, dass entlang geschlossener Kurven in einem Gradientenfeld der Wert des Kurvenintegrals stets null ist: Für geschlossene Kurven gilt $p(a) = p(b)$ und damit $f(p(b)) - f(p(a)) = 0$.

Die Abbildung 18.6 zeigt ein Gradientenfeld und drei Kurven. Wäre die Aufgabe, entlang C_1 zu integrieren, könnten wir C_1 auch durch C_2 oder C_3 ersetzen, je nachdem, für welchen Weg es sich leichter integrieren lässt.

Beispiel 18.3

Wir wollen das Vektorfeld

$$h = \begin{pmatrix} P(x,y) \\ Q(x,y) \end{pmatrix} = \begin{pmatrix} y^2 \\ 2xy - e^y \end{pmatrix}$$

entlang des Kreisbogens $p(t) = (\cos(t), \sin(t))$, $t \in \left[0, \frac{\pi}{2}\right]$ integrieren.

Zuerst überprüfen wir, ob es sich um ein Gradientenfeld handelt. Dazu können wir beispielsweise die Gültigkeit von $\frac{\partial P(x,y)}{\partial y} = \frac{\partial Q(x,y)}{\partial x}$ nachweisen. Dies ist erfüllt, da beides gleich $2y$ ist. Jetzt haben wir zwei Möglichkeiten: Wir integrieren das Vektorfeld entlang irgendeiner Kurve, die diese beiden Endpunkte hat (also nicht notwendig entlang des Kreisbogens), oder wir bestimmen die Funktion f, die als Gradient dieses Vektorfeld hat. Wir wählen den zweiten Weg. Es gelte also:

$$\frac{\partial f}{\partial x} = y^2, \ \frac{\partial f}{\partial y} = 2xy - e^y$$

Integrieren wir die rechte Seite der ersten Gleichung nach x, so erhalten wir $f(x,y) = xy^2 + g(y)$. Dies leiten wir wieder nach y ab und setzen es gleich der rechten Seite der zweiten Gleichung:

$$\frac{\partial f}{\partial y} = 2xy + g'(y) = 2xy - e^y$$

Also ist $f(x,y) = xy^2 - e^y + c$. Damit erhalten wir für den Wert des Integrals:

$$f\left(p\left(\frac{\pi}{2}\right)\right) - f(p(0)) = f(0,1) - f(1,0) = -e + c - (-1 + c) = 1 - e$$

∎

Artur Koehler studiert Maschinenbau in Hannover.

19 Oberflächenintegrale

Nachdem schon Doppelintegrale und Kurvenintegrale behandelt wurden, wollen wir uns in diesem Kapitel mit Oberflächenintegralen beschäftigen. Dafür schauen wir uns zunächst den Begriff der Fläche an, bevor wir anschließend das Flächenintegral sowie das Oberflächenintegral einer skalaren Funktion und das Flussintegral einführen.

19.1 Einführung

Wir beschränken uns hier der Anschaulichkeit halber auf den mit der euklidischen Metrik versehenen Raum $\mathbb{R}^3$ und werden den Begriff der Fläche nicht in voller Allgemeinheit einführen, sondern beschränken uns in einer Weise, welche unserem Vorhaben angemessen ist. Unter einer *Fläche* verstehen wir eine stetig differenzierbare und injektive Abbildung $P : B \to \mathbb{R}^3$, wobei B eine Jordan-messbare Teilmenge des $\mathbb{R}^2$ ist (was bei geometrisch einfachen Mengen wie Rechtecken, Kreisen und Vereinigungen von solchen immer der Fall ist) und die Funktionalmatrix

$$J_P(u,v) = P'(u,v) = (P_u, P_v) = \begin{pmatrix} x_u(u,v) & x_v(u,v) \\ y_u(u,v) & y_v(u,v) \\ z_u(u,v) & z_v(u,v) \end{pmatrix}$$

für alle $(u,v) \in B$ den Rang 2 besitzt. Die Menge $P(B)$ nennen wir *Flächenstück* und P *Parametrisierung* oder auch *Parameterdarstellung* des Flächenstücks. Wenn es klar ist, welche Parametrisierung gemeint ist, so bezeichnen wir die Menge $P(B)$ zuweilen auch selbst einfach als Fläche.

Stellen wir uns unter dem B ein Rechteck im $\mathbb{R}^2$ vor, dann veranschaulicht Abbildung 19.1 die Situation.

Ein Flächenstück kann verschiedene Parametrisierungen besitzen, denn ist $P : B_1 \to \mathbb{R}^3$ eine solche, und ist $r : B_2 \to B_1$ bijektiv und mit der Umkehrung stetig differenzierbar, so stellt auch $P \circ r$ eine Parametrisierung dar.

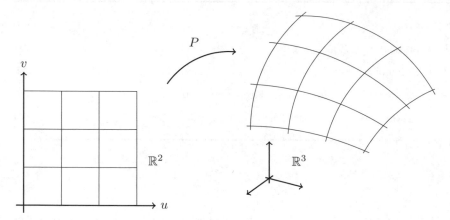

Abb. 19.1: Parametrisierung einer Fläche

Häufig werden die folgenden Abkürzungen benutzt:

$$E = \|P_u\|^2$$
$$= x_u^2 + y_u^2 + z_u^2$$
$$= \langle P_u, P_u \rangle$$
$$G = \|P_v\|^2$$
$$= x_v^2 + y_v^2 + z_v^2$$
$$= \langle P_v, P_v \rangle$$
$$F = x_u \cdot x_v + y_u \cdot y_v + z_u \cdot z_v$$
$$= \langle P_u, P_v \rangle$$
$$g = E \cdot G - F^2$$
$$= \det \left(P'^T \cdot P' \right)$$
$$= \|P_u \times P_v\|^2$$

Diese Abkürzungen nennt man auch die *metrischen Fundamentalgrößen*. P heißt *winkeltreu*, wenn $E = G$ und $F = 0$ ist, und *flächentreu*, wenn $g = 1$ ist.

Als wichtiger Spezialfall lassen sich Graphen $z = f(x,y)$ betrachten (Abbildung 19.2). Ist $B \subseteq \mathbb{R}^2$ geeignet und $f : B \to \mathbb{R}$ stetig differenzierbar, so ist der Graph von f, also $\{(x, y, z) \in B \times \mathbb{R} \mid z = f(x,y)\}$ eine Fläche mit der Parameterdarstellung $P : B \to \mathbb{R}^3$, $P(x,y) = (x, y, f(x,y))$.

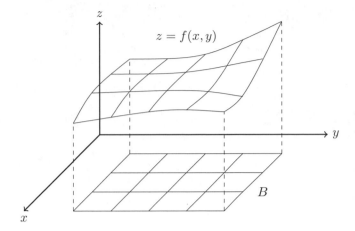

Abb. 19.2: Graph einer Funktion $B \to \mathbb{R}^2$

Die Funktionalmatrix lautet hier

$$P' = \begin{pmatrix} 1 & 0 \\ 0 & 1 \\ f_x & f_y \end{pmatrix},$$

und die metrischen Fundamentalgrößen sind:

$$E = 1 + f_x^2$$
$$G = 1 + f_y^2$$
$$F = f_x \cdot f_y$$
$$g - E \cdot G - F^2$$
$$= 1 + f_x^2 + f_y^2$$

19.2 Oberflächeninhalt

Jetzt wollen wir uns mit dem „Flächeninhalt" des durch P parametrisierten Flächenstücks M beschäftigen (die Anführungszeichen sollen andeuten, dass wir noch nicht genau wissen, was ein solcher Flächeninhalt genau ist, aber wir haben eine gewisse intuitive Vorstellung davon). Betrachten wir zunächst den Bereich B (Abbildung 19.3). Die achsenparallelen Geraden durch u_0 und v_0 gehen unter P über in die Kurven $P(u_0, v)$ und $P(u, v_0)$.

Die schraffierte Fläche auf M kann durch das von den Vektoren $\vec{a} = P_v(u_0, v_0)\Delta v$ und $\vec{b} = P_u(u_0, v_0)\Delta u$ erzeugte Parallelogramm approximiert werden. Bekanntlich ist der Flächeninhalt eines von zwei Vektoren aufgespannten Parallelogramms

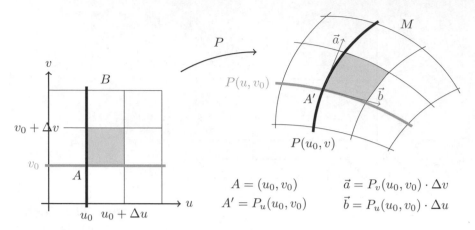

Abb. 19.3: Flächeninhalt parametrisierter Flächen

die Länge des Kreuzproduktes der beiden Vektoren. Damit kann der Inhalt der schraffierten Fläche durch

$$\left\| \vec{a} \times \vec{b} \right\| = \| P_u(u_0, v_0)\Delta u \times P_v(u_0, v_0)\Delta v \| = \| P_u(u_0, v_0) \times P_v(u_0, v_0) \| \cdot \Delta u \Delta v$$

angenähert werden. Die letzte Gleichung erhält man, indem man einfach die Linearität des Kreuzprodukts in beiden Faktoren verwendet. Um den gesamten Flächeninhalt F zu erhalten, betrachten wir eine Zerlegung von M und nähern die Flächeninhalte F_i der Teilstücke jeweils nach obigem Beispiel an:

$$F = F_1 + \ldots + F_n \approx \sum_{i=1}^{n} \| P_u(u_i, v_i) \times P_v(u_i, v_i) \| \cdot \Delta u \Delta v$$

Verfeinert man nun die Zerlegung (Abbildung 19.4) und lässt dabei die Feinheit beliebig klein werden, so konvergiert die Summe unter geeigneten Voraussetzungen gegen das Doppelintegral:

$$F = \iint\limits_{B} \| P_u \times P_v \| \, \mathrm{d}u \, \mathrm{d}v$$

Diese Überlegung nehmen wir zum Anlass zur folgenden Definition:

Den *Flächeninhalt* F der Fläche $P : B \to \mathbb{R}^3$ definieren wir im Falle der Existenz durch das Integral

$$F = \iint\limits_{B} \| P_u \times P_v \| \, \mathrm{d}u \, \mathrm{d}v$$

Wichtig ist es an dieser Stelle zu bemerken, dass sich mit Hilfe der Kettenregel zeigen lässt, dass diese Definition unabhängig von der konkret gewählten Parametrisierung der Fläche ist.

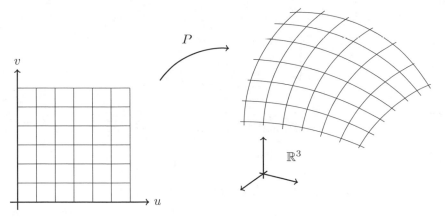

Abb. 19.4: Feiner werdende Zerlegung der Fläche

Benutzen wir unsere metrischen Fundamentalgrößen, so erhalten wir:

$$F = \iint_B \sqrt{g}\,\mathrm{d}u\,\mathrm{d}v = \iint_B \sqrt{E \cdot G - F^2}\,\mathrm{d}u\,\mathrm{d}v$$

Daran sehen wir auch, was Flächentreue bedeutet: Und zwar ist, wenn $g = 1$ ist, $M = \iint_B \sqrt{1}\,\mathrm{d}u\,\mathrm{d}v$ gleich dem Flächeninhalt von B. Bei flächentreuen Abbildungen ändert sich der Flächeninhalt bei der Transformation nicht.

Ist unsere Fläche als Graph $z = f(x,y)$ gegeben, so erhalten wir mit den metrischen Fundamentalgrößen in diesem wichtigen Spezialfall:

$$F = \iint_B \sqrt{1 + f_x^2 + f_y^2}\,\mathrm{d}x\,\mathrm{d}y$$

Beispiel 19.1
Zur Illustration möchten wir den Oberflächeninhalt einer Kugel berechnen. Eine Kugel mit Radius r kann durch die Parameterdarstellung

$$P : B \to \mathbb{R}^3, P(u,v) = \begin{pmatrix} r \cdot \cos(u) \cdot \cos(v) \\ r \cdot \sin(u) \cdot \cos(v) \\ r \cdot \sin(v) \end{pmatrix},$$

mit $B := \left\{ (u,v)\,|\,0 \le u < 2\pi,\ -\frac{\pi}{2} \le v \le \frac{\pi}{2} \right\}$, beschrieben werden. Die Tangentenvektoren lauten:

$$P_u = \begin{pmatrix} -r \cdot \sin(u) \cdot \cos(v) \\ r \cdot \cos(u) \cdot \cos(v) \\ 0 \end{pmatrix}, \qquad P_v = \begin{pmatrix} -r \cdot \cos(u) \cdot \sin(v) \\ -r \cdot \sin(u) \cdot \sin(v) \\ r \cdot \cos(v) \end{pmatrix}.$$

Das Kreuzprodukt lautet

$$\begin{pmatrix} r^2 \cdot \cos(u) \cdot \cos(v)^2 \\ r^2 \cdot \sin(u) \cdot \cos(v)^2 \\ r^2 \cdot \sin(v) \cdot \cos(v) \end{pmatrix},$$

die Länge davon ist

$$\|P_u \times P_v\| = r^2 \cdot \cos(v),$$

also ist der Oberflächeninhalt der Kugel:

$$F = \int_{-\frac{\pi}{2}}^{\frac{\pi}{2}} \int_0^{2\pi} r^2 \cdot \cos(v) \, \mathrm{d}u \, \mathrm{d}v = 4\pi \cdot r^2$$

∎

19.3 Oberflächenintegrale einer skalaren Funktion

Ist auf einer Oberfläche eine stetige skalare Belegungsfunktion $f(x, y, z)$ erklärt, beispielsweise eine Dichte, so lässt sich die Gesamtbelegung mittels Integration bestimmen.

Schauen wir uns eine solche Oberfläche an, welche wie üblich durch P parametrisiert wird (Abbildung 19.5):

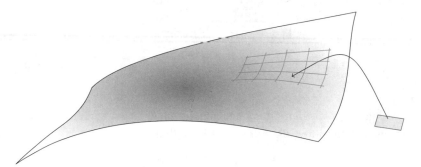

Abb. 19.5: Ein kleines Stück der Fläche, darin ist die Belegung nahezu konstant

Auf der ganzen Fläche ist die Belegung (Dichte) variabel, schauen wir uns aber ein kleines Stück der Fläche an, so können wir annehmen, dass auf diesem Stück die Belegung konstant ist. Eine Annäherung der Gesamtmasse G geschieht völlig analog zum Vorgehen bei Kurvenintegralen mit skalarer Belegungsfunktion und führt wieder in typischer Weise auf Riemannsche Summen, welche unter geeigneten Voraussetzungen gegen das folgende Integral konvergieren:

$$G = \iint_B f(x(u, v), y(u, v), z(u, v)) \cdot \|P_u \times P_v\| \, \mathrm{d}u \, \mathrm{d}v$$

Im Falle der Existenz setzen wir

$$\iint\limits_{P} f \, \mathrm{d}\sigma := \iint\limits_{B} f(x(u,v), y(u,v), z(u,v)) \cdot \|P_u \times P_v\| \, \mathrm{d}u \, \mathrm{d}v$$

und nennen es das *Oberflächenintegral* von f über P. Auch hier ist es wichtig, dass diese Definition unabhängig von der konkreten Parametrisierung ist.

Beispiel 19.2

Als Beispiel nehmen wir eine Schnecke S. Eine Schnecke entsteht, wenn ein Stab der Länge l sich mit einer Winkelgeschwindigkeit w um die z-Achse dreht und dabei konstant mit der Steigrate b steigt (Abbildung 19.6).

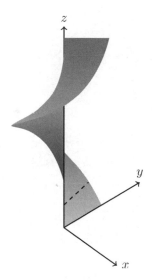

Abb. 19.6: Eine Schnecke

Solch eine Schnecke kann man wie folgt parametrisieren:

$$P(u,v) = \begin{pmatrix} u \cdot \cos(w \cdot v) \\ u \cdot \sin(w \cdot v) \\ b \cdot v \end{pmatrix}, \ 0 \le u \le l, \ 0 \le v \le \frac{2\pi}{w}$$

Nun soll der Schnecke die Dichte $f(x,y,z) = \sqrt{x^2 + y^2}$ zugeordnet sein. Für die Gesamtmasse der Schnecke ergibt sich:

$$G = \int_0^{\frac{2\pi}{w}} \int_0^l f(x(u,v), y(u,v), z(u,v)) \cdot \|P_u \times P_v\| \, \mathrm{d}u \, \mathrm{d}v$$

Es ist:

$$\|P_u \times P_v\| = \left\| \begin{pmatrix} \cos(wv) \\ \sin(wv) \\ 0 \end{pmatrix} \times \begin{pmatrix} -uw \cdot \sin(wv) \\ uw \cdot \cos(wv) \\ b \end{pmatrix} \right\|$$

$$= \left\| \begin{pmatrix} b \cdot \sin(wv) \\ -b \cdot \cos(wv) \\ uw \end{pmatrix} \right\| = \sqrt{b^2 + u^2 \cdot w^2}$$

Damit ist:

$$G = \int_0^{\frac{2\pi}{w}} \int_0^l \sqrt{(u \cdot \cos(w \cdot v))^2 + (u \cdot \sin(w \cdot v))^2} \cdot \sqrt{b^2 + u^2 \cdot w^2} \, du \, dv$$

$$= \int_0^{\frac{2\pi}{w}} \int_0^l u \cdot \sqrt{b^2 + u^2 \cdot w^2} \, du \, dv$$

$$= \int_0^{\frac{2\pi}{w}} \left[\frac{1}{3 \cdot w^2} \cdot (b^2 + w^2 \cdot u^2)^{3/2} \right]_0^l \, dv$$

$$= \frac{1}{3 \cdot w^2} \cdot \left((b^2 + w^2 \cdot l^2)^{3/2} - b^3 \right) \cdot \int_0^{\frac{2\pi}{w}} \, dv$$

$$= \frac{2 \cdot \pi}{3 \cdot w^3} \cdot \left((b^2 + w^2 \cdot l^2)^{3/2} - b^3 \right)$$

∎

19.4   Flussintegrale

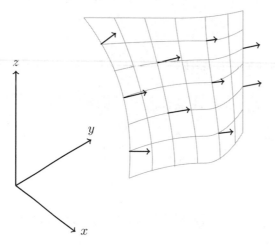

Abb. 19.7: Normalenvektoren einer Fläche

Es ist wichtig, im Folgenden zwischen einseitigen Flächen und zweiseitigen Flächen zu unterscheiden. Das klassische Beispiel einer einseitigen Fläche ist das Möbiusband. Dieses entsteht, wenn ein Rechteckstreifen einmal gedreht wird und dann beide Enden zusammengefügt werden. Damit schließt die Oberseite des Rechteckstreifens an seine Unterseite. Würde man in einem beliebigen Punkt (x, y, z) auf einem Möbiusband starten, das Band einmal komplett umlaufen und dabei den Normalenvektor $\vec{n}$ verfolgen, so würde der Normalenvektor $-\vec{n}$ entstehen.

Damit ist die Zuordnung $(x, y, z) \mapsto \vec{n}(x, y, z)$ unstetig. Befinden wir uns hingegen auf einer zweiseitigen Fläche, so erscheint es plausibel, dass die Zuordnung $(x, y, z) \mapsto \vec{n}(x, y, z)$ stetig gewählt werden kann (Abbildung 19.7).

Betrachten wir nun ein stetiges Vektorfeld $\vec{k}$, in dem sich eine zweiseitige Fläche befindet, so lässt sich mit Hilfe des Skalarprodukts der Fluss des Vektorfeldes durch die Fläche definieren (Abbildung 19.8).

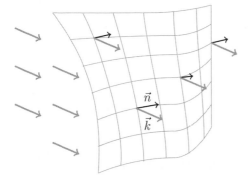

Abb. 19.8: Ein Fluss durch eine Fläche

Schauen wir uns ein kleines Flächenstück genauer an. Dabei ist $\vec{n}$ der auf Länge 1 normierte Normalenvektor, $\vec{k}$ das stetige Vektorfeld und dO das Flächenelement (Abbildung 19.9).

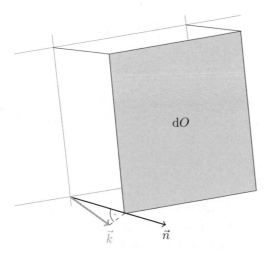

Abb. 19.9: Volumenelement einer Fläche

Das Volumen des Quaders würde dem Volumen an Flüssigkeit entsprechen, welches pro Zeiteinheit durch die Fläche strömt, wenn wir uns in einem Strömungsfeld einer Flüssigkeit befänden. Die Höhe dieses Quaders beträgt $\vec{k} \cdot \vec{n}$ und mit der Grundfläche dO ergibt sich ein Volumen von $\vec{k} \cdot \vec{n} \, \mathrm{d}O$. Es ist demnach plausibel, dass sich der Gesamtfluss durch Integration über alle Flächenelemente ergibt:

$$\iint_S \vec{k} \cdot \vec{n} \, \mathrm{d}O$$

S ist hierbei die Fläche, die sich im Vektorfeld $\vec{k}$ befindet.

Wird S durch die Parametrisierung

$$P(u,v) = \begin{pmatrix} x \\ y \\ z \end{pmatrix} = \begin{pmatrix} x(u,v) \\ y(u,v) \\ z(u,v) \end{pmatrix}$$

mit $(u,v) \in D$ beschrieben, so lässt sich ein auf der Tangentialebene senkrecht stehender Vektor durch $P_u \times P_v$ bestimmen. Normiert man diesen Vektor, so erhält man für den Normalenvektor:

$$\vec{n} = \frac{1}{\|P_u \times P_v\|} \cdot (P_u \times P_v)$$

dO hatten wir schon bei der Flächenberechnung bestimmt und zwar zu $dO = \|P_u \times P_v\| \cdot du\,dv$. Damit ist:

$$\iint\limits_S \vec{k} \cdot \vec{n}\,dO = \iint\limits_D \vec{k} \cdot \frac{1}{\|P_u \times P_v\|} \cdot (P_u \times P_v) \cdot \|P_u \times P_v\|\,du\,dv$$

$$= \iint\limits_D \vec{k} \cdot (P_u \times P_v)\,du\,dv$$

Der Integrand ist also das Spatprodukt der Vektoren

$$\vec{k} = \begin{pmatrix} k_1 \\ k_2 \\ k_3 \end{pmatrix}, \quad P_u = \begin{pmatrix} \frac{\partial x(u,v)}{\partial u} \\ \frac{\partial y(u,v)}{\partial u} \\ \frac{\partial z(u,v)}{\partial u} \end{pmatrix} \text{ und } P_v = \begin{pmatrix} \frac{\partial x(u,v)}{\partial v} \\ \frac{\partial y(u,v)}{\partial v} \\ \frac{\partial z(u,v)}{\partial v} \end{pmatrix}.$$

Aufgrund dieser Überlegungen definieren wir unter obigen Voraussetzungen im Falle der Existenz das *Flussintegral* des stetigen Vektorfelds $\vec{k}$ über der Fläche S mit Parameterdarstellung $P : B \to \mathbb{R}^3$ durch

$$\iint\limits_S \vec{k} \cdot \vec{n}\,dO := \iint\limits_B \vec{k} \cdot (P_u \times P_v)\,du\,dv.$$

Dabei lässt sich wieder zeigen, dass das Integral unabhängig von der speziell gewählten Parametrisierung ist, wobei beim Parameterwechsel darauf zu achten ist, dass die Funktionaldeterminante durchgehend positiv ist (andernfalls dreht sich das Vorzeichen um).

Ist unsere Fläche als Graph $z = f(x,y)$ gegeben, so lässt sich diese bekanntlich durch $P(x,y) = (x,y,f(x,y))$ mit $(x,y) \in D$ bezeichnen. Mit $P_x = (1,0,f_x)$ und $P_y = (0,1,f_y)$ ist:

$$\vec{k} \cdot (P_x \times P_y) = \det \begin{pmatrix} k_1 & 1 & 0 \\ k_2 & 0 & 1 \\ k_3 & f_x & f_y \end{pmatrix} = -k_1 \cdot f_x - k_2 \cdot f_y + k_3$$

Damit ist das Flussintegral für diesen Fall:

$$\iint\limits_{D} -k_1 \cdot f_x - k_2 \cdot f_y + k_3 \, \mathrm{d}x \, \mathrm{d}y$$

Beispiel 19.3

Wir möchten den Fluss des Feldes $\vec{k} = (x, y, 0)$ aus dem Inneren der Kugel $x^2 + y^2 + z^2 = r^2$ berechnen.

Die Kugel können wir bekanntlich durch

$$P(u, v) = \begin{pmatrix} x \\ y \\ z \end{pmatrix} = \begin{pmatrix} r \cdot \cos(u) \cdot \cos(v) \\ r \cdot \sin(u) \cdot \cos(v) \\ r \cdot \sin(v) \end{pmatrix}$$

mit $0 \le u < 2\pi$, $-\frac{1}{2} \cdot \pi \le v \le \frac{1}{2} \cdot \pi$ beschreiben. Damit ist

$$\vec{k} = \begin{pmatrix} x \\ y \\ z \end{pmatrix} = \begin{pmatrix} r \cdot \cos(u) \cdot \cos(v) \\ r \cdot \sin(u) \cdot \cos(v) \\ 0 \end{pmatrix},$$

$$P_u = \begin{pmatrix} -r \cdot \sin(u) \cdot \cos(v) \\ r \cdot \cos(u) \cdot \cos(v) \\ 0 \end{pmatrix},$$

sowie

$$P_v = \begin{pmatrix} -r \cdot \cos(u) \cdot \sin(v) \\ -r \cdot \sin(u) \cdot \sin(v) \\ r \cdot \cos(v) \end{pmatrix}$$

und

$$\det \begin{pmatrix} r \cdot \cos(u) \cdot \cos(v) & -r \cdot \sin(u) \cdot \cos(v) & -r \cdot \cos(u) \cdot \sin(v) \\ r \cdot \sin(u) \cdot \cos(v) & r \cdot \cos(u) \cdot \cos(v) & -r \cdot \sin(u) \cdot \sin(v) \\ 0 & 0 & r \cdot \cos(v) \end{pmatrix} = r^3 \cdot \cos^3(v).$$

Also ist der Fluss gegeben durch

$$\int_{-\frac{1}{2} \cdot \pi}^{\frac{1}{2} \cdot \pi} \int_0^{2\pi} r^3 \cdot \cos^3(v) \, \mathrm{d}u \, \mathrm{d}v = \frac{8}{3} \cdot \pi \cdot r^3.$$

∎

Artur Koehler studiert Maschinenbau in Hannover.

20 Eulers Berechnungen der Zetafunktion

Eulers Werk ist sehr umfangreich. Seine gesammelten Werke, die „Opera Omnia" bestehen zurzeit aus 74 Bänden, was es sehr schwer macht, diesen Mann zu würdigen. Es müsste zunächst auf seine mathematische Notation verwiesen werden, welche noch heute verwendet wird. Seine Beiträge zur Analysis, Zahlentheorie, Statik, Geometrie und die Entdeckung der Graphentheorie sollten erwähnt werden. Darüber hinaus müsste man auch die damalige Zeit und den Wissensstand beschreiben. Bei diesem Werk fällt eine Auswahl schwer. Ich habe mich für eine Berechnung entschieden, die mich durch ihre Genialität ziemlich verblüfft hat.

Es geht um die Bestimmung von $\zeta(2)$. $\zeta(2)$ ist der Grenzwert folgender Reihe:

$$\zeta(2) = \sum_{n=1}^{\infty} \frac{1}{n^2} = 1 + \frac{1}{2^2} + \frac{1}{3^2} + \dots \tag{20.1}$$

Den Wert dieser Reihe zu berechnen, wurde von Pietro Mengoli im Jahre 1650 aufgeworfen. Nachdem etliche der bedeutendsten Mathematiker an der Aufgabe gescheitert waren, gelang es schließlich Euler 1735, die Summe zu bestimmen.

Den Namen Zetafunktion hat B. Riemann im Jahre 1857 eingeführt. Die Zetafunktion $\zeta(s)$ ist definiert als:

$$\zeta(s) = \sum_{n=1}^{\infty} \frac{1}{n^s} \tag{20.2}$$

Die Definition gilt für komplexe Zahlen s mit $\mathrm{Re}(s) > 1$, insbesondere also für reelle Zahlen $s > 1$.

Heute kennt man (zum Beispiel in der Funktionentheorie) weitere Wege, das Problem anzugehen. Bemerkenswert ist aber, dass auch diese Wege nur Werte für die geradzahligen Argumente der Zetafunktion liefern, und diese konnte Euler ebenfalls schon angeben.

Doch nun zu meinem eigentlichen Thema: Eulers genialer Lösung. Er fand bzw. erkannte zwei verschiedene Darstellungen für ein und dasselbe und dann lieferte ein Koeffizientenvergleich[1] das Ergebnis. Jetzt aber ins Einzelne:

Die Funktion $\sin(x)$ wird einerseits in eine Taylorreihe entwickelt:

$$\sin(x) = x - \frac{x^3}{3!} + \frac{x^5}{5!} - \frac{x^7}{7!} + \ldots \tag{20.3}$$

Andererseits liegen die Nullstellen des Sinus genau in den Punkten 0, $\pm\pi$, $\pm2\pi$, $\pm3\pi$, …, was den Versuch der folgenden Darstellung als (unendliches) Produkt nahe legt:

$$\sin(x) \stackrel{?}{=} x(x^2 - \pi^2)(x^2 - 4\pi^2)(x^2 - 9\pi^2)\ldots$$

Dieses Produkt ist jedoch für fast alle $x \in \mathbb{R}$ divergent, man kann aber mit der gleichen Idee folgendes Produkt ansetzen:

$$\sin(x) \stackrel{?}{=} x\left(1 - \frac{x^2}{\pi^2}\right)\left(1 - \frac{x^2}{2^2\pi^2}\right)\left(1 - \frac{x^2}{3^2\pi^2}\right)\ldots \tag{20.4}$$

Man überzeugt sich leicht, dass die Nullstellen immer noch dieselben sind.

Auch eine weitere Eigenschaft der Sinusfunktion findet man in dem Produkt wieder. Aus 20.4 folgert man:

$$\frac{\sin(x)}{x} \stackrel{?}{=} \left(1 - \frac{x^2}{\pi^2}\right)\left(1 - \frac{x^2}{2^2\pi^2}\right)\left(1 - \frac{x^2}{3^2\pi^2}\right)\ldots \tag{20.5}$$

Für $x \to 0$ entspricht die linke Seite von 20.5 der Ableitung der Sinusfunktion. Es ist

$$\lim_{x\to 0} \frac{\sin(x)}{x} = 1, \tag{20.6}$$

und der Grenzwert des unendlichen Produkts auf der rechten Seite ist ebenfalls Eins.

Damit haben wir bis jetzt noch keinen vollständigen Beweis für die Richtigkeit der Beziehung 20.4 geführt (, obwohl sie tatsächlich stimmt), denn es gibt immer noch unendlich viele ungerade 2π-periodische Funktionen mit der Steigung 1 im Ursprung (man denke an Fourier-Sinus-Reihen, z. B. an eine Dreieckfunktion wie in Abbildung 20.1).

Euler hat diesen Mangel selbst bemerkt und daher später eine weitere Herleitung gemacht, welche ohne die problematischen unendlichen Produkte auskommt. Lassen wir das Produktproblem nun beiseite, glauben an 20.4 und fahren mit Eulers Argumentation fort.

---

[1] *Koeffizientenvergleich* heißt, dass man die Faktoren, sprich *Koeffizienten*, der gleichen x-Potenzen vergleicht, d. h. gleichsetzt, denn ein Polynom (in x) auf der linken Seite kann nur dann gleich einem Polynom (in x) auf der rechten Seite sein, wenn die Koeffizienten der Polynome übereinstimmen.

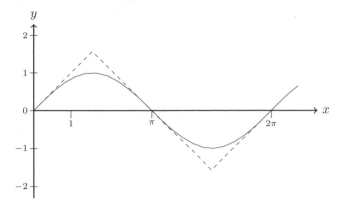

Abb. 20.1: Darstellung zweier Funktionen, welche die Bedingungen im Text erfüllen.

Wir können schreiben:

$$\sin(x) = x - \frac{x^3}{3!} + \frac{x^5}{5!} - \frac{x^7}{7!} + \dots \tag{20.7}$$

$$= x \left(1 - \frac{x^2}{\pi^2}\right)\left(1 - \frac{x^2}{2^2\pi^2}\right)\left(1 - \frac{x^2}{3^2\pi^2}\right)\dots$$

Auf beiden Seiten der Gleichung „pflückt" man nun die Koeffizienten von x^3 heraus. Den Rest streichen wir einfach beidseitig weg:

$$-\frac{1}{3!} = -\frac{1}{\pi^2} - \frac{1}{2^2\pi^2} - \frac{1}{3^2\pi^2} - \frac{1}{4^2\pi^2} - \dots \tag{20.8}$$

oder:

$$\frac{1}{1^2} + \frac{1}{2^2} + \frac{1}{3^2} + \dots = \frac{\pi^2}{6} \tag{20.9}$$

Also genau das, was wir suchen. Das war die erstaunliche Herleitung Eulers. Später hat er noch eine generelle Methode für geradzahlige Argumente hergeleitet. Bevor Euler die exakte Beziehung gefunden hat, gab er bereits einen Wert für $\zeta(2)$ an: 1,64493406684822643647... Bedenkt man die Verfügbarkeit von Computern zur damaligen Zeit, so muss man Euler doch einen gewaltigen Arbeitswillen zubilligen. Hätte er sich nicht die Rechnung sparen und auf die Eingebung der genialen Herleitung warten können?

Die Antwort stammt von Euklid:

> *Es gibt keinen Königsweg zur Mathematik!*

Ueli Hafner ist Dipl.Ing. FH und lebt in Winterthur.

21 Die Riemannsche Vermutung

Bereits im Jahre 1900 wurde diese — heute so famose — Vermutung von David Hilbert in seiner berühmt gewordenen Rede über „23 mathematische Probleme" zu einer der großen mathematischen Herausforderungen des neuen Jahrhunderts erhoben. Allerdings hat er dabei deren Schwierigkeit unterschätzt. So hat er einmal bei einem Vergleich der Riemannsche Vermutung mit der Transzendenz von $2^{\sqrt{2}}$ und Fermats letztem Satz bemerkt, dass seiner Meinung nach die Riemannsche Vermutung innerhalb weniger Jahre gelöst, Fermats letzter Satz im Laufe seines Lebens bewiesen und die Frage nach der Transzendenz von $2^{\sqrt{2}}$ vielleicht nie geklärt wäre. Tatsächlich aber fanden bereits wenige Jahre später Gelfond und Schneider den Beweis der Transzendenz, und das Rätsel um Fermats letzten Satz wurde vor ein paar Jahren bekanntlich von Andrew Wiles gelöst. Eine weitere Überlieferung Hilberts zitiert ihn mit dem Satz: „Sollte er nach einem 500 Jahre währenden Schlaf wieder erwachen, so würde seine erste Frage dem Beweis der Riemannschen Vermutung gelten".

Viele Mathematiker verfielen in den letzten hundert Jahren diesem Problem. Allein Hardy und Littlewood veröffentlichten Anfang des 20. Jahrhunderts etwa zehn Arbeiten zur Riemannschen Vermutung. Hardy selbst nahm ihren Beweis in eine Liste seiner Neujahrvorsätze auf. Vor einer stürmischen Überquerung des Ärmelkanals schrieb er sogar einmal seinem Kollegen Harald Bohr einen Brief in dem er angab, die Vermutung gelöst zu haben. Er hegte dabei die Hoffnung, dass Gott, sofern er existiere (Hardy war Atheist), ihn unter diesen Umständen heil das Festland erreichen lassen müsste (Conrey, 2003 [48]).

Diese, viele andere Geschichten und die Tatsache, dass die Vermutung noch immer nicht bewiesen ist, haben dazu beigetragen, dieses Rätsel immer weiter zu mythifizieren. Nicht verwunderlich also, dass es im Jahr 2000 zu einem der berühmten „7 Millenium Problems" des Clay Mathematics Institute erhoben wurde. Jedem, dem es gelingt, dieses schon fast sagenhaft anmutende Problem zu lösen,

Abb. 21.1: Bernhard Riemann (1826–1866)

winkt, neben dem Ruhm, zusätzlich eine materielle Belohnung über eine Million US-Dollar. Fraglich also, wie vieler solcher höchst motivierter (und zumindest bis heute fruchtloser) Beweis-Bemühungen es noch bedarf, bis dieses Rätsel gelöst werden kann.

Das folgende Kapitel soll nun einen kurzen Überblick über die mathematischen Grundlagen der Riemannschen Vermutung und insbesondere ihre Bedeutung für die Verteilung der Primzahlen geben.

21.1 Die Riemannsche Zetafunktion

Grundlage der Riemannschen Vermutung ist die so einfach darstellbare und doch noch immer Rätsel aufgebende Riemannsche Zetafunktion

$$\zeta(s) = \sum_{n=1}^{\infty} \frac{1}{n^s}, \tag{21.1}$$

der einfachste Fall einer sogenannten (gewöhnlichen) Dirichletreihe. Sie ist für komplexe Zahlen $s = a + bi \in \mathbb{C}$ mit Realteil $\mathrm{Re}(s) = a > 1$ definiert, wobei die darstellende Reihe auf diesem Gebiet A absolut konvergiert. Im Grenzfall $s = 1$ ergibt sich die divergente harmonische Reihe. Da die Zetafunktion auch lokal gleichmäßig konvergiert, gilt nach dem Satz von Weierstraß, dass $\zeta(s)$ auf A auch holomorph, also komplex differenzierbar (analytisch) ist.

21.1.1 Meromorphe Fortsetzung

Man mag sich nun die Frage stellen, ob es nicht eine Erweiterung von $\zeta(s)$ auf die vollständige komplexe Ebene gibt, eine (sogenannte) meromorphe Fortsetzung. Die Konstruktion dieser Fortsetzung soll im Folgenden etwas ausführlicher erläutert werden, da die meisten verfügbaren Quellen diese zwar erwähnen, aber selten präzisieren.

Eine Voraussetzung für die Verwendung der Poissonschen Summenformel ist die Konvergenz der Integrale in der Fouriertransformation. Man beschränkt sich deshalb auf die Menge der sogenannten *Schwartzfunktionen* $f : \mathbb{R} \to \mathbb{R}$, deren Ableitungen (und die Funktion selbst) allesamt die Eigenschaft besitzen, für $|x| \to \infty$ schneller gegen 0 zu konvergieren als die Funktion $\frac{1}{|x|}$. Das hat zur Konsequenz, dass all diese Funktionen integrierbar über $\mathbb{R}$ sind. Damit definiert man nun die Fouriertransformation als

$$\hat{f} : \mathbb{R} \to \mathbb{R}; r \mapsto \hat{f}(r) = \int_{\mathbb{R}} f(x)\, \mathrm{e}^{2\pi i r x}\, \mathrm{d}x, \tag{21.2}$$

und die zugehörige Poissonsche Summenformel lautet

$$\sum_{n \in \mathbb{Z}} f(n) = \sum_{n \in \mathbb{Z}} \hat{f}(n). \tag{21.3}$$

Betrachtet man nun die Funktion $f(x) = \mathrm{e}^{-\pi t x^2}$ und die zugehörige Fouriertransformierte

$$\hat{f}(r) = \int_{\mathbb{R}} \mathrm{e}^{-\pi t x^2}\, \mathrm{e}^{-2\pi i r x}\, \mathrm{d}x = \frac{1}{\sqrt{t}}\, \mathrm{e}^{-\pi r^2 / t},$$

und setzt $\theta(s) = \frac{1}{2} \sum\limits_{n \in \mathbb{Z}} \mathrm{e}^{\pi i s n^2}$ (symmetrische Laurentreihe), so folgt:

$$\theta(\mathrm{i}t) = \frac{1}{2} \sum_{n \in \mathbb{Z}} \mathrm{e}^{-\pi t n^2} = \frac{1}{2} \sum_{n \in \mathbb{Z}} f(n) \overset{(21.3)}{=} \tag{21.4}$$

$$= \frac{1}{2} \sum_{n \in \mathbb{Z}} \hat{f}(n) \overset{(21.2)}{=} \frac{1}{2\sqrt{t}} \sum_{n \in \mathbb{Z}} \mathrm{e}^{\frac{-\pi n^2}{t}} = \frac{1}{\sqrt{t}} \theta\left(\frac{\mathrm{i}}{t}\right) \tag{21.5}$$

Weiterhin benötigt man die *Gammafunktion* $\Gamma(s) = \int_0^\infty t^{s-1}\, \mathrm{e}^{-t}\, \mathrm{d}t$ (für $s \in \mathbb{C}$ mit $\mathrm{Re}(s) > 0$), welche durch die Funktionalgleichung $\Gamma(s) = (s-1)\Gamma(s-1)$ nach ganz $\mathbb{C}$ meromorph fortgesetzt werden kann.

Mit diesen Hilfsmitteln im Gepäck betrachtet man nun für $\mathrm{Re}(s) > \frac{1}{2}$:

$$\pi^{-s} \Gamma(s) \zeta(2s) = \pi^{-s} \int_0^\infty t^{s-1}\, \mathrm{e}^{-t}\, \mathrm{d}t \cdot \sum_{n=1}^\infty \frac{1}{n^{2s}}$$

$$= \sum_{n=1}^\infty \left\{ (\pi n^2)^{-s} \int_0^\infty t^{s-1}\, \mathrm{e}^{-t}\, \mathrm{d}t \right\}$$

Jetzt substituiert man im Integral $t = \pi n^2 v$ und erhält:

$$= \sum_{n=1}^{\infty} \left\{ (\pi n^2)^{-s} \int_0^{\infty} (\pi n^2 v)^{s-1} e^{-\pi n^2 v} \pi n^2 \, dv \right\} = \sum_{n=1}^{\infty} \int_0^{\infty} v^{s-1} e^{-\pi n^2 v} \, dv$$

$$= \int_0^{\infty} v^{s-1} \sum_{n=1}^{\infty} e^{-\pi n^2 v} \, dv = \int_0^{\infty} v^{s-1} \left(\theta(iv) - \frac{1}{2} \right) dv$$

$$= \int_0^1 v^{s-1} \theta(iv) \, dv - \frac{1}{2} \int_0^1 v^{s-1} \, dv + \int_1^{\infty} v^{s-1} \left(\theta(iv) - \frac{1}{2} \right) dv$$

Im ersten Integral substituiert man $v = \frac{1}{t}$, das zweite rechnet man aus und im dritten Integral ersetzt man die Integrationsvariable v durch t:

$$= \int_1^{\infty} t^{-s-1} \theta\left(\frac{i}{t}\right) dt - \frac{1}{2s} + \int_1^{\infty} t^{s-1} \left(\theta(it) - \frac{1}{2} \right) dt$$

$$= \int_1^{\infty} t^{-s-\frac{1}{2}} \theta(it) \, dt - \frac{1}{2s} + \int_1^{\infty} t^{s-1} \left(\theta(it) - \frac{1}{2} \right) dt$$

$$= \int_1^{\infty} (t^{-s-\frac{1}{2}} + t^{s-1}) \left(\theta(it) - \frac{1}{2} \right) dt + \frac{1}{2} \int_1^{\infty} t^{-s-\frac{1}{2}} \, dt - \frac{1}{2s}$$

$$= \int_1^{\infty} (t^{-s-\frac{1}{2}} + t^{s-1}) \left(\theta(it) - \frac{1}{2} \right) dt - \frac{1}{1-2s} - \frac{1}{2s}.$$

Nun setzt man anstatt s den Wert $s/2$ ein, und erhält

$$\pi^{-\frac{s}{2}} \Gamma\left(\frac{s}{2}\right) \zeta(s) = \int_1^{\infty} (t^{-\frac{s+1}{2}} + t^{\frac{s}{2}-1}) \left(\theta(it) - \frac{1}{2} \right) dt - \frac{1}{1-s} - \frac{1}{s}$$

Der letzte Ausdruck verändert sich nicht, wenn man s durch $1-s$ ersetzt, woraus sich die (für reelle s bereits 1768 von Euler entdeckte) Funktionalgleichung

$$\pi^{-\frac{s}{2}} \Gamma\left(\frac{s}{2}\right) \zeta(s) = \pi^{-\frac{1-s}{2}} \Gamma\left(\frac{1-s}{2}\right) \zeta(1-s) \qquad (21.6)$$

ergibt, und man sieht sehr schön, dass sich nun für ein s mit $\text{Re}(s) > 1$ zu $\zeta(s)$ auch $\zeta(1-s)$ berechnen lässt. Mit dieser Funktionalgleichung lässt sich also $\zeta(s)$ zu einer meromorphen Funktion auf ganz $\mathbb{C}$ fortsetzen, deren einziger Pol wie bereits oben gesehen bei $s = 1$ liegt.

21.1.2 Die Nullstellen

Der Schlüssel zum Rätsel der Riemannschen Vermutung verbirgt sich nun hinter den Nullstellen der Zetafunktion. Da die Funktion in ihrer ursprünglichen Form

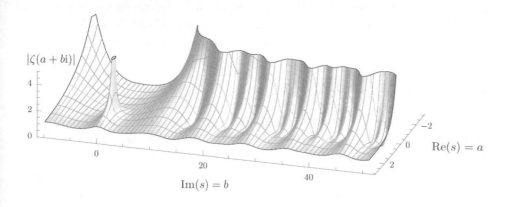

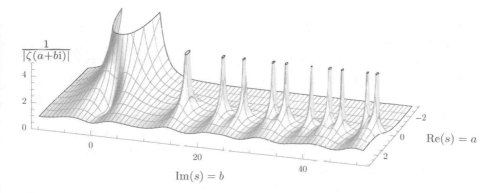

Abb. 21.2: (Inverser) Absolutbetrag der Riemannschen Zetafunktion

(21.1) keine Nullstellen besitzt, fällt der Blick sofort auf den Bereich ihrer Fortsetzung mit $\mathrm{Re}(s) < 1$. Dort findet man die (sogenannten) trivialen Nullstellen, die sich aus den Polen der Gammafunktion an den Stellen $-2n, n \in \mathbb{N}$ ergeben, und die anderen, nichttrivialen Nullstellen. Diese finden sich im *kritischen Streifen* $0 \le \mathrm{Re}(s) \le 1$. Nach der Funktionalgleichung (21.6) liegen diese symmetrisch zur Geraden $a = \frac{1}{2}$, und, da nach dem Schwarzschen Spiegelungsprinzip $\zeta(\bar{s}) = \overline{\zeta(s)}$ gilt, auch symmetrisch zur reellen Achse.

Riemann selbst behauptet nun 1859 [62] in seinem berühmt gewordenen Aufsatz, dass all diese (nichttrivialen) Nullstellen auf der Geraden $\{\frac{1}{2} + bi\}$ liegen müssen (Riemannsche Vermutung), sagt jedoch auch:

> *„Hiervon wäre allerdings ein strenger Beweis zu wünschen; ich habe indes die Aufsuchung desselben nach einigen flüchtigen vergeblichen Versuchen vorläufig beiseite gelassen, da er für den nächsten Zweck meiner Untersuchung entbehrlich schien.“*

Seine Unterlagen, die 1932 von Siegel [64] durchgesehen wurden, lassen jedoch darauf schließen, dass sich Riemann mit dem Thema sehr viel ausführlicher befasst hat. So hat er zum Beispiel dank einer sehr guten Näherungsformel (Riemann-Siegel-Formel) umfangreiche Berechnungen durchgeführt und dabei die ersten Nullstellen auf der kritischen Geraden bis auf mehrere Dezimalen genau bestimmt.

21.1.3 Die Vermutung

Wenn es nach dem Glauben einer Mehrheit ginge, so wäre die Frage nach der Richtigkeit der Vermutung eindeutig mit ja zu beantworten. Trotzdem erfordern Beweise in der Mathematik mehr als nur den Glauben an die Richtigkeit einer Hypothese. Und trotz einer Unzahl ideenreicher Versuche ist es bis heute weder gelungen, einen Beweis noch ein Gegenbeispiel zu diesem Problem zu finden. Hier eine kurze Übersicht von Argumenten der Befürworter der Vermutung:

- Bereits Hardy (1914) [55] bewies, dass unendlich viele Nullstellen auf der kritischen Geraden liegen.

- Beginnend 1986 wurde auch die numerische Suche vorangetrieben, die ersten 1,5 Milliarden Nullstellen wurden von van de Lune (1986) [65] berechnet. Im Rahmen des (seit 2005 gestoppten) Zetagrid-Projekts kam man auf knapp eine Trillion (=10^{12}) und Gourdon (2004) [52] berechnete gar die ersten 10^{13} Nullstellen, die wie erwartet alle auf der kritischen Geraden lagen. Auch die Suche von Odlyzko (2001) [61] im Bereich 10^{22} bis 10^{24} der Geraden lieferte keine abweichenden Ergebnisse.

- Es konnte gezeigt werden, dass 99% der Nullstellen $s = a + bi$ der Bedingung $|a - \frac{1}{2}| \leq \frac{8}{\log|b|}$ genügen; dass bedeutet, mit wachsendem Imaginärteil b wird der mögliche Bereich um die kritische Gerade immer enger.

- Außerdem konnte Conrey (1989) [47] zeigen, dass 40% der Nullstellen auf der kritischen Geraden liegen.

- Die Riemannsche Vermutung impliziert, dass auch die Nullstellen aller Ableitungen der Zetafunktion einen Realteil $Re(s) = \frac{1}{2}$ besitzen. Gezeigt wurde bis jetzt, dass 99% der Nullstellen der dritten Ableitung $\zeta'''(s)$ auf der kritischen Geraden liegen.

- Man muss aber auf der anderen Seite auch gestehen, dass Abschwächungen der Riemannschen Vermutung, wie etwa die Vermutung von Lindelöf $\zeta(\frac{1}{2} + ib) = O(b^\varepsilon)$, bis heute unbewiesen sind. Sie besagt, dass das Wachstum der Zetafunktion entlang der kritischen Geraden ($b \to \infty$) für alle ε durch b^ε nach oben beschränkt ist, was eine notwendige Voraussetzung für das Vorhandensein von Nullstellen ist. Auch hier gibt/gab es einen regelrechten Wettlauf nach der niedrigsten Konstanten c aus $O(b^{c+\varepsilon})$. So fanden Hardy und Littlewood den Beweis für ein $c = \frac{1}{4}$ („convexity bound"), Weyl gelang es kurz darauf, den Beleg für $c = \frac{1}{6}$ zu finden, und zuletzt bewies Huxley (2005) [56]: $c = \frac{32}{205} = 0{,}1561$.

- Der letzte und wohl wichtigste Grund mag vielleicht eher philosophischer Natur sein. Der Riemannschen Vermutung zufolge sind die Primzahlen symmetrisch und auf die schönst mögliche Art verteilt (mehr dazu in Abschnitt 21.2). Ist die Vermutung nun falsch, so müsste es irgendwo mehr oder weniger große Unregelmäßigkeiten geben. Die erste Nullstelle außerhalb der kritischen Geraden wäre damit wohl eine sehr wichtige mathematische Konstante.

- Nicht vergessen darf man hier die Anzahl an Arbeiten und (wichtigen) Sätzen, die alle beginnen mit: „Angenommen, die Riemannsche Vermutung wäre wahr". Viele dieser Folgerungen wurden inzwischen anderweitig bewiesen. Somit besteht also weiterhin Anlass zur Hoffnung ...

21.2 Die Primzahlfunktion

21.2.1 Die Eulersche Produktentwicklung

Abb. 21.3: Leonhard Euler (1707–1783)

Der oben bereits erwähnte Zusammenhang der Riemannschen Vermutung mit der Verteilung der Primzahlen basiert im Großen und Ganzen auf dem Fundamentalsatz der Arithmetik und einer Entdeckung, die Euler 1737 machte. Der Fundamentalsatz der Arithmetik besagt im Großen und Ganzen, dass sich jede ganze Zahl bis auf Vorzeichen und Reihenfolge der Faktoren als Produkt von Primzahlpotenzen darstellen lässt; mathematisch formuliert:

Fundamentalsatz der Arithmetik

Für alle $n \in \mathbb{N}$ gibt es Primzahlen $p_1, \ldots, p_r$ und natürliche Exponenten $\alpha_1, \ldots, \alpha_r$, so dass

$$n = p_1^{a_1} \cdots p_r^{a_r}. \tag{21.7}$$

Euler (1748) [50] benutzte den bereits seit Euklid bekannten — wenn auch erst heutzutage so genannten — Fundamentalsatz der Arithmetik, um die folgende Identität zu beweisen:

Eulersche Produktentwicklung

$$\sum_{n=1}^{\infty} \frac{1}{n^s} = \prod_{p \text{ prim}} \frac{1}{1 - \frac{1}{p^s}} \quad \text{für } s > 1. \tag{21.8}$$

Man sieht, dass die Faktoren des Produktes die Werte der geometrischen Reihen $\sum_{n=0}^{\infty} \left(\frac{1}{p^s}\right)^n$ sind, und kann dafür schreiben

$$= \left(1 + \frac{1}{2^s} + \frac{1}{2^{2s}} + \cdots\right)\left(1 + \frac{1}{3^s} + \frac{1}{3^{2s}} + \cdots\right)\cdots$$

Durch Ausmultiplizieren der Klammern erhält man jede mögliche Kombination von Primzahlpotenzen, und es ergibt sich

$$= \lim_{r \to \infty} \sum_{(n_1, \ldots, n_r) \in \mathbb{N}_0^r} \frac{1}{(p_1^{n_1} \cdots p_r^{n_r})^s} = \sum_{n=1}^{\infty} \frac{1}{n^s},$$

wobei $p_1, \ldots, p_r$ die Primzahlen in natürlicher Reihenfolge bezeichnen.

Euler selbst zeigt in seinem Werk: ,Variae observationes circa series infinitas' die Unendlichkeit der Menge der Primzahlen, indem er seine Formel für $s = 1$ und die Divergenz der dabei entstehenden harmonischen Reihe nutzt, vgl. Sandifer (2007) [63].

21.2.2 Die Primzahlfunktion

Im folgenden Teil geht man immer von großen Werten für $x \in \mathbb{R}$ aus, da Primzahlen in kleinen Bereichen eher unregelmäßig verteilt sind. Erst bei der Betrachtung größerer Gebiete offenbaren diese ihre Regelmäßigkeit und Struktur.

Man definiert nun die *Primzahlfunktion* als die Anzahl der Primzahlen unterhalb einer reellen Zahl $x > 1$.

Primzahlfunktion

$$\pi(x) = \#\{p \leq x \,|\, p \text{ Primzahl } (p \in \mathbb{P})\} \quad \text{für } x \in \mathbb{R}, x > 1 \qquad (21.9)$$

Eine weitere Folgerung Eulers [50] übersetzt ins Moderne lautet in etwa

$$\sum_{\substack{p \text{ prim} \\ p \leq x}} \frac{1}{p} \sim \log(\log(x)), \qquad (21.10)$$

wobei die Schreibweise $f(x) \sim g(x)$ *asymptotisch gleich* bedeutet, dass der relative Fehler zwischen $f(x)$ und $g(x)$ mit wachsendem x klein wird; mathematisch: $\lim_{x \to \infty} \frac{f(x)}{g(x)} = 1 \Leftrightarrow \lim_{x \to \infty} \frac{f(x) - g(x)}{g(x)} = 0$. Man erhält (21.10) durch Logarithmieren von (21.8) unter Verwendung der Logarithmusreihe $\log(1 - \frac{1}{p}) = \sum_{n=1}^{\infty} \frac{(-1)^{n-1}}{n}(-\frac{1}{p})^n$ und der Konvergenz der Folge $\left(\sum_{k=1}^{n} \frac{1}{k} - \log(n) \right)_{n \in \mathbb{N}}$.

Schreibt man nun

$$\log(\log(x)) = \int_1^{\log(x)} \frac{1}{s}\, \mathrm{d}s = \int_e^x \frac{1}{t} \frac{\mathrm{d}t}{\log(t)}$$

und

$$\sum_{\substack{p \text{ prim} \\ p \leq x}} \frac{1}{p} = \int_2^x \frac{1}{t}\, \mathrm{d}\delta_t(\mathbb{P}),$$

wobei die letzte Integration bezüglich des Punktmaßes für alle Primzahlen erfolgt: $\delta_t(\mathbb{P}) = \begin{cases} 1 & t \text{ prim } (t \in \mathbb{P}) \\ 0 & \text{sonst} \end{cases}$, so erhält man durch Vergleich der beiden Terme:

$$\sum_{\substack{p \text{ prim} \\ p \leq x}} \frac{1}{p} = \int_2^x \frac{1}{t}\, \mathrm{d}\delta_t(\mathbb{P}) = \int_e^x \frac{1}{t} \frac{\mathrm{d}t}{\log(t)} = \log(\log(x))$$

Man sieht, dass auf beiden Seiten der gleiche Term bezüglich zweier unterschiedlicher Maße integriert wird. Lässt man den Integranden weg, so ergibt sich

$$\pi(x) = \int_2^x \mathrm{d}\delta_t(\mathbb{P}) \sim \int_e^x \frac{\mathrm{d}t}{\log(t)} \sim \int_2^x \frac{\mathrm{d}t}{\log(t)} = \mathrm{Li}(x),$$

wobei Letzteres der sogenannte Integrallogarithmus ist. Dies ist natürlich kein mathematischer Beweis, sondern nur eine Herleitung des bereits 1793 von Gauß, der damals 15 Jahre alt war, vermuteten, aber erst 1896 von Hadamard [50] und de la Vallee Poussin unabhängig voneinander bewiesenen Primzahlsatzes.

Primzahlsatz

$$\pi(x) \approx \mathrm{Li}(x) \approx \frac{x}{\log(x)} \tag{21.11}$$

Letztere, etwas schlechtere Näherung bekommt man nach mehrfacher partieller Integration des Integrallogarithmus

$$\mathrm{Li}(x) = \frac{x}{\log(x)} + \int_2^x \frac{1}{\log^2(t)}\,\mathrm{d}t - \frac{2}{\log(2)} =$$

$$= \frac{x}{\log(x)} \left(1 + \sum_{k=1}^{n-1} \frac{k\,!}{\log^k(x)}\right) + \mathrm{O}\left(\frac{x}{\log^{n+1}(x)}\right) \approx \frac{x}{\log(x)},$$

wobei hier das große Landau-Symbol O bedeutet: $f(x) = \mathrm{O}(g(x)) :\Leftrightarrow \exists C > 0 : \forall x \geq x_0 : |f(x)| \leq C|g(x)|$, was im obigen Fall heißt, dass der Fehler der Approximation verschwindend klein wird.

Man hat nun also aus der Eulerschen Produktdarstellung der Zetafunktion und einer weiteren Umformung Eulers eine Erkenntnis über den Zusammenhang der Primzahlfunktion $\pi(x)$ mit dem Integrallogarithmus $\mathrm{Li}(x)$ hergeleitet. Diesen Zusammenhang kann man quantifizieren, und es ergibt sich aus einer Darstellung, die Riemann selbst bereits bekannt war (Riemann-Mangold-Formel), folgende (nichttriviale) Abschätzung für das Restglied

$$\pi(x) - \mathrm{Li}(x) = \mathrm{O}(\sqrt{x}\log(x)) \Leftrightarrow \forall \varepsilon > 0 : \pi(x) - \mathrm{Li}(x) = \mathrm{O}(x^{\frac{1}{2}+\varepsilon}), \tag{21.12}$$

die praktisch bestmöglich ist, denn für $\varepsilon > 0$ und genügend großes $x : x^\varepsilon > \log(x)$ und für $\varepsilon = 0$ stimmt $\pi(x) - \mathrm{Li}(x) = \mathrm{O}(\sqrt{x})$ bereits nicht mehr. Über Mittel der analytischen Zahlentheorie gelingt außerdem die (normierte) Näherung

$$\frac{\mathrm{Li}(x) - \pi(x)}{\pi(\sqrt{x})/2} = 1 + \sum_{0 \leq \gamma} \frac{\sin(\gamma \log(x))}{\gamma} + \mathrm{O}\left(\frac{1}{\log(x)}\right), \tag{21.13}$$

wobei γ den Imaginärteil der nichttrivialen Nullstellen $\rho = \frac{1}{2} + \mathrm{i}\gamma$ der Zetafunktion bezeichnet. Folgende Dinge kann man dieser Darstellung entnehmen:

1. Dies ist eine explizite Darstellung des Zusammenhangs der Nullstellen der Riemannschen Zetafunktion mit der Verteilung der Primzahlen.

2. Die Verteilung der Primzahlen lässt sich durch eine Überlagerung harmonischer Schwingungen mit den Frequenzen γ beschreiben (in logarithmischem Maßstab). Dies ist eine bedeutende Entdeckung für eine Menge wie die Primzahlen, deren Verteilung auf den ersten Blick eher chaotisch wirkt.

3. Dabei muss klar sein, dass diese Zusammenhänge nur für sehr große x mit einem gewissen Abstand betrachtet werden können. Denn weder Li(x) in der Darstellung (21.12) noch die Überlagerung von Schwingungen in (21.13) können das Feinverhalten von $\pi(x)$ exakt beschreiben.

Lange Zeit glaubte man sogar, dass Li(x) eine untere Schranke für $\pi(x)$ darstellt. Aber bereits 1914 zeigte Littlewood, dass für ein $k > 0$ unendlich oft gilt: $\pi(x) -$ Li$(x) > \frac{k\sqrt{x}}{\log(x)} \log(\log(\log(x)))$.

1933 fand Skewes den Beweis, dass es ein x mit $x < 10^{10^{10^{34}}}$ gibt, für das gilt: $\pi(x) <$ Li(x). Auf diese legendäre untere Schwelle (die sogenannte „Skewes-Zahl") begann sodann eine Jagd, auf die im letzten Teil dieses Kapitels als Ausblick auf die vielfältigen Anwendungsmöglichkeiten bzw. Äquivalenzen der Riemannschen Vermutung kurz eingegangen werden soll.

21.2.3 Die Jagd auf die Schwelle

Eine der kurzweiligsten Beschäftigungen analytischer Zahlentheoretiker ist nun der Versuch, diese Schwelle von $x < 10^{10^{10^{34}}}$ für $\pi(x) <$ Li(x) so weit wie möglich zu senken. Einer der neuesten Beiträge zu dieser Jagd „for the smallest x with $\pi(x) <$ Li(x)" ist von Bays und Hudson (2000) [45]. Ihre Arbeit sowie die vieler anderer Autoren beruht auf einem Satz von Lehmann aus dem Jahr 1966 [59].

Der Beitrag von Bays und Hudson [45] bestand nun nicht nur darin, eine geschickte Wahl der unzähligen in den Satz von Lehmann [59] eingehenden Parameter zu treffen, sondern auch zum ersten Mal in umfangreichem Ausmaß die nun zur Verfügung stehenden Rechenkapazitäten moderner Computer zu benutzen, um $F(x) = \frac{\text{Li}(x) - \pi(x)}{\pi(\sqrt{x})/2}$ mit Hilfe der Formel (21.13) zu plotten. Die sowohl durch den modifizierten Beweis als auch durch Plotten erkannte Nullstelle der Funktion $F(x)$ im Bereich $[1,390821; 1,398244] \cdot 10^{316}$ ist die kleinste bis heute bekannte Skewes-Zahl (Wolf, 2008 [66]). Sie ist sogar so klein, dass man sich unter Zuhilfenahme der von Odlyzko [61] auf seiner Homepage bereitgestellten Nullstellen der Riemannschen Zetafunktion daran machen kann, $F(x) = \frac{\text{Li}(x) - \pi(x)}{\pi(\sqrt{x})/2}$ selbst einmal in diesem Bereich zu plotten: Offensichtlich oszilliert $\pi(x)$ ziemlich stark; der Erwartungswert und die Amplitude betragen dabei $\frac{\text{Li}(\sqrt{x})}{2} \approx \frac{\sqrt{x}}{\log(x)}$. Die normierte Funktion $F(x)$ hat somit einen Schwankungsbereich von etwa 2 um ihren Mittelwert 1.

21.2.4 Die Beweisideen

Neben den vielen Folgerungen aus der Riemannschen Vermutung gibt es auch etliche äquivalente Formulierungen in anderen Bereichen, die von der klassischen Mathematik bis weit hinein in die Physik reichen. Viele der schwächeren Aussagen sind heute bereits bewiesen und werden gemeinhin als Indizien für die Richtigkeit der Riemannschen Vermutung erachtet (siehe auch Kramer [57]):

$$F(x) = 2(\mathrm{Li}(x) - \pi(x))/\pi(\sqrt{x})$$

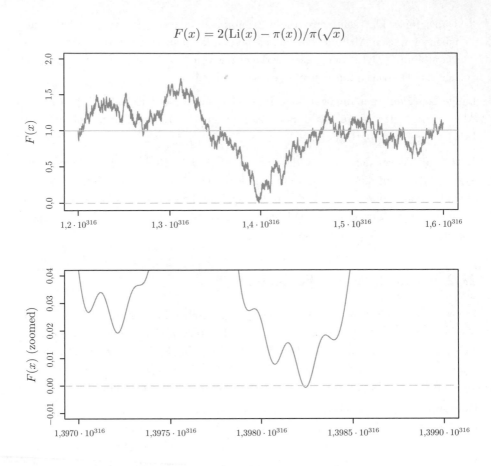

Abb. 21.4: Bereich des kleinsten bekannten x, für das $\mathrm{Li}(x) < \pi(x)$ ist.

1. So gibt es die Weilschen (lokalen) Zetafunktionen algebraischer Varietäten, deren Nullstellen s alle einen Realteil $\mathrm{Re}(s) = \frac{1}{2}$ aufweisen. Der letzte und schwierigste Teil des Beweises, die Analogie der Weilschen Probleme zur Riemannschen Vermutung, gelang Deligne im Jahr 1974 [49].

2. Eine Idee, die bereits auf Hilbert und Polya zurückgeht, ist der Versuch, die Nullstellen der Riemannschen Zetafunktion als Eigenwerte eines unendlichdimensionalen (hermiteschen) Operators zu deuten. Dann könnte man, ähnlich den Weilschen Zetafunktionen, die Vermutung vielleicht mit Hilfe geeigneter kohomologischer Methoden beweisen.

3. Eine Anwendung dieser Idee in der Physik versucht ein dynamisches System der Quantenphysik zu finden, dessen Energieniveaus den (nichttrivialen) Nullstellen der Zetafunktion entsprechen. Auch damit wäre die Riemannsche Vermutung bewiesen.

Abb. 21.5: Falls sie denn überhaupt wahr ist. Einem zumindest hätte die Jagd nach dem Beweis seiner Vermutung bestimmt gefallen. . .

Dank

Der Inhalt dieses Kapitels entstammt einer Gruppenarbeit aus dem Seminar „Symbolisches Rechnen", das im Sommersemester 2004 an der Universität Innsbruck stattgefunden hat. Besonderer Dank gebührt somit dem Seminarleiter Mathias Lederer (Fakultät für Mathematik an der Universität Bielefeld) für die Unterstützung bei der Erarbeitung des Themas, insbesondere für die große Hilfe bei der Entwicklung des Programms, das im zweiten Teil der Arbeit erläutert wird. Die Arbeit ist in Zusammenarbeit mit David Geisler-Moroder[1] und Konrad Schwarz[2] entstanden, denen ein ebenso großer Dank gebührt.

Umfangreiche Literaturhinweise und Quellenangaben im Anhang.

Sebastian Stöckl *aus München ist seit 2008 Dipl.-Math.*

---

[1]Institut für Mathematik, Universität Innsbruck
[2]Medizinische Universität Innsbruck

22 Die Sätze von Heine-Borel, Bolzano-Weierstraß und Montel

Übersicht

Ein leider sehr verbreitetes (und durch ungeschickte Definitionen in manchen Büchern/Einführungsvorlesungen gefördertes) Missverständnis ist das Gleichsetzen von „kompakt" mit „beschränkt und abgeschlossen".

Es ist zwar in vielen sinnvollen Räumen richtig, dass jede kompakte Menge beschränkt und abgeschlossen ist, jedoch ist die Umkehrung i. A. falsch.

Eine typische Reaktion eines Fortgeschrittenen auf dieses Missverständnis ist dann die Aussage, dass „kompakt=beschränkt und abgeschlossen" nur im $\mathbb{R}^n$ korrekt wäre.

Dieses Kapitel hat das Ziel, ein genaueres Licht auf diese Aussage zu werfen. Es stellt sich nämlich heraus, dass für normierte Räume in der Tat die Endlichdimensionalität das richtige Kriterium ist. Jedoch möchte ich auch ein Beispiel eines unendlichdimensionalen, nicht-normierten (und dann auch nicht normierbaren) Vektorraums vorstellen, in welchem der Satz von Heine-Borel trotzdem gilt.

22.1   Vorbereitungen

Die Beweise, die wir gleich führen werden, drehen sich eigentlich um den Begriff der Folgenkompaktheit. Wir werden jedoch hier immer in metrischen Räumen hantieren, und es sei festgehalten, dass in metrischen Räumen Folgenkompaktheit und Kompaktheit äquivalent sind:

Satz 22.1

Sei (M, d) ein metrischer Raum und $A \subseteq M$. Dann sind äquivalent:

i. *A ist überdeckungskompakt: Für jede Familie offener Mengen $(U_i)_{i \in I}$ mit $A \subseteq \bigcup_{i \in i} U_i$ gibt es $I_0 \subseteq I$ endlich, sodass $A \subseteq \bigcup_{i \in I_0} U_i$.*

ii. *A ist folgenkompakt: Jede Folge $(a_n)_{n \in \mathbb{N}}$ aus A hat eine in A konvergente Teilfolge.*

Beweis: Aus den Grundvorlesungen der Analysis bekannt. □

Ich sprach zwar in der Einleitung vom Satz von Heine-Borel, aber ich möchte nicht verschweigen, dass es ebenso gut der Satz von Bolzano-Weierstraß sein könnte, da die beiden in metrischen Räumen äquivalent sind:

Satz 22.2

Für einen metrischen Raum (M, d) sind äquivalent:

i. *M erfüllt den Satz von Heine-Borel: Jede beschränkte, abgeschlossene Menge ist kompakt.*

ii. *M erfüllt den Satz von Bolzano-Weierstraß: Jede beschränkte Folge hat eine konvergente Teilfolge.*

Beweis: Dies folgt aus der Äquivalenz von Kompaktheit und Folgenkompaktheit in metrischen Räumen.

Ist die Folge (x_n) beschränkt, so ist $\overline{\{x_n \mid n \in \mathbb{N}\}}$ beschränkt und abgeschlossen, nach Voraussetzung also kompakt, also folgenkompakt. Also hat die Folge (x_n) eine konvergente Teilfolge.

Ist umgekehrt $A \subseteq M$ beschränkt und abgeschlossen sowie (a_n) eine Folge aus A, so ist auch (a_n) beschränkt, hat also eine konvergente Teilfolge, deren Grenzwert wegen der Abgeschlossenheit in A liegt. Demnach ist A folgenkompakt, also kompakt. □

Wann immer wir von der Heine-Borel-Eigenschaft sprechen, könnten wir sie also auch durch die Bolzano-Weierstraß-Eigenschaft ersetzen, solange wir in metrischen Räumen sind (, was aber in diesem ganzen Kapitel der Fall sein wird).

Im ganzen Kapitel werde ich auch folgende Bezeichnung verwenden, die eigentlich üblich ist, aber zur Sicherheit noch einmal genannt sei: Ist (M, d) ein metrischer Raum und $A, B \subseteq M$, so definiere den Abstand

$$d(A, B) := \inf_{a \in A, b \in B} d(a, b)$$

Insbesondere ist etwa $d(\{a\}, \{b\}) = d(a, b)$, d. h., es ist wohldefiniert, wenn wir statt der Einpunktmengen konsequent die Punkte selbst einsetzen. Wir werden etwa $d(a, B)$ anstelle von $d(\{a\}, B)$ schreiben.

Welche Ausgangsmetrik d jeweils zu verwenden ist, wird aus dem Kontext klar sein und nicht weiter erwähnt werden. In normierten Räumen wird so beispielsweise stets die von der Norm induzierte Metrik gemeint sein.

So, genug der Vorrede. Fangen wir an.

22.2 Kompaktheit in normierten Räumen

Wir wollen zeigen, dass die Sätze von Heine-Borel und Bolzano-Weierstraß in normierten Räumen genau dann gelten, wenn der Raum endlichdimensional ist.

Alles, was wir dazu brauchen, ist das folgende Lemma von Riesz:

Satz 22.3 (Lemma von Riesz)

Sei $(E, \|\cdot\|)$ normiert und $F \subsetneq E$ ein echter, abgeschlossener Untervektorraum. Dann gibt es zu jedem $\eta \in (0,1)$ ein $x_\eta \in E$, sodass $\|x_\eta\| = 1$ und $d(x_\eta, F) \geq \eta$ ist.

Beweis: Weil $F < E$, gibt es ein $x \in E \setminus F$. Da $x \notin F$ und F abgeschlossen ist, ist $d := d(x, F)$ echt größer 0.

Sei nun $\eta \in (0,1)$ beliebig $\implies \frac{d}{\eta} > d \implies \exists z \in F : d < \|x - z\| \leq \frac{d}{\eta}$.

Wegen $d > 0$ ist $\|x - z\| \neq 0$. Wir setzen $x_\eta := \frac{x-z}{\|x-z\|}$. Dann ist x_η normiert und es gilt:

$$
\begin{aligned}
d(x_\eta, F) &= \inf_{y \in F} \left\| y - \frac{x}{\|x-z\|} + \frac{z}{\|x-z\|} \right\| \\
&= \frac{1}{\|x-z\|} \cdot \inf_{y \in F} \|(\|x-z\| \cdot y + z) - x\| \\
&= \frac{1}{\|x-z\|} \cdot \inf_{\tilde{y} \in F} \|\tilde{y} - x\| \\
&\geq \frac{\eta}{d} \cdot d \\
&= \eta
\end{aligned}
$$

$\square$

Daraus wird nun alles Weitere folgen:

Satz 22.4

Sei E ein normierter Raum und $S := \{x \in E \mid \|x\| = 1\}$. Äquivalent sind:

i. *E ist endlichdimensional.*

ii. *Jede beschränkte, abgeschlossene Menge ist kompakt.*

iii. *Jede beschränkte Folge hat eine konvergente Teilfolge.*

iv. *S ist kompakt.*

Beweis: (i) $\Longrightarrow$ (ii) ist gerade der Satz von Heine-Borel.

(ii) $\Longleftrightarrow$ (iii) folgt aus 22.2.

(ii) $\Longrightarrow$ (iv) ergibt sich sofort, weil S beschränkt und abgeschlossen ist.

(iv) $\Longrightarrow$ (i) Dies folgt nun aus dem Lemma von Riesz. Wir zeigen dazu, dass S nicht kompakt ist, wenn E unendlichdimensional ist. Wir konstruieren rekursiv eine Folge aus S, die keine konvergente Teilfolge hat. Wir nutzen also erneut die Äquivalenz von Kompaktheit und Folgenkompaktheit.

Dazu sei $x \in E \backslash \{0\}$ beliebig und $x_0 := \frac{x}{\|x\|} \in S$. Sind $x_0, \ldots, x_n$ bereits definiert, so betrachten wir den Unterraum $F_n := \operatorname{span}(\{x_0, \ldots, x_n\})$. Weil E unendlichdimensional ist, ist F_n stets ein echter Unterraum. Weil F_n als endlichdimensionaler, normierter Unterraum aber stets vollständig und daher abgeschlossen in E ist, können wir das Lemma von Riesz anwenden. Wir erhalten demnach ein x_{n+1} mit $\|x_{n+1}\| = 1$ und $d(x_i, x_{n+1}) \geq \frac{1}{2}$ für $i = 0, \ldots, n$. Auf diese Weise definieren wir rekursiv alle x_n. Keine Teilfolge von (x_n) ist dann eine Cauchy-Folge, da $\|x_n - x_m\|$ stets $\geq \frac{1}{2}$ ist. Also ist keine Teilfolge von (x_n) konvergent, also ist S nicht folgenkompakt, also auch nicht kompakt. $\qquad\square$

22.3   Der Satz von Montel

Wir werden jetzt einen topologischen (und sogar metrisierbaren) Vektorraum kennen lernen, der unendlichdimensional ist, aber trotzdem die Heine-Borel-Eigenschaft hat. Ein solcher Raum kann natürlich nicht normierbar sein, wie uns der eben bewiesene Satz zeigt.

Wir können so einen Raum aber als lokalkonvexen Raum erhalten. Lokalkonvexe Räume und ihre grundlegenden Eigenschaften habe ich in [68] schon einmal besprochen.

Definition 22.5

Ist $U \subseteq \mathbb{C}$ offen und $U \neq \emptyset$, so definieren wir $H(U)$ als den Vektorraum der holomorphen Funktionen $U \to \mathbb{C}$, versehen mit den Halbnormen $\|f\|_K :=$ $\sup_{x \in K} |f(x)|$, wobei K alle Kompakta $\subseteq U$ durchläuft.

Wir definieren, dass $(f_i)_{i \in I}$ gegen f *konvergiert* genau dann, wenn $\|f_i - f\|_K \to 0$ für alle Kompakta $K \subseteq U$. ♦

Die Konvergenz in $H(U)$ ist also die gleichmäßige Konvergenz auf allen kompakten Mengen oder kurz die sogenannte „kompakte" bzw. „normale" Konvergenz. Ein Satz von Weierstraß zeigt, dass die Grenzfunktion f einer kompakt konvergenten Funktionenfolge (f_n) holomorph ist, wenn die f_n holomorph sind. Daraus folgt u. a. die Vollständigkeit des Raums $H(U)$.

Wir wollen ein genaueres Licht auf die kompakte Konvergenz werfen. Dazu brauchen wir etwas Geometrie:

Satz 22.6

Sei $U \subseteq \mathbb{C}$ offen und $U \neq \emptyset$.

i. *Dann gibt es eine Folge (K_i) kompakter Mengen mit folgenden Eigenschaften:*

   a) $K_0 \subseteq K_1^\circ \subseteq K_1 \subseteq K_2^\circ \subseteq K_2 \subseteq \ldots \subseteq U$

   und $\bigcup_{i=0}^{\infty} K_i = \bigcup_{i=0}^{\infty} K_i^\circ = U$.

   b) *Jedes Kompaktum $K \subseteq U$ ist in einem der K_i enthalten.*

   c) *Die kompakte Konvergenz wird bereits von den abzählbar vielen Halbnormen $\|\cdot\|_{K_i}$ erzeugt.*

ii. *Die kompakte Konvergenz auf $H(U)$ ist metrisierbar.*

Beweis: Indem wir ggf. einen Homöomorphismus $\mathbb{C} \to (0,1) \times (0,1)$ benutzen, können wir für a) annehmen, dass U beschränkt und insbesondere $\partial U \neq \emptyset$ ist.

Jetzt setzen wir $K_i := \{z \in U \mid d(z, \partial U) \geq \frac{1}{2^i}\}$. Da $d(\cdot, \partial U)$ stetig ist, ist K_i abgeschlossen und als Teilmenge von U auch beschränkt, also kompakt.

Offenbar ist $K_i^\circ = \{z \in U \mid d(z, \partial U) > \frac{1}{2^i}\}$, d. h., die Schachtelungseigenschaft ist erfüllt.

Es gilt dann natürlich $\bigcup_{i=0}^{\infty} K_i \subseteq \bigcup_{i=0}^{\infty} K_i^\circ \subseteq \bigcup_{i=0}^{\infty} K_i \subseteq U$. Da jedes $z \in U$ einen positiven Abstand von ∂U (abgeschlossen!) hat, ist also $U = \bigcup_{i=0}^{\infty} K_i$. Das zeigt a).

b) folgt daraus sofort, denn $\bigcup_{i=0}^{\infty} K_i^{\circ} = U$ ist eine offene Überdeckung von U, d. h., es gibt für jedes K ein i mit $K \subseteq K_i^{\circ}$ (die K_i sind aufsteigend!).

c) folgt aus b). Jedes Kompaktum ist in einem der K_i enthalten, d. h., wenn $\|f - f_j\|_{K_i} \to 0$ für alle $i \in \mathbb{N}$ ist, dann gilt $\|f - f_j\|_K \to 0$ für alle Kompakta $K \subseteq U$. Umgekehrt: Wenn es für alle gilt, gilt es auch für die K_i.

Die letzte Aussage folgt dann mit einem Standardtrick: $(f, g) \mapsto \frac{\|f-g\|_{K_i}}{1+\|f-g\|_{K_i}}$ ist eine durch 1 beschränkte Halbmetrik auf $H(U)$.

$$d(f, g) := \sum_{i=0}^{\infty} \frac{1}{2^i} \cdot \frac{\|f - g\|_{K_i}}{1 + \|f - g\|_{K_i}}$$

ist demzufolge wohldefiniert und selbst eine Halbmetrik. Ist aber $d(f, g) = 0$, so ist $\|f - g\|_{K_i} = 0$ für alle $i \in \mathbb{N}$, d. h. $f = g$, da die K_i ganz U überdecken.

Ist nun $d(f_j, f) \to 0$, so folgt offenbar $\|f_j - f\|_{K_i} \to 0$ für alle $i \in \mathbb{N}$. Das heißt: Nach c) impliziert die metrische Konvergenz die kompakte Konvergenz. Offenbar klappt das auch umgekehrt ganz gut: Man wählt für gegebenes $\varepsilon > 0$ ein $m \in \mathbb{N}$ und $j \in J$ groß genug, damit

$$\forall j' \geq j \ \forall \ i = 1...m : \|f_{j'} - f\|_{K_i} \leq \frac{\varepsilon}{4} \wedge \sum_{i=m+1}^{\infty} 2^{-i} \leq \frac{\varepsilon}{2}$$

gilt. Dann ist auch $\forall j' \geq j : d(f, f_{j'}) \leq \sum_{i=0}^{m} 2^{-i} \cdot \frac{\varepsilon}{4} + \sum_{i=m+1}^{\infty} 2^{-i} \cdot 1 \leq \frac{\varepsilon}{2} + \frac{\varepsilon}{2}$. Also impliziert auch die kompakte die metrische Konvergenz, d. h., $H(U)$ ist metrisierbar. □

Dies ist zunächst einmal ein interessantes Faktum, denn es erlaubt uns, Kompaktheit und Folgenkompaktheit in $H(U)$ gleichberechtigt zu verwenden. Wenn man sich jetzt nochmals unser Ziel vor Augen führt, den Satz von Heine-Borel für $H(U)$ zu zeigen, dann wird noch etwas klar: $H(U)$ ist ein topologischer Vektorraum, der metrisierbar, aber nicht normierbar ist.

Übrigens kann man die Beweisideen bei der Konstruktion der Metrik auch allgemeiner einsetzen und folgenden Satz beweisen:

Satz 22.7

Sei X ein lokalkonvexer Raum. X ist genau dann metrisierbar, wenn die Topologie von einer abzählbaren Familie von Halbnormen erzeugt werden kann.

Beweis: Man kann den Beweis z. B. in Treves [69] nachlesen. □

Um nun zu zeigen, dass der Satz von Heine-Borel in $H(U)$ gilt, müssen wir uns zuerst darüber klar werden, was denn „beschränkt" eigentlich bedeutet.

In einem (halb)normierten Raum ist eine Teilmenge Y genau dann „beschränkt", wenn es ein $M > 0$ gibt, sodass

$$\forall y \in Y : \|y\| \leq M.$$

Wir haben in unserem Fall nicht nur eine (Halb-)Norm, sondern eine ganze Familie von Halbnormen. Wir werden eine Menge also „beschränkt" nennen, wenn sie bzgl. aller dieser Halbnormen beschränkt ist.

Angewandt auf $H(U)$ heißt das, dass $Y \subseteq H(U)$ genau dann beschränkt in $H(U)$ ist, wenn die Funktionen aus Y lokal gleichmäßig beschränkt sind, d.h., wenn zu jedem Kompaktum $K \subseteq U$ ein $M > 0$ existiert, sodass:

$$\forall y \in Y : \sup_{x \in K} |y(x)| \leq M$$

Wir werden nun den Satz von Montel beweisen, der uns zeigt, dass der Raum der holomorphen Funktionen zusammen mit der kompakten Konvergenz die Heine-Borel-Eigenschaft hat, ohne endlichdimensional zu sein.

Satz 22.8 (Satz von Montel)
Sei $U \subseteq \mathbb{C}$ offen, $U \neq \emptyset$ und $A \subseteq H(U)$ beschränkt und abgeschlossen. Dann ist A (folgen-)kompakt.

Beweis: *Schritt 1:* Wir werden zeigen, dass $\{ f_{|K} \mid f \in A \}$ gleichgradig gleichmäßig stetig ist für abgeschlossene Kugeln $K = \overline{B_r(x)} \subseteq \overline{B_R(x)} \subseteq U$ mit $r < R < d(x, \partial U)$. Sei $\|f\|_{\overline{B_R(x)}} \leq M$ für alle $f \in A$.

Für $u, v \in \overline{B_r(x)}$ und $f \in A$ gilt dann:

$$|f(u) - f(v)| = \left| \int_u^v f'(z)\,\mathrm{d}z \right| \leq |u - v| \cdot \|f'\|_K$$

Ist γ die übliche Parametrisierung des Kreises $\partial B_R(x)$, so gilt für $z \in K$:

$$\begin{aligned}
|f'(z)| &= \left| \frac{1}{2\pi i} \cdot \int_\gamma \frac{f(\xi)}{(\xi - z)^2}\,\mathrm{d}\xi \right| \\
&\leq \frac{1}{2\pi} \cdot \int_0^{2\pi} \frac{|f(z)|}{|\gamma(t) - z|^2} \cdot |\gamma'(t)|\,\mathrm{d}t \\
&\leq \frac{1}{2\pi} \cdot \int_0^{2\pi} \frac{M}{(R - r)^2} \cdot R\,\mathrm{d}t \\
&= \frac{1}{2\pi} \cdot 2\pi R \cdot \frac{M}{(R - r)^2}
\end{aligned}$$

R, r und M sind konstant, also können wir durch genügend kleine Wahl von δ erreichen, dass

$$\forall f \in A \; \forall u, v \in \overline{B_r(x)} : |u - v| < \delta \implies |f(u) - f(v)| < \varepsilon$$

gilt, d. h., $\big\{ f_{|K} \,|\, f \in A \big\}$ ist gleichgradig gleichmäßig stetig.

Schritt 2: Als nächstes stellen wir fest, dass $\big\{ f_{|K} \,|\, f \in A \big\}$ damit präkompakt in $C(\overline{B_r(x)})$ ist, weil nach Voraussetzung ein M mit $\forall f \in A : \|f\|_{\overline{B_r(x)}} \leq M$ existiert, die Menge also beschränkt in $C(\overline{B_r(x)})$ ist. Wie eben gesehen ist sie auch gleichgradig stetig. Der Satz von Arzela-Ascoli liefert uns also die behauptete Präkompaktheit, d. h., jede Folge aus dieser Menge hat eine in $C(\overline{B_r(x)})$ konvergente Teilfolge.

Schritt 3: $\big\{ f_{|K} \,|\, f \in A \big\}$ ist folgenkompakt in $C(K)$ für jedes Kompaktum $K \subseteq U$. Sei dazu (f_n) eine beliebige Folge aus A. Wir müssen zeigen, dass es eine Teilfolge (f_{n_k}) gibt, die auf K gleichmäßig gegen ein $f \in H(U)$ konvergiert.

Da K kompakt ist, ist $d(K, \partial U) > 0$. Wir wählen also $0 < r < R < d(K, \partial U)$ und überdecken K mit endlich vielen r-Kugeln um Punkte $x_1, \ldots, x_n \in K$:

$$K \subseteq \bigcup_{i=1}^{n} B_r(x_i) \subseteq \bigcup_{i=1}^{n} \overline{B_r(x_i)} \subseteq \bigcup_{i=1}^{n} \overline{B_R(x_i)} \subseteq U$$

Wie eben gesehen hat (f_n) auf jedem $\overline{B_r(x_i)}$ eine gleichmäßig konvergente Teilfolge. Da das nur endlich viele Kugeln sind, können wir also eine Teilfolge von (f_n) finden, die auf ganz K gleichmäßig konvergiert.

Schritt 4: A ist folgenkompakt in $H(U)$. Wir haben in 22.6 gesehen, dass eine Folge kompakter Teilmengen mit $K_0 \subseteq K_1^{\circ} \subseteq K_1 \subseteq K_2^{\circ} \subseteq K_2 \subseteq \ldots \subseteq U$ und $\bigcup_i K_i = U$ existiert.

Haben wir nun eine Folge $(f_n)_{n \in \mathbb{N}}$ aus A, so konvergiert eine Teilfolge $\left(f_n^{(0)} \right)_{n \in \mathbb{N}}$ gleichmäßig auf K_0. Davon konvergiert eine Teilfolge $\left(f_n^{(1)} \right)_{n \in \mathbb{N}}$ gleichmäßig auf K_1 etc. Wir erhalten also für jedes $k \in \mathbb{N}$ eine Folge $\left(f_n^{(k)} \right)_{n \in \mathbb{N}}$, die auf K_k für $i \leq k$ gleichmäßig konvergiert. Die Diagonalfolge $(g_n) := \left(f_n^{(n)} \right)_{n \in \mathbb{N}}$ konvergiert dann gleichmäßig auf jedem K_k. Wie wir in 22.6 festgestellt haben, konvergiert (g_n) also kompakt. Nach einem Satz von Weierstraß (siehe z. B. Remmert [70]) ist die Grenzfunktion g holomorph, d. h., (g_n) konvergiert in $H(U)$.

Schließlich ist wegen der Abgeschlossenheit von A auch $g \in A$, d. h., A ist folgenkompakt. $\qquad\square$

22.4 Abschluss

Es gibt weitere Beispiele von Räumen, die die Heine-Borel-Eigenschaft haben, aber unendlichdimensional sind, z. B. die sogenannten „nuklearen" Räume. Nach dem Satz von Montel werden übrigens topologische Vektorräume mit der Heine-Borel-Eigenschaft auch „Montel-Räume" genannt.

$$mfg_{n_k} \to Gockel$$

Johannes Hahn aka *Gockel* studiert Mathematik in Rostock.

23 Geometrie in der Teetasse

Manchmal erwischt einen die Mathematik im unpassendsten Moment. Da sitzt man völlig arglos mit seiner Familie an einem sonnigen Tag draußen am Teetisch und freut sich des Lebens. Wie durch Zufall fällt der Blick in die Teetasse — und es ist um die Harmonie geschehen. Was erblickt man dort? (Abbildung 23.1)

Abb. 23.1: Brennkurve in einer Tasse.
Foto: Moritz Georg

Eine interessante Kurve!

Sie tritt noch an vielen anderen Stellen auf, immer dort, wo näherungsweise parallel einfallendes Licht an einer kreisrund konkav gewölbten Fläche reflektiert, und auf eine ebene Fläche projiziert wird. Sie begleitet das rollende Fahrrad als Lichterscheinung auf dem Radweg genauso wie den Fensterputzer in seinem Wassereimer und scheint doch nichttrivial genug, um schlichte Gemüter völlig abzuschrecken, frei nach dem Motto: „Wer noch beim Sonntagstee an Mathematik denkt, der kann nicht mehr ganz normal sein."

Nun ist die Neugier geweckt. Der Physiker in einem selbst ruft „paralleler Lichteinfall", „Wölb- und Hohlspiegel", „Einfallswinkel gleich Ausfallswinkel" sowie „Brennweite gleich halber Radius" und ähnliche Dinge, die in einen Zusammenhang gebracht sein wollen.

Erinnern wir uns:

- Die reflektierende Fläche ist Teil eines Zylinders, dessen Höhenausdehnung wegen des parallelen Lichteinfalls aus der Richtung $E = (0,1)^t$ vernachlässigbar ist. Gleichung: $y(z) = -\sqrt{1 - z^2}$.

- Jeder Lichtstrahl wird so reflektiert, als läge im Auftreffpunkt eine tangentiale Spiegelebene, die die Steigung $y'(z)$ besitzt.

- Das Lot steht stets senkrecht auf der reflektierenden Fläche, seine Steigung beträgt also $-\frac{1}{y'(z)}$.

- Der Winkel des einfallenden Strahls zum Lot ist gleich groß dem des ausfallenden zum Lot.

- Der Winkel α zwischen zwei Vektoren v_1, v_2 kann bestimmt werden über:

$$\langle v_1 ; v_2 \rangle = \|v_1\| \cdot \|v_2\| \cdot \cos(\alpha)$$

Damit haben wir schon alle Zutaten für ein Modell zusammen und auch ein Rezept, um die Gleichung der Teetassenkurve zu finden.

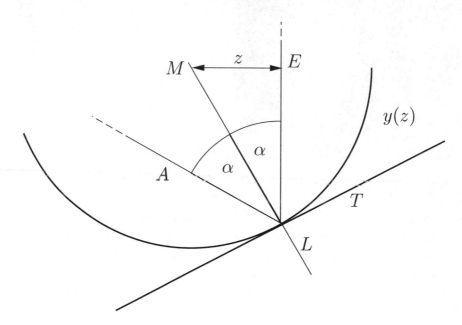

Abb. 23.2: Strahlengang im Innern eines Zylinders

Betrachten wir in Abb. 23.2 den Lichtstrahl E, der um $0 < z < 1$ neben der Symmetrieachse eintrifft. Der Hohlspiegel sieht für ihn lokal wie die Gerade

$$\begin{pmatrix} z \\ y(z) \end{pmatrix} + t \cdot T, \quad T = \begin{pmatrix} 1 \\ y'(z) \end{pmatrix}$$

aus. Das Lot wird beschrieben durch

$$\begin{pmatrix} z \\ y(z) \end{pmatrix} + t \cdot L, \quad L = \begin{pmatrix} -y'(z) \\ 1 \end{pmatrix}.$$

Der einfallende Strahl wird reflektiert in den Strahl

$$\begin{pmatrix} z \\ y(z) \end{pmatrix} + t \cdot A, \quad A = \begin{pmatrix} 1 \\ a \end{pmatrix},$$

(a = Steigung des reflektierten Strahls in kartesischen Koordinaten), wobei wegen des Reflexionsgesetzes die Gleichung gilt:

$$\langle E; L \rangle = \left\langle L; \frac{A}{\|A\|} \right\rangle$$

$$\iff \left\langle \begin{pmatrix} 0 \\ 1 \end{pmatrix}; \begin{pmatrix} -y'(z) \\ 1 \end{pmatrix} \right\rangle = \left\langle \begin{pmatrix} -y'(z) \\ 1 \end{pmatrix}; \frac{1}{\sqrt{1+a^2}} \cdot \begin{pmatrix} 1 \\ a \end{pmatrix} \right\rangle$$

$$\iff 1 = \frac{1}{\sqrt{1+a^2}} \cdot \left(\frac{-z}{\sqrt{1-z^2}} + a \right)$$

Daraus ergibt sich die Beziehung zwischen a und z:

$$\sqrt{1-z^2} \cdot \sqrt{1+a^2} = -z + a \cdot \sqrt{1-z^2}$$

Zwecks besserer Lösbarkeit quadrieren wir auf beiden Seiten

$$\implies (a^2+1) \cdot (1-z^2) = a^2(1-z^2) - 2az \cdot \sqrt{1-z^2} + z^2$$

$$\iff (-a^2z^2 + a^2 - z^2 + 1) - a^2 + a^2z^2 - z^2 = -2az \cdot \sqrt{1-z^2}$$

$$\iff 1 - 2z^2 = -2az \cdot \sqrt{1-z^2},$$

und quadrieren jetzt nochmals:

$$\implies (1-2z^2)^2 = 4a^2z^2 - 4a^2z^4$$

$$\iff \frac{(1-2z^2)^2}{4z^2 \cdot (1-z^2)} = a^2$$

$$\iff \pm \frac{1-2z^2}{2z \cdot \sqrt{1-z^2}} = a$$

Durch das Quadrieren stehen wir jetzt vor der Frage, ob das positive oder das negative Vorzeichen gilt. Nach unserem physikalischen Modell fällt der Lichtstrahl E senkrecht von oben ein, um $-1 < z < 1$ von der Symmetrieachse versetzt. Ist $0 < z \ll 1$, so erhalten wir einen ausfallenden Strahl mit negativer, aber betragsmäßig großer Steigung. Weil der Nenner im Term für a dann positiv ist, brauchen wir für kleine z einen negativen Zähler; es ist also

$$\frac{2z^2 - 1}{2z \cdot \sqrt{1 - z^2}} = a.$$

Damit können wir die Geradengleichung des Strahls

$$A_z(t) = \begin{pmatrix} z \\ y(z) \end{pmatrix} + t \cdot \begin{pmatrix} 1 \\ a \end{pmatrix} = \begin{pmatrix} z \\ -\sqrt{1 - z^2} \end{pmatrix} + t \cdot \begin{pmatrix} 1 \\ \frac{(2z^2 - 1)}{2z \cdot \sqrt{z^2 - 1}} \end{pmatrix}$$

und seine Funktionsgleichung angeben:

$$A_z(x) = a \cdot (x - z) + y(z) = \frac{2z^2 - 1}{2z \cdot \sqrt{1 - z^2}} \cdot (x - z) - \sqrt{1 - z^2}$$

Die in der Teetasse angetroffene Kurve ist die Hüllkurve (*Katakaustik*) all dieser Lichtstrahlen. Wir wollen sie als Funktion $h(x)$ in kartesischen Koordinaten beschreiben. Für eine beliebige Stelle x der Horizontalen ist $h(x)$ der unter allen $A_z(x)$ maximale vorkommende Wert.

Diesen ermitteln wir nun, indem wir $A_z(x)$ nach z differenzieren und die Ableitung gleich null setzen:

$$\frac{\mathrm{d}}{\mathrm{d}z}\left(\frac{(2z^2 - 1)}{(2z \cdot \sqrt{1 - z^2})} \cdot (x - z) - \sqrt{1 - z^2} \right) = 0$$

$$\Longleftrightarrow \frac{z}{\sqrt{1 - z^2}} + \frac{2z^5 - 3z^3 + x}{2z^2 \cdot (1 - z^2)^{3/2}} = 0$$

$$\Longleftrightarrow 2z^3 \cdot (1 - z^2)^{3/2} + (1 - z^2)^{1/2} \cdot (2z^5 - 3z^3 - x) = 0$$

$$\Longleftrightarrow 2z^3 - 2z^5 + 2z^5 - 3z^3 + x = 0$$

$$\Longleftrightarrow x - z^3 = 0$$

$$\Longleftrightarrow \sqrt[3]{x} = z$$

Nun können wir $\sqrt[3]{x}$ für z in die Geradengleichung für $A_z(x)$ unserer Teetassenkurve einsetzen und erhalten:

$$h(x) = -\frac{1}{2} \cdot \sqrt{1 - x^{2/3}} \cdot (2x^{2/3} + 1)$$

Wegen der Symmetrie können wir $h(x)$ so für negative x fortsetzen, dass gilt: $h(-x) = h(x)$, und die vollständige Beschreibung der Kurve in der Tasse (mit unserem inzwischen eiskalten Tee) lautet:

$$h(x) = -\frac{1}{2} \cdot \sqrt{1 - |x|^{2/3}} \cdot \left(2 \cdot |x|^{2/3} + 1 \right)$$

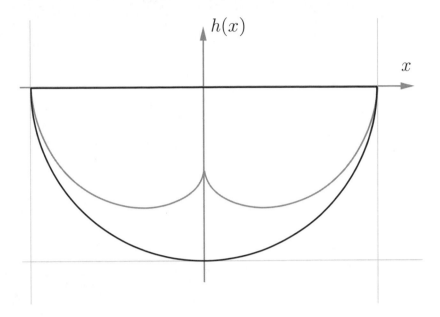

Abb. 23.3: Die Nephroide im Halbkreis

Der Name dieser Kurve (Abb. 23.3) ist *Nephroide*, was soviel heißt wie *„Nieren-kurve“*.

Genau genommen handelt es sich um eine halbe Nephroide, da die Lichtstrahlen nur an der sonnenabgewandten Innenseite der Tasse reflektiert werden. Aus der Funktionsgleichung lässt sich nun auch noch eine „schönere“ algebraische Beschreibung herleiten:

$$\left(4 \cdot x^2 + 4 \cdot y^2 - 1\right)^3 = 27 \cdot x^2$$

Damit entlarvt die Teetassenkurve ihr wahres Gesicht als algebraische Kurve 6. Grades.

Zum Schluss sei noch erwähnt, dass es für diese Kurve die Parameterdarstellung

$$x(\varphi) = \frac{3}{4} \cdot \cos(\varphi) - \frac{1}{4} \cdot \cos(3 \cdot \varphi)$$
$$y(\varphi) = \frac{3}{4} \cdot \sin(\varphi) - \frac{1}{4} \cdot \sin(3 \cdot \varphi)$$

gibt, und dass sie genau den achten Teil der Tee-Oberfläche einschließt.

Norbert Engbers ist Dipl.-Math. und lebt in Osnabrück.

Literaturverzeichnis

Zu Kapitel 1 „Was ist Mathematik"

[1] Davis, P.J. / Hersh, R.: „Erfahrung Mathematik", Birkhäuser Verlag, 2. Auflage 1996 (amer.: „The mathematical experience", Mariner Books).

[2] Courant, R., Robbins, H.: „Was ist Mathematik?", Springer Verlag, Berlin, 1962.

[3] Aigner, Martin / Ziegler, Günter M.: „Das BUCH der Beweise", Springer Verlag, Berlin, 2002.

[4] Basieux, P.: „Die Architektur der Mathematik", Rowohlt Tb.; 3. Auflage 2000.

[5] Beutelspacher, A.: „In Mathe war ich immer schlecht", Verlag Vieweg+Teubner, 4. Auflage 2007.

[6] Beutelspacher, A.: „Das ist o.B.d.A. trivial", Verlag Vieweg+Teubner, 8. Auflage 2006

[7] Herbert Meschkowski: „Denkweisen großer Mathematiker", Ein Weg zur Geschichte der Mathematik, Vieweg Verlagsgesellschaft, 1990.

[8] Dietrich Marsal: „Zeichen in der Mathematik", Jahrgang 1991, Bd. 13, Heft 3, Zusammenfassung zitiert nach `http://ling.kgw.tu-berlin.de/semiotik/deutsch/zfs/Zfs91_3.htm#marsal`

[9] Dieter Hattrup: „Ist Gott ein Mathematiker? Georg Cantors Entdeckungen im Unendlichen". In: ThGl 86 (1996) 260–280, zitiert nach `http://www.theol-fakultaet-pb.de/thgl/thgl1996/b3hattr1.htm`.

[10] Peter Schreiber: „Mathematik und Kunst", Einleitung, Uni Greifswald, 2002, zitiert nach `http://www.math-inf.uni-greifswald.de/mathematik+kunst`

[11] Udo Hebisch: „Erfahrung Mathematik", 1996, `http://www.mathe.tu-freiberg.de/~hebisch/buecher/sach/mathe/erfahrungmath.html`

[12] „Mathematische Logik in LiB", Uni Bonn, 2002, `http://www.lib.uni-bonn.de/mathematik.html`

[13] Eberhard Zeidler: „Mathematik ist eine Herausforderung des Geistes", Süddeutsche Zeitung vom 8. August 2000.

[14] Frank-Olaf Schreyer: „Studienführer Mathematik der Universität Bayreuth, Fragen zum Mathematikstudium: Was ist Mathematik?", 1997, `http://www.math.uni-bayreuth.de/serv/studfuehr/Fragen/node6.html#SECTION00015000000000000000`

[15] TUM: „Interessante Antworten aus Lexika, Was ist Mathematik?", 2001, `http://www-hm.ma.tum.de/archiv/in1/ws0001/folien/folie1.gif`

[16] TUM: „Antworten von Kennern, Was ist Mathematik?", 2001, `http://www-hm.ma.tum.de/archiv/in1/ws0001/folien/folie2.gif`

[17] Lehrstuhl für Didaktik der Mathematik: „Standardliteratur zur Didaktik der Mathematik", Würzburg, 2000, `http://www.didaktik.mathematik.uni-wuerzburg.de/materialien/literatur/standardlit_mathematikdidaktik/`

Zu Kapitel 2 „Mathematisch für Anfänger"

[18] Aldous Huxley, zitiert aus „Rose und Nachtigall" in Helmut Kreuzer(Hrsg): „Die zwei Kulturen", München 1987, zitiert nach `http://euro.mein-serva.de/mauthner2004/mauthner/hist/huxl.html`.

Zu Kapitel 5 „Das Prinzip der vollständigen Induktion"

[19] PhilLex, Lexikon der Philosophie: „Induktion", 2004, http://www.phillex.de/induktio.htm

[20] Udo Hebisch: „Vollständige Induktion", Skript, 2001, erschienen unter: http://www.mathe.tu-freiberg.de/~hebisch/induktion.html

[21] Gerhard Herden: „Arithmetik", Vorlesungsskript, Duisburg, WS 2005/2006, http://www.uni-due.de/mathematik-didaktik/ARITHMETIK.pdf

[22] www.mathekiste.de: „Vollständige Induktion, nicht ganz so ernst gemeint", 2000, http://www.mathekiste.de/neuv5/vollstinduk.htm

Zu Kapitel 6 „Der unendliche Abstieg"

[23] Hans Magnus Enzensberger: „Zugbrücke außer Betrieb, Die Mathematik im Jenseits der Kultur", erschienen in der Frankfurter Allgemeinen Zeitung vom 29.08.1998, Nummer 200, zitiert aus dem Web-Angebot im 'Mathematischen Café am Ende des Internet': http://www.mathe.tu-freiberg.de/~hebisch/cafe/zugbruecke.html.

[24] Alexander Schmidt: „Einführung in die Zahlentheorie", Kap. 7: Der große Fermatsche Satz, Springer, Berlin, 2007

[25] Herbert Meschkowski: „Denkweisen großer Mathematiker. Ein Weg zur Geschichte der Mathematik", Vieweg, 1990

[26] G. Wittstock: „Vorlesungsskript zu Analysis 1", WS 2001, darin: Die Wohlordnung der natürlichen Zahlen, http://www.math.uni-sb.de/ag/wittstock/lehre/WS00/analysis1/Vorlesung/node14.html

[27] Su, Francis E., et al: „Irrationality by Infinite Descent.", Mudd Math Fun Facts. <http://www.math.hmc.edu/funfacts> California (2001), Irrationality by Infinite Descent, http://www.math.hmc.edu/funfacts/ffiles/30005.5.shtml

Zu Kapitel 8 „Das Kugelwunder"

[28] Stan Wagon: „The Banach-Tarski Paradox", Cambridge University Press, 1985

[29] Björn Karge: „Das Banach-Tarski-Paradoxon". HU Berlin, 2001, http://www.hu-berlin.de/~karge/papers/btp2001/btp2001.pdf

[30] Wapner, Leonard M.: „Aus 1 mach 2 — Wie Mathematiker Kugeln verdoppeln". Springer, 2008. Amerikanische Originalausgabe erschienen bei K.A.Peters Ltd., 2005, http://www.springer.com/spektrum+akademischer+verlag/mathematik/mathematik+übergreifend/book/978-3-8274-1851-7

[31] Reinhard Winkler: „Wie macht man 2 aus 1?", 2001, http://www.dismat.oeaw.ac.at/wink/bantar.pdf

[32] Thorsten: „Hilberts Hotel", 2001, Matroids Matheplanet, 2001, http://matheplanet.com/default3.html?article=79.

Zu Kapitel 9 „Lineare Algebra für absolute Anfänger"

[33] C.M. Ringel: „Eine Gleichung und viele Ungleichungen", 2000, www.mathematik.uni-bielefeld.de/~ringel/schueler.ps.

Zu den Kapiteln 8 bis 12 „Lineare Algebra"

[34] Egbert Brieskorn: „Lineare Algebra und analytische Geometrie", Bd.1, Vieweg, 1983

[35] Gerd Fischer: „Lineare Algebra", Vieweg Verlag, 12. Auflage 2000

[36] Beutelspacher, A.: „Lineare Algebra", Vieweg+Teubner; 6. Auflage 2003

[37] Wohlgemuth, Martin (Hrsg.): „Mathematisch für fortgeschrittene Anfänger", Kapitel 1-6 über Gruppen, Spektrum Akademischer Verlag, 2010

Zu Kapitel 14 „Die Standardlösungsverfahren für Polynomgleichungen"

[38] Martin_Infinite: „Das Hornerschema und andere Tricks". Matroids Matheplanet, 2003, http://matheplanet.com/default3.html?article=477.

[39] Martin_Infinite: „Die kubische Gleichung". Matroids Matheplanet, 2003, http://matheplanet.com/default3.html?article=483.

[40] Hahn, Johannes (Gockel): „Lösungsformel für Polynome 4. Grades", Matroids Matheplanet, 2003, http://matheplanet.com/default3.html?article=542

Zu Kapitel 15 „Differentialgleichungen"

[41] Günzel, Heidrun: „Gewöhnliche Differentialgleichungen", Oldenbourg Wissenschaftsverlag, 2008

[42] Heuser, Harro: „Gewöhnliche Differentialgleichungen: Einführung in Lehre und Gebrauch", Vieweg+Teubner; 6. Auflage, 2009

[43] Walter, Wolfgang: „Gewöhnliche Differentialgleichungen", Springer, 7. Auflage, 2000

Zu Kapitel 20 „Eulers Berechnungen der Zetafunktion"

[44] Julian Havil: „GAMMA", Springer, 2007

Zu Kapitel 21 „Die Riemannsche Vermutung"

[45] Bays C. und Hudson R.: „A new bound for the smallest x with $\pi(x) > \mathrm{Li}(x)$", Mathematics of Computation, 2000, (69/231), 1285–1296.

[46] Clay Mathematics Institute, 2000, www.claymath.com

[47] Conrey J.: „More than two fifths of the zeros of the Riemann zeta function are on the critical line", Journal für die reine und angewandte Mathematik (399), 1–16, 1989.

[48] Conrey J.: „The Riemann Hypothesis", Notices of the AMS (50/3), 2003.

[49] Deligne P.: „La conjecture de Weil", I. Publications Mathématiques de l'IHÉS (43),273-307, 1974. Online unter http://archive.numdam.org/article/PMIHES_1974__43__273_0.pdf.

[50] Euler L.: „Introductio in analysis infinitorum", 1748, online in verschiedenen Übersetzungen: http://math.dartmouth.edu/~euler/

[51] Freitag E. und Busam R.: „Funktionentheorie 1.", Springer, Berlin, 2000.

[52] Gourdon X.: „The 1013 first zeros of the Riemann zeta function, and zeros computation at very large height", 2004, online unter http://numbers.computation.free.fr/Constants/Miscellaneous/zetazeros1e13-1e24.pdf.

[53] Gray J.: „We must know, we shall know; a History of the Hilbert Problems", European Mathematical Society: Newsletter 36 and Oxford Univ. Press, 2000.

[54] Hadamard J.: „Sur la distribution des zéros de la fonction $\zeta(s)$ et ses conséquences arithmétiques", Bulletin de la Société Mathématique de France (24), 199-220, 1896. Online unter http://archive.numdam.org/article/BSMF_1896__24__199_1.pdf.

[55] Hardy G.: „Sur les Zéros de la Fonction $\zeta(s)$ de Riemann", Comptes Rendus de l'Académie des Sciences (158), 1012–1014, 1914.

[56] Huxley M.: „Exponential sums and the Riemann zeta function V", Proceedings of the London Mathematical Society, Third Series (90/1), 1-41, 2005.

[57] Jürg Kramer: „Die Riemannsche Vermutung", Elemente der Mathematik 57(3), 90-95, 2002.

[58] Kersten I., Universität Bielefeld, 2000, http://www.mathematik.uni-bielefeld.de/~kersten/hilbert/.

[59] Lehman R.: „On the difference $\pi(x) - \text{Li}(x)$", Acta Arithmetica (11), 397-410, 1966. Online unter http://matwbn.icm.edu.pl/ksiazki/aa/aa11/aa11132.pdf.

[60] Martens G.: „Riemannsche Vermutung". Universität Erlangen, Mathematisches Institut, 2004, www.mathematik.uni-erlangen.de/~moch/1martens.ps.

[61] Odlyzko A.: „The 10^{22}-th zero of the Riemann zeta function", Dynamical, Spectral, and Arithmetic Zeta Functions (290), 139–144, 2001.

[62] Riemann B.: „Ueber die Anzahl der Primzahlen unter einer gegebenen Grösse", Monatsberichte der Berliner Akademie, November 1859.
Original unter http://www.claymath.org/millennium/Riemann_Hypothesis/1859_manuscript/riemann1859.pdf, Nachdruck unter http://www.claymath.org/millennium/Riemann_Hypothesis/1859_manuscript/zeta.pdf.

[63] Sandifer, C. Edward: „How Euler did it", The Mathematical Association of America, 191-193. 2007.

[64] Siegel C.: „Über Riemanns Nachlass zur analytischen Zahlentheorie". Quellen und Studien zur Geschichte der Mathematik, Astronomie und Physik (2), 45-80, 1932.

[65] van de Lune J., te Riele H. und Winter D.: „On the Zeros of the Riemann Zeta Function in the Critical Strip IV", Mathematics of Computation (46/174),667-681, 1986.

[66] Wolf M.: „An analog of the Skewes number for twin primes", arXiv:0707.0980v2 [math.NT] 15 Jan 2008.

[67] IBM Zetagrid Project, www.zetagrid.net.

Zu Kapitel 22 „Heine-Borel, Bolzano-Weierstraß und Montel"

[68] Hahn, Johannes (Gockel): „Topologische und lokalkonvexe Vektorräume", Matroids Matheplanet, 2008, http://matheplanet.com/default3.html?article=1159

[69] Francois Treves: „Topological Vector Spaces, Distributions and Kernels", 70ff, Academic Press, 1967

[70] Remmert, R., Schuhmacher, G.: „Funktionentheorie 1", 222f, Springer, 2002

Bildnachweis: Alle Abbildung von den Autoren, außer:

21.1 Mathematische Gesellschaft in Hamburg mit freundlicher Genehmigung.

21.3 Pastell-Portrait von Emmanuel Handmann, 1753 (Öffentliche Kunstsammlung Basel).

23.1 von Moritz Georg mit freundlicher Genehmigung.

Index